国家科技重大专项项目(2016ZX05043-005-003、2011ZX05041-004-004)
国家自然科学基金项目(51104087)
重庆市科技计划项目(cstc2018jscx-msybX0067、cstc2021jcyj-msxmX0564)

煤层瓦斯预抽钻孔全生命周期精细管控关键技术

张志刚　刘延保　申　凯　著

中国矿业大学出版社
·徐州·

内 容 提 要

本书系统地论述了煤层瓦斯预抽钻孔全生命周期精细管控技术体系，主要内容包括：绪论、“测-封一体化”瓦斯抽采钻孔高效封孔技术、“检-修一体化”瓦斯抽采钻孔状态评价及修复技术、“评-控一体化”钻孔群抽采效果动态评价与监控技术、工程实践案例分析等。

本书可供煤矿瓦斯抽采及灾害防治领域的研究人员、工程技术人员和高等院校相关专业师生阅读和参考。

图书在版编目(CIP)数据

煤层瓦斯预抽钻孔全生命周期精细管控关键技术 / 张志刚，刘延保，申凯著. —徐州 ：中国矿业大学出版社，2021.6

ISBN 978-7-5646-5056-8

Ⅰ. ①煤… Ⅱ. ①张… ②刘… ③申… Ⅲ. ①煤层瓦斯—瓦斯抽放 Ⅳ. ①TD712

中国版本图书馆 CIP 数据核字(2021)第 122825 号

书　　名　煤层瓦斯预抽钻孔全生命周期精细管控关键技术
著　　者　张志刚　刘延保　申　凯
责任编辑　章　毅
出版发行　中国矿业大学出版社有限责任公司
（江苏省徐州市解放南路　邮编 221008）
营销热线　(0516)83884103　83885105
出版服务　(0516)83995789　83884920
网　　址　http://www.cumtp.com　**E-mail**:cumtpvip@cumtp.com
印　　刷　江苏淮阴新华印务有限公司
开　　本　787 mm×1092 mm　1/16　**印张** 14.5　**字数** 284 千字
版次印次　2021 年 6 月第 1 版　2021 年 6 月第 1 次印刷
定　　价　68.00 元
（图书出现印装质量问题，本社负责调换）

前　言

煤炭在我国一次性能源消费结构中占据着绝对重要的地位,2019年全国原煤产量38.5亿t,煤炭消费占比为57.7%。瓦斯是煤炭生成过程中的伴生气体,其易燃易爆性为煤炭开采带来了重大的安全隐患。据不完全统计,高瓦斯及突出矿井的煤炭产量约占全国煤炭产量的1/3,防治瓦斯灾害事故是煤矿安全生产的重中之重。煤矿瓦斯同时也是一种优质清洁能源和化工原料,合理地开发利用瓦斯不仅可以有效防治瓦斯突出、爆炸等安全隐患,保障煤矿安全生产,而且有利于增加能源供应,优化能源结构,保护生态环境。因此,煤矿瓦斯抽采集安全、能源和环保效益于一体,具有多重社会效益,对我国经济发展和社会发展均具有重大的现实意义。

瓦斯抽采相关技术始于20世纪50年代初,是我国煤矿瓦斯灾害防治的主要技术手段。历经多年的研究发展,煤矿瓦斯抽采已由最初的保障煤矿安全生产发展为安全、能源、环保综合开发型抽采;抽采技术由早期的对高透气性煤层进行本煤层抽采和采空区抽采单一技术,逐渐发展到适用于各类生产条件和不同开采方法的瓦斯综合抽采技术。尤其是近年来,随着煤矿瓦斯先抽后采、抽采达标,采煤采气一体化的强力推进,我国煤矿瓦斯防治能力明显提高,瓦斯事故数量和死亡人数逐年下降。2019年全国煤矿区井下瓦斯抽采量已达129亿m^3规模,是2000年的14.8倍。

煤矿瓦斯抽采有地面钻井抽采和煤矿井下钻孔抽采两种模式,其中,煤矿井下钻孔抽采瓦斯为我国主要的瓦斯抽采方法。井下钻孔由于具有施工简便、成本低等优点,在我国煤矿中得到了广泛的应用,初步估算每年我国煤矿用于井下瓦斯抽采的钻孔工程量已超过1.5亿m。然而,受煤层赋存条件复杂、工艺及管理水平等限制,煤矿瓦斯抽采普遍存在抽采工程设计欠优化、钻孔封孔不严、有效抽采寿命短及管网漏气严重等共性难题,造成瓦斯抽采效率低、低浓度瓦斯占比高,甚至已抽采达标工作面在回采过程中频繁出现回风巷或上隅角瓦斯超限问题。据有关统计资料,全国矿井瓦斯抽采率平均约为30%,瓦斯抽采浓度小于30%的部分约占全部瓦斯抽采量的70%。矿井瓦斯抽采量和抽采浓度偏低,一方面导致瓦斯利用技术难度大,大部分瓦斯被排放到大气中,加剧温室效应;

另一方面，处于爆炸极限范围的瓦斯在输送过程中存在瓦斯爆炸等安全隐患，增加煤矿企业的安全负担。因此，对井下煤层瓦斯预抽钻孔的封孔技术、钻孔状态检测与评价、钻孔修复、抽采效果评价、钻孔设计优化、抽采参数采集与监控等理论、技术和配套装备进行系统研究，突破井下煤层瓦斯钻孔抽采的关键技术，成为一项亟待解决的重大难题。

生命周期源于生物学概念，表示生物从出生（婴幼期）、成长（少年期）、兴盛（青壮年期）、衰退（中老年期）至死亡（垂暮期）的整个生命历程，也就是一个生物个体或组织的生老病死的全过程。如今，生命周期的概念应用广泛，特别是在政治、经济、环境、技术、社会等诸多领域经常出现。对于煤矿井下瓦斯抽采钻孔，通常要经历设计、施工（封孔）、抽采及效果评价直至抽采结束这一完整的生命或服务周期，部分钻孔因在某一环节出现故障而提前结束寿命。因此，确保抽采钻孔能够服务于完整的生命周期并且在生命周期内提高抽采效率，对提高整个矿井的瓦斯抽采效果至关重要。

本书的主要内容是以作者为带头人的团队长期研究取得的成果，这个团队主要有学科带头人张志刚、刘延保，有申凯、周厚权、熊伟、巴全斌、程波、郭平、王凯等一批以基础研究、技术攻关、产品研发为主的学术和技术骨干。在本书的撰写和出版过程中得到了中煤科工集团重庆研究院有限公司、重庆大学和中国矿业大学出版社相关人员的热情帮助和大力支持。借本书出版之际，作者谨向给予本书出版支持和帮助的单位领导、老师、专家学者、参考文献作者和广大同仁表示衷心的感谢！

本书相关成果的研究得到国家科技重大专项项目（2016ZX05043-005-003、2011ZX05041-004-004）、国家自然科学基金项目（51104087）、重庆市科技计划项目（cstc2018jscx-msybX0067、cstc2021jcyj-msxmX0564）资助。

由于作者的水平有限，书中难免有疏漏之处，敬请广大读者批评指正。

著　者

2021年1月

目　录

第1章 绪 论

瓦斯一直是煤矿安全生产的“第一杀手”，伴随煤炭开采发生的瓦斯爆炸、煤与瓦斯突出等事故严重威胁矿山生命财产安全。长期以来，煤矿生产过程中产生的瓦斯绝大多数都作为“危害气体”排放到大气中。已有研究表明，CH_4 吸收红外线的能力是二氧化碳（CO_2）的 40 倍，产生的温室效应是 CO_2 的 21 倍，对臭氧的破坏能力则是 CO_2 的 7 倍，因此 CH_4 对气候的消极影响比 CO_2 强得多。瓦斯又是一种潜力巨大的优质洁净能源和化工原料，全球埋深 2 000 m 以浅的煤层瓦斯资源量约为 240 万亿 m^3，是常规天然气探明储量的两倍多，我国埋深2 000 m 以浅的煤层瓦斯资源量约为 36.8 万亿 m^3，居世界第三位。因此，煤层瓦斯抽采集安全、能源和环保效益于一体，对我国经济发展和社会发展均具有重大的现实意义。

21 世纪以来，尤其是自 2002 年提出“先抽后采，监测监控，以风定产”的瓦斯治理工作方针以来，我国每年瓦斯抽采量和利用量呈快速增长态势。2000—2018 年全国煤层瓦斯抽采量、利用量和利用率情况如图 1-1 所示。

如图 1-1 所示，我国煤层瓦斯抽采量从 2002 年的 11.5 亿 m^3 增加到 2018 年的 183.7 亿 m^3，年均增加 18.9%；煤层瓦斯利用量则从 2002 年的 5 亿 m^3 增加到 2018 年的 99 亿 m^3，年均增加 20.5%。然而，我国煤层瓦斯利用率仍然较低，整体呈“V”字形发展趋势，2009 年瓦斯利用率仅 24.3%，至 2018 年逐步提高到 53.9%，与 2001 年瓦斯利用率基本相当。根据《煤层气（煤矿瓦斯）开发利用“十三五”规划》，2020 年，煤层瓦斯抽采量达到 240 亿 m^3，其中地面煤层气产量100 亿 m^3，利用率达 90%以上；煤矿瓦斯抽采 140 亿 m^3，利用率达 50%以上。

据有关统计资料，全国矿井瓦斯抽采率平均约为 30%，瓦斯抽采浓度小于 30%的部分约占全部瓦斯抽采量的 70%。单个矿井瓦斯抽采量和抽采浓度偏低，一方面导致瓦斯利用技术难度大，难以形成规模化产业，大部分瓦斯被排放到大气中，加剧温室效应；另一方面，处于爆炸极限范围（浓度 5%～15%）的瓦

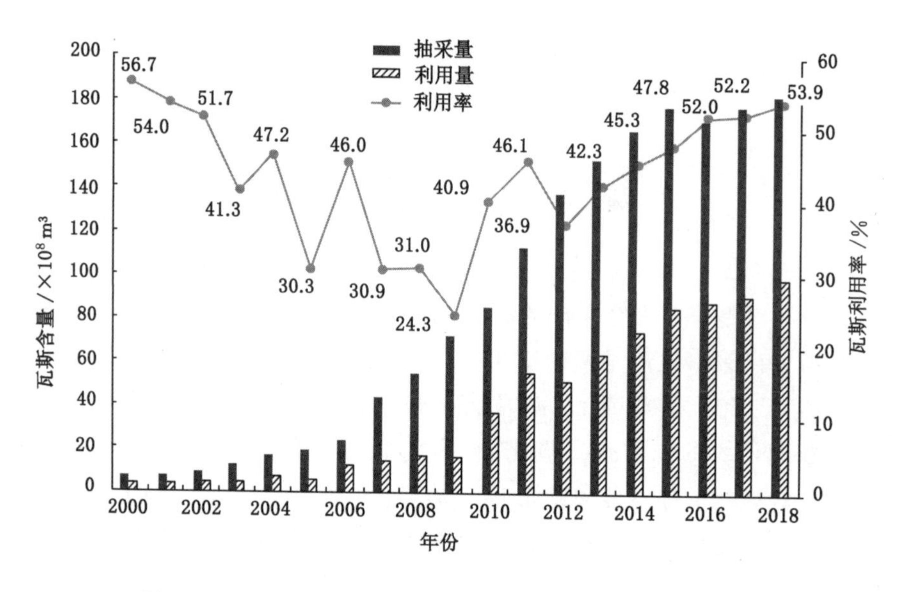

图 1-1　2000—2018 年全国煤层瓦斯抽采量、利用量和利用率

斯在输送过程中存在安全隐患，增加煤矿企业的安全负担。因此，井下瓦斯抽采效率低，不仅严重影响了矿井瓦斯抽采达标的全覆盖，也限制了井下瓦斯的规模化利用。

1.1　煤层瓦斯赋存基本特征与抽采机理

1.1.1　煤层瓦斯赋存状态

煤层是一种典型的孔隙-裂隙双重介质。裂隙按照成因可分为内生裂隙和外生裂隙两种，内生裂隙是指煤中自然存在的裂隙，外生裂隙是煤在构造变形时期由于应力作用生成的裂隙。煤在煤化过程中发育着大量的原生微孔隙，具有极大的自由空间和孔隙表面积，对瓦斯有极强的吸附能力。煤基质表面和内部微孔隙是瓦斯的主要储存空间，而煤裂隙的发育程度、连通性、规模和性质直接决定着煤层的渗透性，煤层中的割理和节理等裂隙是主要的瓦斯流动通道。

煤层瓦斯的赋存状态有游离态、吸附态、吸收态(固溶体)和水溶态 4 种类型。不同赋存形态的瓦斯在瓦斯含量中所占的比例受煤储层的孔隙-裂隙系统、煤体大分子结构缺陷、煤化程度、煤的湿度以及压力和温度等因素的影响。

表1-1为瓦斯在煤层(中等变质程度的煤,$V_{daf}=20\%\sim28\%$,埋深为800～1 200 m)中的赋存形态和分布。在煤层瓦斯的研究中,主要针对吸附态和游离态的瓦斯。

表1-1 瓦斯在煤层中的赋存形态和分布[1]

赋存位置	赋存形态	比例/%
裂隙、大孔和块体空间内	游离、水溶态	5～12(1～3)
裂隙、大块和块体内表面	吸附	8～12
显微裂隙和微孔隙	吸附	75～80
芳香层缺陷内	替代式固溶体	1～5
芳香碳晶体内	填隙式固溶体	5～12

瓦斯主要以吸附态和游离态两种状态赋存于煤体中。其中,吸附态瓦斯以物理吸附的状态存在于裂隙、大块和块体内表面以及微裂隙和微孔隙的表面;游离态瓦斯存在于煤的原生和次生裂隙和孔隙中,可以自由运动,是不被吸附力所束缚的部分瓦斯。在煤层赋存的瓦斯量中,通常吸附瓦斯量占80%～90%,游离瓦斯量占10%～20%。因此,整体所表现出来的特征仍是吸附和游离状态的瓦斯特征,通常来说煤层瓦斯含量实际上指吸附瓦斯量和游离瓦斯量之和,如图1-2所示。

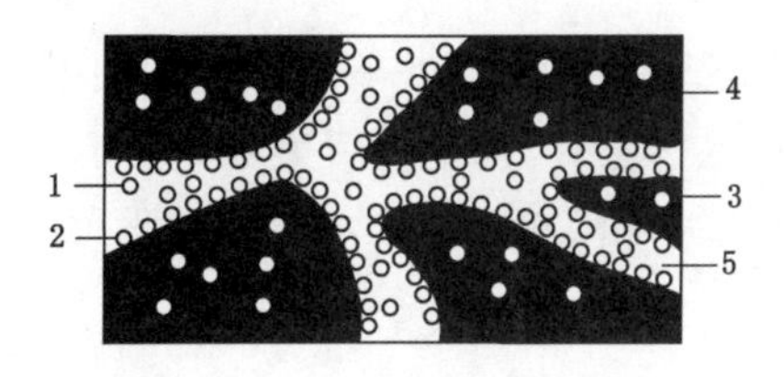

1—游离瓦斯;2—吸附瓦斯;3—吸收瓦斯;4—煤;5—孔隙。

图1-2 煤体中瓦斯的赋存状态

在原始煤体中,吸附瓦斯和游离瓦斯在外界条件不变的情况下处于动平衡状态,两种状态的瓦斯分子处于不断的交换之中。当外界的瓦斯压力和温度发生变化,影响了分子的能量时,平衡将被破坏。在煤体中施工瓦斯抽采钻孔后,改变了钻孔周围煤体内瓦斯压力而破坏了原有的平衡状态,吸附态瓦斯发生解吸,重新回到微孔隙空间成为气态的自由气体,即游离态瓦斯,游离态瓦斯在浓度梯度的驱动下通过基质和微孔扩散到裂隙网络中,最后,通过裂隙渗流到抽采钻孔或矿井巷道中。

1.1.2 瓦斯吸附特性

（1）吸附理论

煤体巨大的比表面积具有表面能，能使大多数的气体分子在固体表面上发生浓集，这种现象称为吸附；反之，浓集的气体分子返回自由状态的气相中，称为解吸（脱附）。吸附与解吸过程均为物理变化。当煤体表面气体分子维持一定的数量，吸附速率与解吸速率相等时，称为吸附平衡。吸附平衡时，吸附量与温度、气体压力、气体成分、煤样物理性质等有关。

目前，国内外常采用朗缪尔吸附理论[2-3]来解释瓦斯在煤层中的吸附与解吸特性。郎缪尔理论是基于单分子层吸附理论得出的，其基本假设如下：

① 固体表面具有吸附能力是因为其表面上的原子力场没有达到饱和，有剩余力存在。当气体分子碰撞到固体表面上时，其中一部分就被吸附并放出热量，但是气体分子只有碰撞到尚未被吸附的空白表面上才能发生吸附作用。当固体表面排满一层分子之后，这种力场达到了饱和，因此吸附是单分子层的。

② 固体表面是均匀的，各处的吸附能力是相同的，吸附热是一个常数，不能随覆盖度变化。

③ 已被吸附的分子，当其热运动的动能足以克服吸附剂引力场位垒时，又会重新回到气相，再回到气相的机会不受邻近其他吸附分子的影响，即被吸附分子之间无作用力。

④ 吸附平衡是动态平衡。所谓动态平衡是指吸附达到平衡时，吸附仍在进行，相应的解吸（脱附）也在进行，只是吸附速度等于解吸速度而已。

基于以上假设，又根据相关的热力学理论，得到瓦斯吸附量和瓦斯压力之间的关系式为：

$$\begin{cases} Q_x = \dfrac{abp}{1+bp} f(T) \cdot f(M) \cdot f(A) \\ a = \dfrac{V_0 S_c}{N\delta_0} \\ b = \dfrac{K_t}{Z_m f_z} \exp \dfrac{\overline{E}}{RT} \\ f(T) = \exp[\overline{n}(T_0 - T)] \\ f(M) = \dfrac{1}{1+0.31M} \\ f(A) = \dfrac{100 - A - M}{100} \end{cases} \tag{1-1}$$

式中　Q_x——一定温度下，瓦斯压力为 p 时单位质量煤体吸附的瓦斯量，m^3/t；

a——极限吸附量，一般为 15～55 m^3/t；

b——吸附常数，一般为 0.5～5.0 MPa^{-1}；

p——瓦斯吸附压力，MPa；

$f(T)$——温度修正系数；

$f(M)$——水分修正系数；

$f(A)$——灰分修正系数；

V_0——标准状态下气体摩尔体积，22.4 L/mol；

S_c——煤体的比表面积，m^2/g；

N——阿伏伽德罗常数，6.02×10^{23} 个/mol；

δ_0——一个吸附位的面积，nm^2/位；

K_t——根据气体运动论得出的参数；

Z_m——完全的单分子层中单位面积所吸附的气体分子数，个/cm^2；

$\bar{E}$——解吸活化能，kJ/mol；

f_z——和表面垂直的吸附气体的振动频率；

R——摩尔气体常数，8.314 J/(mol · K)；

T——煤体温度，K，$T=273+t$（t 为摄氏温度）；

T_0——实验室进行煤体吸附试验时的温度，K；

$\bar{n}$——经验系数，一般为 $\bar{n}=\dfrac{0.02}{0.993+0.07p}$；

A——煤中的灰分，%；

M——煤中的水分，%。

a 是与煤体比表面积、吸附气体有关的参数，不同煤样吸附量的差异集中反映在 a 值的不同上。b 是与温度、吸附气体有关的参数，主要反映温度变化引起的吸附量变化。

在试验测试过程中，朗缪尔吸附等温线方程式可以简化为：

$$Q_x=\frac{abp}{1+bp}=\frac{ap}{p+p_L} \tag{1-2}$$

式中　p_L——朗缪尔压力，MPa，在此压力下吸附量达最大吸收能力的 50%。

(2) 等温吸附试验

煤的瓦斯等温吸附试验一般采用高压容量法。针对取自重庆松藻煤电有限责任公司打通一矿 7# 突出煤层的煤样，利用 HCA 型高压容量法吸附装置进行等温吸附性能测定。试验煤样分析结果见表 1-2。试验测试时，在 0.1～5 MPa 范围内设定 7 个气体压力点，4 个温度水平：30 ℃、40 ℃、50 ℃、60 ℃，温度用恒温水槽控制。

表 1-2　煤样分析结果

M_{ad}/%	A_d/%	V_{ad}/%	$S_{t,d}$/%	$Q_{gr,daf}$/(MJ·kg^{-1})
0.76	9.89	9.14	1.84	35.40

元素分析/%					煤类
C	H	N	S	O	
90.45	4.16	1.57	2.05	1.77	WY

根据试验结果绘制煤样等温吸附曲线，如图 1-3 所示。由图 1-3 可知，在一定温度下，随着瓦斯压力的增加，煤样吸附瓦斯量增大，但增长速率逐渐变小；当瓦斯压力增大到一定程度后，煤样的瓦斯吸附量不再增加，达到极限瓦斯吸附量。在一定瓦斯压力下，随着温度的升高，煤体瓦斯吸附量呈下降的趋势。

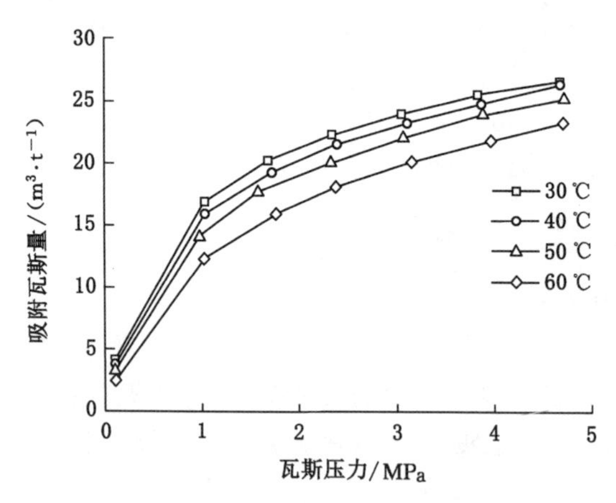

图 1-3　不同温度下瓦斯等温吸附曲线

为了通过线性回归求取吸附常数，需将式(1-2)转化成下式：

$$\frac{p}{Q_x}=\frac{p}{a}+\frac{1}{ab} \tag{1-3}$$

以 p/Q_x 为因变量，p 为自变量，通过线性回归求出直线截距 $1/ab$ 和斜率 $1/a$。根据式(1-3)对图 1-3 的等温吸附曲线进行拟合，最终得到不同温度下的极限吸附量 a 与吸附常数 b，见图 1-4 和表 1-3。表中 a 随温度的升高呈减小趋势，但减小范围很小，这是因为试验中煤体和吸附的气体均未发生变化。而 b 值随着温度升高呈明显的降低趋势，由于吸附气体未发生变化，因此，b 值反映了温度引起的吸附量变化。

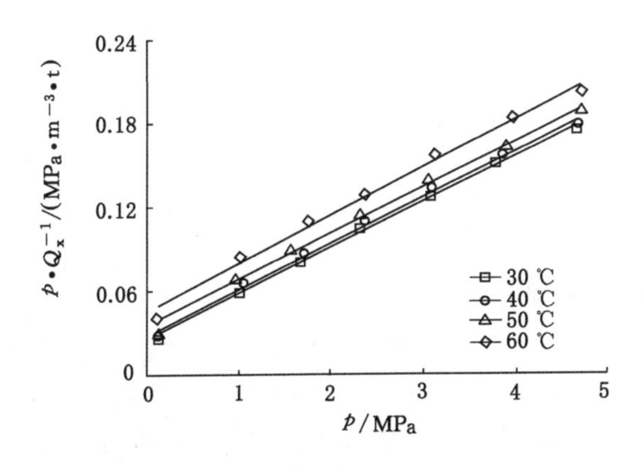

图 1-4 吸附参数拟合曲线

表 1-3 不同温度、不同压力下瓦斯吸附试验结果

温度/℃	拟合表达式	相关性系数	$a/(m^3 \cdot t^{-1})$	b/MPa^{-1}
30	$p/Q_x=0.032\,7p+0.025\,7$	0.996 8	30.581 0	1.272 4
40	$p/Q_x=0.032\,7p+0.029\,3$	0.993 9	30.581 0	1.116 0
50	$p/Q_x=0.033\,2p+0.034\,2$	0.994 0	30.120 5	0.970 8
60	$p/Q_x=0.034\,5p+0.044\,9$	0.992 0	28.985 5	0.768 4

影响煤体吸附瓦斯的因素除了上述的瓦斯压力、温度外，还有煤的变质程度、瓦斯气体组分、煤中水分等。在相同的瓦斯压力作用下，高变质程度和低变质程度煤吸附瓦斯的能力大于中等变质程度煤的吸附能力；煤对二氧化碳的吸附量大于对甲烷的吸附量，而对甲烷的吸附量又大于对氮气的吸附量；同时，煤中水分的增加会降低煤体的吸附能力。

1.1.3 瓦斯解吸扩散规律

煤的瓦斯解吸特征是反映瓦斯气体在煤与瓦斯突出中作用大小的最为重要的指标。因为，煤中吸附态的瓦斯不能产生气体压力，只有当煤中瓦斯压力降低使吸附平衡破坏以后，吸附状态的瓦斯转变为游离状态的瓦斯，才能释放出破碎与抛掷煤体的能量，从而成为瓦斯突出的动力。所以，对瓦斯解吸扩散过程进行深入探讨，尤其对解吸速度和解吸量进行定量研究，对认识煤与瓦斯突出机理具有重要意义[1]。

(1) 瓦斯在煤中的解吸过程

煤对瓦斯气体的吸附属于物理吸附，当原本处于吸附与解吸平衡状态下的煤体瓦斯压力降低时，原来的平衡被打破，处于吸附状态的瓦斯迅速解吸，以达到新的平衡。实验室对煤吸附瓦斯的大量试验测定表明，煤吸附瓦斯是一个可逆过程，煤体吸附的瓦斯量和脱附时解吸的瓦斯量基本相同，试验测出的吸附热为 12.6～20.9 kJ/g，近似于甲烷液化放出的热量[1,4]。煤体在等温条件下，其解吸与吸附均符合朗缪尔模型，具有可逆性。因此，可以根据煤的等温吸附曲线来描述瓦斯的解吸过程。

(2) 瓦斯在煤中的扩散过程

煤中孔隙以微孔为主，渗透率较低，一般认为瓦斯在其中的运移方式主要是扩散作用。根据气体在多孔介质中扩散机理的研究[5]，可以用表示孔隙直径和分子运动平均自由程相对大小的克努森数 K_n 将扩散分为三种类型，即菲克(Fick)型扩散、过渡型扩散和克努森(Knudsen)型扩散。克努森数的表达式为：

$$K_n = \frac{\bar{d}}{\lambda_a} \tag{1-4}$$

式中 $\bar{d}$——孔隙平均直径，m；

λ_a——孔隙气体分子的平均自由程，m。

当 $K_n \geqslant 10$ 时，孔隙直径远大于孔隙气体分子的平均自由程，这类扩散遵循菲克定律，称为菲克型扩散。扩散过程中孔隙气体分子的碰撞主要发生在自由孔隙气体分子之间，而气体分子和孔壁的碰撞机会相对较少。

当 $K_n \leqslant 0.1$ 时，分子的平均自由程大于孔隙直径，这类扩散称为克努森型扩散。此时主要是孔隙气体分子和孔隙壁之间的碰撞，而分子之间的碰撞相对较少。

当 $0.1 < K_n < 10$ 时，孔隙直径与孔隙气体分子的自由程相近，分子之间的碰撞和分子与壁面的碰撞同样重要，因此，此时的扩散是介于菲克型扩散与克努森型扩散之间的过渡型扩散。

式(1-4)中气体分子的平均自由程即分子连续碰撞之间所通过自由程的平均值，根据分子运动论，对于理想气体，其平均自由程可由下式决定：

$$\lambda_a = \frac{k_B T}{\sqrt{2}\pi d_e^2 p} \tag{1-5}$$

式中 k_B——波尔兹曼常数，1.38×10^{-23} J/K；

d_e——分子有效直径，nm。

从上式可以看出，气体分子的平均自由程与温度成正比，与压力成反比。在常温常压下(20 ℃，1.0 MPa)，瓦斯气体主要成分气体分子的有效直径及平均自由程见表 1-4。

表 1-4 瓦斯气体主要成分的气体分子有效直径及平均自由程[6]

气体种类	d_e/nm	λ_a/nm
CH_4	0.414	5.31
CO_2	0.330	8.36
N_2	0.350	7.43

在实际煤层中，随着开采的进行，瓦斯在不断涌出的同时其压力也在不断地发生变化。由于气体压力的改变，分子自由程也会发生改变，因此，瓦斯在煤体基质中的扩散模式是不断变化的，这是一个十分复杂的过程。

(3) 瓦斯解吸扩散的动力学分析

从分子运动的角度来看，气体分子的吸附与解吸过程是非常快的，即瓦斯从煤中孔隙表面上的解吸是瞬间完成的，而后瓦斯通过基质和微孔扩散到裂隙网络中。因此，瓦斯的解吸扩散速度主要取决于瓦斯从微孔中的散出过程。

① 不同吸附压力下的瓦斯解吸扩散速度

为了研究煤样解吸瓦斯涌出规律，中煤科工集团重庆研究院有限公司对不同吸附压力下，不同粒度煤样的瓦斯解吸量和解吸扩散速度进行了测定，得到同一煤样在不同平衡压力下瓦斯解吸的情况[1]，如图 1-5(a)所示。试验结果表明，瓦斯解吸扩散速度、瓦斯解吸量和时间的对数呈线性关系。不同瓦斯压力下的瓦斯解吸扩散速度和时间在对数图上呈一组斜率($k>0$)相同的平行线，随着时间的增长，瓦斯解吸扩散速度不断减小，同时，随着瓦斯压力的升高，瓦斯解吸扩散速度也增大；煤样的瓦斯解吸量也与解吸扩散速度相似，在对数图上呈一组斜率($k<0$)相同的平行线，随着时间的增长，瓦斯解吸量在测试范围内也呈现增长趋势，同一煤样在瓦斯压力大的条件下其瓦斯解吸量也大，截距的大小与最大解吸量成正比。

② 不同粒度煤样的瓦斯解吸扩散速度

瓦斯从微孔表面解吸后，在浓度梯度的作用下，通过煤基质微孔隙系统扩散至裂隙。因此，扩散路径的长短将对瓦斯解吸扩散速度产生一定的影响。采用不同粒度的煤样来模拟扩散半径，得到瓦斯解吸扩散速度的测试结果，见图 1-5(b)。试验结果表明：同一煤层不同粒度煤样的瓦斯解吸扩散速度和时间的双对数呈斜率不同的线性关系，随着煤样粒度的增大，斜率呈递减的趋势。煤样的粒度越小，扩散半径也越小，初始瓦斯解吸扩散速度越大，解吸扩

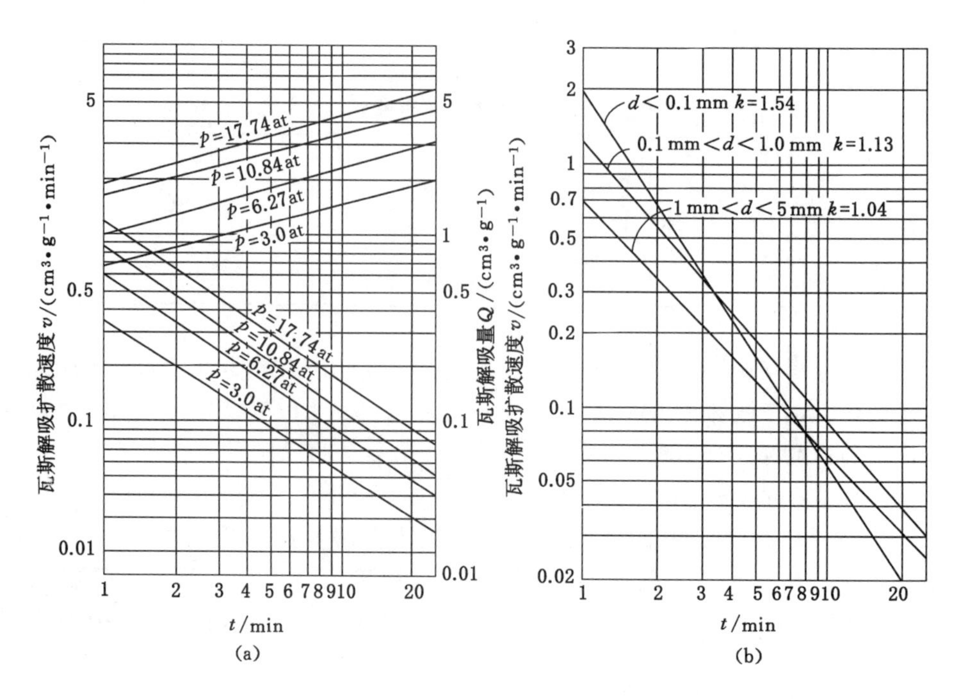

图 1-5　不同吸附压力下和不同粒度煤样的瓦斯解吸扩散速度[1]

(a) 不同吸附压力下的瓦斯解吸量和解吸扩散速度；(b) 不同粒度煤样的瓦斯解吸扩散速度

散速度随时间的衰减也越快；相反，粒度大的煤样扩散半径较大，瓦斯解吸扩散过程较慢，解吸扩散速度较缓，初始解吸扩散速度也较小。

受试验测试方法的影响，试验结果包括裂隙中的渗流过程，然而，不同粒度的煤样往往具有不同的渗透率，为了消除渗流过程对瓦斯解吸扩散速度的影响，根据不同粒度煤样的渗流试验[7]得到了不同围压下，轴向加载过程中的渗流速度变化，如图 1-6 所示。图 1-6 中曲线表明，在相同轴压和围压下，粒度较大煤样的渗流速度均大于小粒度的煤样，说明大粒度煤样具有较高的渗透率。然而，图 1-5 中得到的大颗粒煤样的瓦斯解吸扩散速度却相对较低。因此，可以排除粒度不同引起的渗透率差异，试验结果完全可以反映不同扩散距离对瓦斯解吸扩散速度的影响。由此可以看出，煤样粒度决定的扩散半径对瓦斯解吸扩散速度有一定的影响。然而，在原始煤体中，扩散半径将最终取决于煤块中微裂隙的密度，裂隙密度则与煤层的破坏程度密切相关。

综上所述，煤层内的原始瓦斯压力和微裂隙分布密度是瓦斯解吸扩散速度的重要影响因素。原始瓦斯压力越大，微裂隙的密度越大，则瓦斯的解吸扩散速度越大，煤层的突出危险性也就越大。

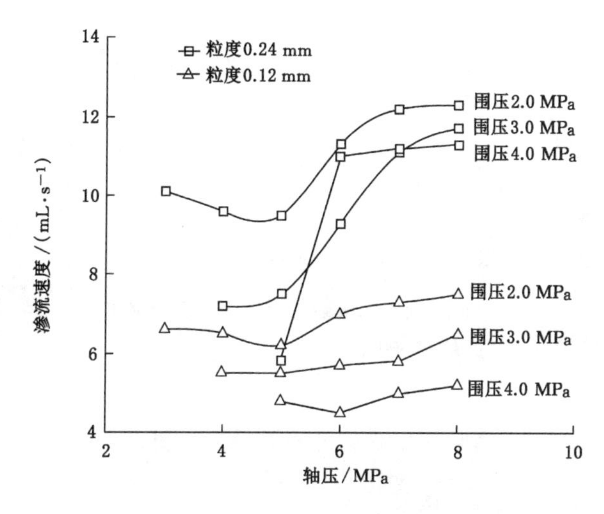

图 1-6 不同粒度煤样的渗流速度

1.1.4 煤体吸附/解吸瓦斯变形特征

煤体吸附/解吸瓦斯后会产生膨胀/收缩变形，其力学性质会发生变化，引起内部孔隙-裂隙结构变化，进而引起渗透性的变化。同时，煤体的内部结构和渗透性变化反过来又影响瓦斯在煤体中的赋存与流动。

(1) 吸附/解吸变形试验

煤体吸附/解吸变形测量方法如图 1-7(a)所示。将长方体原煤试样置于具有一定瓦斯压力的高压吸附缸内，试样表面与瓦斯气体直接接触。瓦斯压力在提供吸附环境的同时，也提供煤样受力条件。通过布设在煤样表面的应变传感器可以获得煤样垂直于层理方向和平行于层理方向的应变 ε_{s1} 和 ε_{s2}，通过式(1-6)计算煤样的体积应变 ε_{sv}。应变传感器的布置方式见图 1-7(b)。

$$\varepsilon_{sv}=\varepsilon_{s1}+2\varepsilon_{s2} \tag{1-6}$$

式中 ε_{sv}——煤体吸附瓦斯后引起的体积应变；

ε_{s1}——煤样垂直于层理方向的应变；

ε_{s2}——煤样平行于层理方向的应变。

(2) 不同压力下的吸附膨胀变形

① 煤吸附瓦斯的变形过程

试验中瓦斯吸附全过程是一个渗流—扩散—吸附过程。高压吸附缸内充入一定压力的瓦斯气体后，在气体压力梯度作用下，瓦斯在煤体裂隙和较大的孔隙中渗流。煤样在外部气体的围压作用下产生初始压缩变形，根据试验结果，瓦斯压力

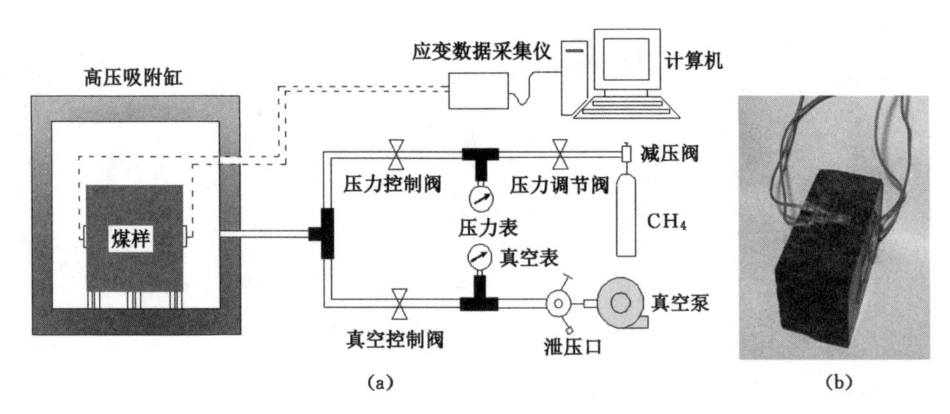

图 1-7　煤体吸附/解吸变形测量系统和测试煤样

(a) 测量系统;(b) 测试煤样

与煤样初始体积应变呈较好的线性关系,如图 1-8 所示。由此可见,在瓦斯压力(0～2 MPa)作用下,煤样的变形属弹性变形,不会导致煤体基质骨架发生破坏。

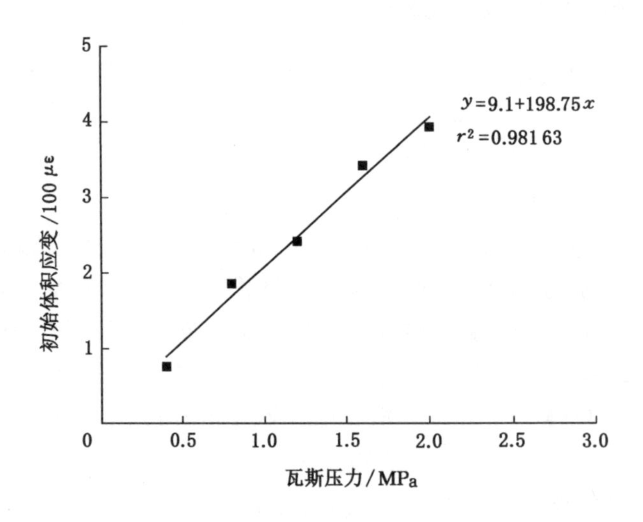

图 1-8　不同瓦斯压力下煤体的初始体积应变

煤样的弹性变形随着瓦斯压力的增加瞬间完成。其间,瓦斯从周围空间向煤体内部裂隙和较大的孔隙以渗流形式运移,同时,部分瓦斯发生扩散和吸附。因此,在瓦斯达到预定压力后间隔一定的时间(5 min),再开始记录煤样变形,此时煤样的变形则完全是在扩散—吸附过程中的变形。图 1-9 为同一煤样在不同瓦斯压力下随时间变化的变形曲线。

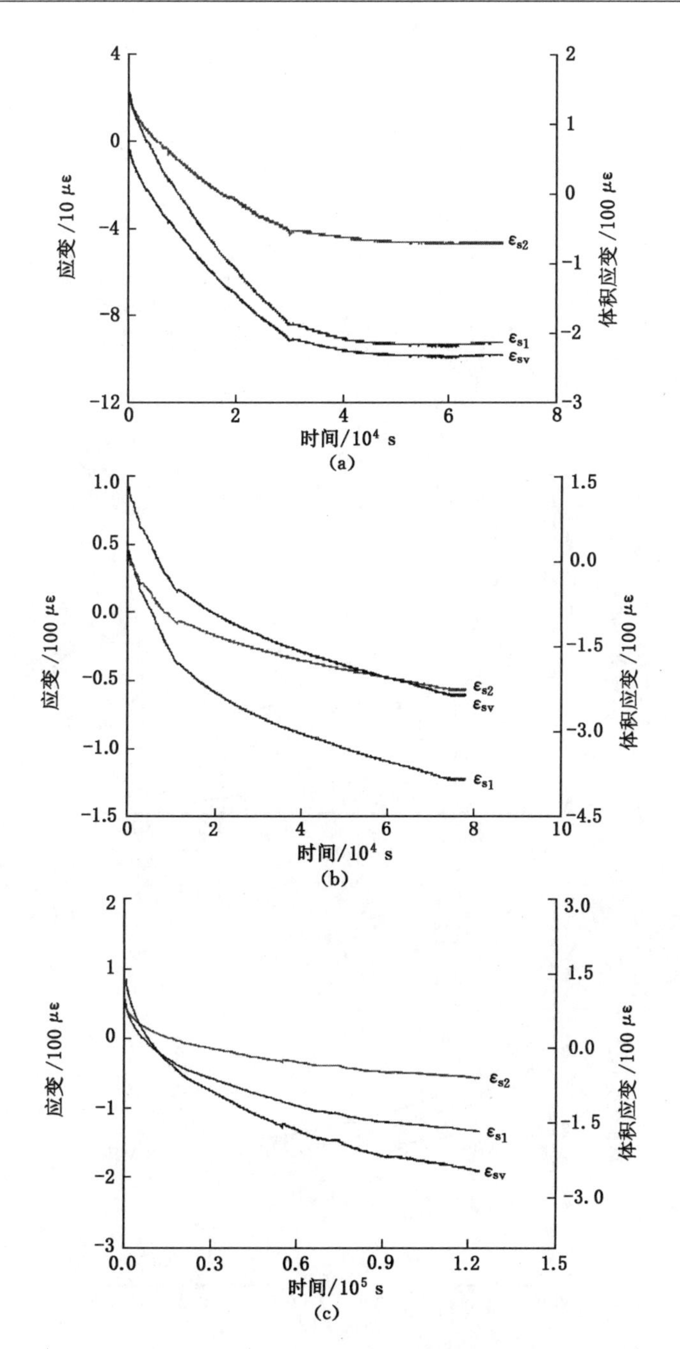

图 1-9 不同瓦斯压力下煤体的吸附膨胀变形

(a) 瓦斯压力为 0.4 MPa;(b) 瓦斯压力为 0.8 MPa;(c) 瓦斯压力为 1.2 MPa

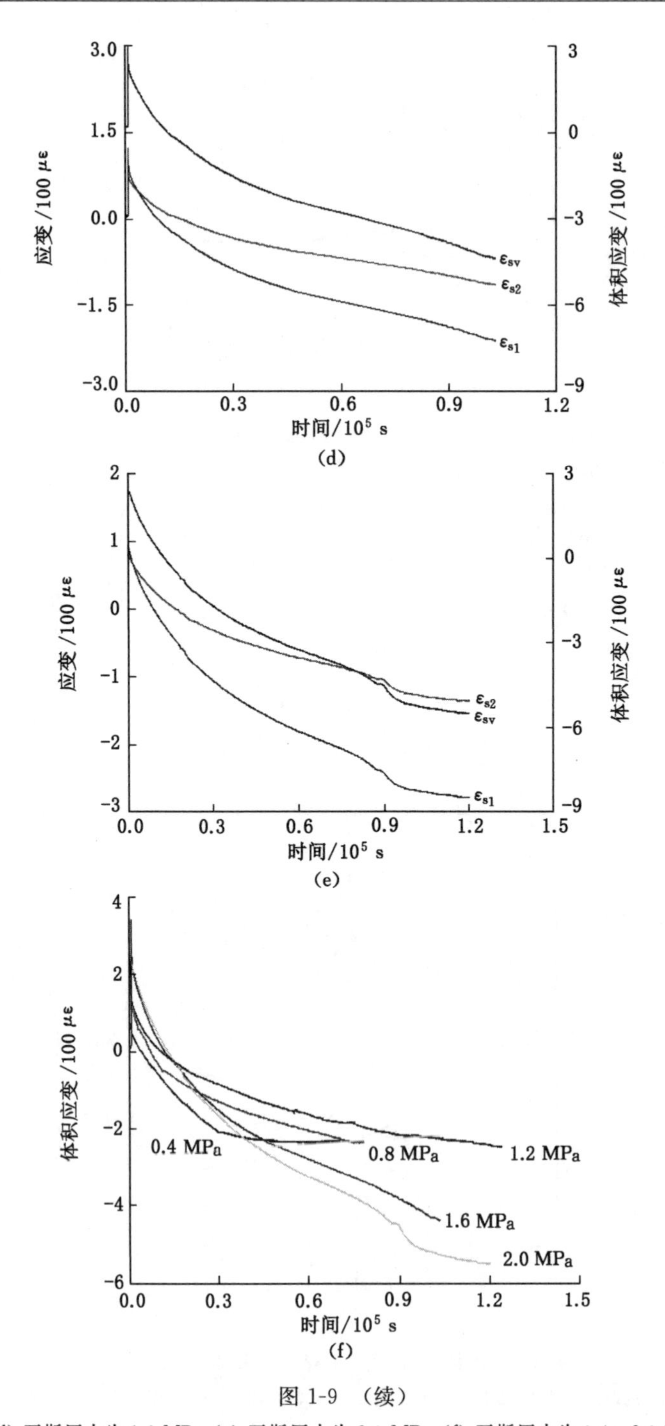

图 1-9 （续）

(d) 瓦斯压力为 1.6 MPa;(e) 瓦斯压力为 2.0 MPa;(f) 瓦斯压力为 0.4～2.0 MPa

在图 1-9 中，按照岩石力学的常用表示方法，将煤体的压缩变形表示为正值，膨胀变形表示为负值。从图 1-9(a)～(e)可以看出，煤样由压缩状态迅速开始变形膨胀，在较短的时间内(<200 s)便可以恢复初始状态；随着时间的增加，煤体继续发生膨胀变形，直至达到一恒定的应变值，以时间为参照变量，则煤样的应变 ε_{sv}、ε_{s1} 和 ε_{s2} 以对数曲线的趋势变化($\varepsilon=\log_a t, 0<a<1$)；煤样的变形经历了很长一段时间(20～35 h)，这是因为瓦斯的扩散是非常缓慢的，在扩散运移的同时，与接触到的煤体孔隙、裂隙表面发生吸附和解吸；待应变不再发生变化时，意味着渗流—扩散、吸附—脱附达到平衡，完成整个吸附过程。

② 吸附变形的各向异性

煤样在吸附瓦斯后引起的膨胀变形呈现各向异性，如图 1-9(a)～(e)所示，垂直于层理方向的变形明显大于平行于层理方向的变形，即 $\varepsilon_{s1}>\varepsilon_{s2}$，但是两者的整体变化趋势呈现一致性。由于煤体中节理、裂隙方向上的差异，在平行层理方向上的变形主要反映了煤体基质本身的变形，而垂直层理方向则包含了煤体基质和裂隙变形两方面的变形。从两个方向上的应变数值(表 1-5)来看，垂直层理方向的变形一般是平行层理方向的 2.1 倍。

表 1-5　不同方向上的吸附膨胀变形

瓦斯压力/MPa	0.4	0.8	1.2	1.6	2.0
ε_{s1}	-0.93×10^{-4}	-1.23×10^{-4}	-1.33×10^{-4}	-2.12×10^{-4}	-2.78×10^{-4}
ε_{s2}	-0.47×10^{-4}	-0.57×10^{-4}	-0.56×10^{-4}	-1.11×10^{-4}	-1.35×10^{-4}
$\varepsilon_{s1}/\varepsilon_{s2}$	1.98	2.16	2.38	1.91	2.06

③ 吸附变形与瓦斯吸附量的关系

不同瓦斯压力下煤体吸附瓦斯量存在差异，为得到瓦斯吸附量与煤体膨胀变形的关系，采用朗缪尔吸附平衡方程求取各瓦斯压力下的煤体瓦斯吸附量，同时计算膨胀变形的真实值(除去围压和孔隙压力对煤样弹性变形的影响)，得到瓦斯吸附量与体积应变的关系，如图 1-10 所示。为了便于表达，体积应变用 $|\varepsilon_{sv}|$ 的值表示。

从图 1-10 可以看出，煤体瓦斯吸附量与其体积应变呈现很好的线性关系，因此，煤体吸附瓦斯后的体积应变可用下式表示：

$$\varepsilon_{sv}=K_v Q_x=K_v\cdot\frac{abp}{1+bp} \tag{1-7}$$

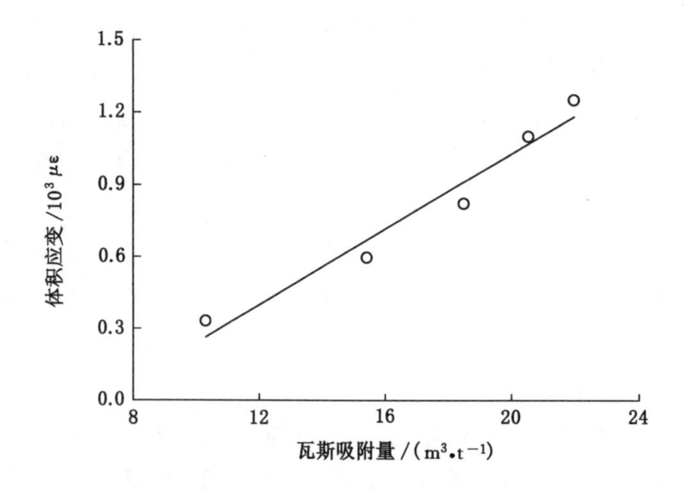

图 1-10　瓦斯吸附量与膨胀变形的关系

式中　K_v——膨胀体积应变系数，t/m³。

式(1-7)中，参数 K_v 可以通过试验测取的参数求得，其余各参数可以根据等温吸附试验取得。从前面的论述可知，煤体的变形具有各向异性，垂直层理方向上的应变与平行层理方向上的应变具有显著差异，因此，煤体吸附瓦斯后的体积应变可进一步表示为：

$$
\begin{aligned}
\varepsilon_{sv} &= K_1 \frac{abp}{1+bp} + 2K_2 \frac{abp}{1+bp} \\
\varepsilon_{s1} &= K_1 \frac{abp}{1+bp} \\
\varepsilon_{s2} &= K_2 \frac{abp}{1+bp}
\end{aligned}
\tag{1-8}
$$

从式(1-8)可知，煤体的线应变也可以表示为以上形式，其中 K_1 为垂直于层理方向上的膨胀应变系数，t/m³；K_2 为平行于层理方向上的膨胀应变系数，t/m³。

对于试验煤样，根据前面的试验结果得到 $\varepsilon_{s1}=2.1\varepsilon_{s2}$，即 $K_1=2.1K_2$，可得到吸附膨胀变形的计算参数，见表 1-6。

表 1-6　煤体吸附膨胀变形的计算参数

参数	$a/(m^3 \cdot t^{-1})$	b/MPa^{-1}	$K_v/(t \cdot m^{-3})$	$K_1/(t \cdot m^{-3})$	$K_2/(t \cdot m^{-3})$
取值	30.581	1.272	78.986×10^{-3}	40.456×10^{-3}	19.265×10^{-3}

④ 膨胀应力的计算

煤体在围岩约束条件下因吸附膨胀会产生膨胀应力。根据前面对煤体吸附瓦斯后膨胀变形的分析，假设煤体为各向力学性能相同的弹性体，服从胡克定律，吸附性能不受外力影响，则煤样吸附瓦斯引起的膨胀应力可用下式表示：

$$\sigma_{sw}=EK_i\frac{abp}{1+bp} \tag{1-9}$$

式中　σ_{sw}——煤体吸附瓦斯产生的膨胀应力，MPa；

E——煤的弹性模量，MPa；

K_i——煤体膨胀应变系数，t/m^3。

根据上式，通过瓦斯吸附参数和膨胀应变系数可以很方便地计算出膨胀应力。由式(1-9)可知，煤体的膨胀变形和膨胀应力受到其对瓦斯吸附能力的影响。根据对煤体吸附性的分析，瓦斯压力、温度、变质程度、瓦斯气体组分和煤体含水率都与煤体膨胀变形和膨胀应力有关。在相同的瓦斯压力和温度下，变质程度高和变质程度低的煤的膨胀变形和膨胀应力大于变质程度中等的煤的膨胀变形和膨胀应力；煤吸附二氧化碳引起的膨胀变形和膨胀应力大于吸附甲烷的情况，而煤吸附甲烷的情况又大于吸附氮气的情况；同时，煤中水分的增加会降低煤体的膨胀变形和膨胀应力。

(3) 不同压力下的解吸变形

① 煤解吸瓦斯的变形过程

随着煤体的围压卸载，煤样迅速恢复弹性变形，试样周围的气体压力降低到标准大气压，这时煤体内裂隙和较大的孔隙内的瓦斯在压力梯度的作用下开始向周围空间运移，煤基质中的瓦斯在浓度梯度的作用下由微孔向裂隙和大孔扩散，其间，孔隙、裂隙表壁上的吸附-解吸达到新的平衡。在这一过程中，煤样的变形过程如图 1-11 所示。

从图 1-11 可以看出，煤样的变形随时间增长呈对数曲线($\varepsilon=\log_a t$，$a>1$)变化。在解吸扩散初期，煤样相对变形量较大，这时的气体压力梯度和浓度梯度都较大，随着时间的增加，煤样继续发生收缩变形，直至达到恒定的应变值。同样，煤样的变形呈现一定的各向异性，垂直层理方向上的变形大于平行层理方向上的变形。前述试验表明，瓦斯的解吸扩散速度受瓦斯压力和裂隙密度的影响。随着解吸扩散的进行，瓦斯压力发生变化，煤样发生收缩变形，裂隙密度也会发生变化，因此，煤体收缩变形和瓦斯解吸扩散是一个相互影响、相互制约的过程。

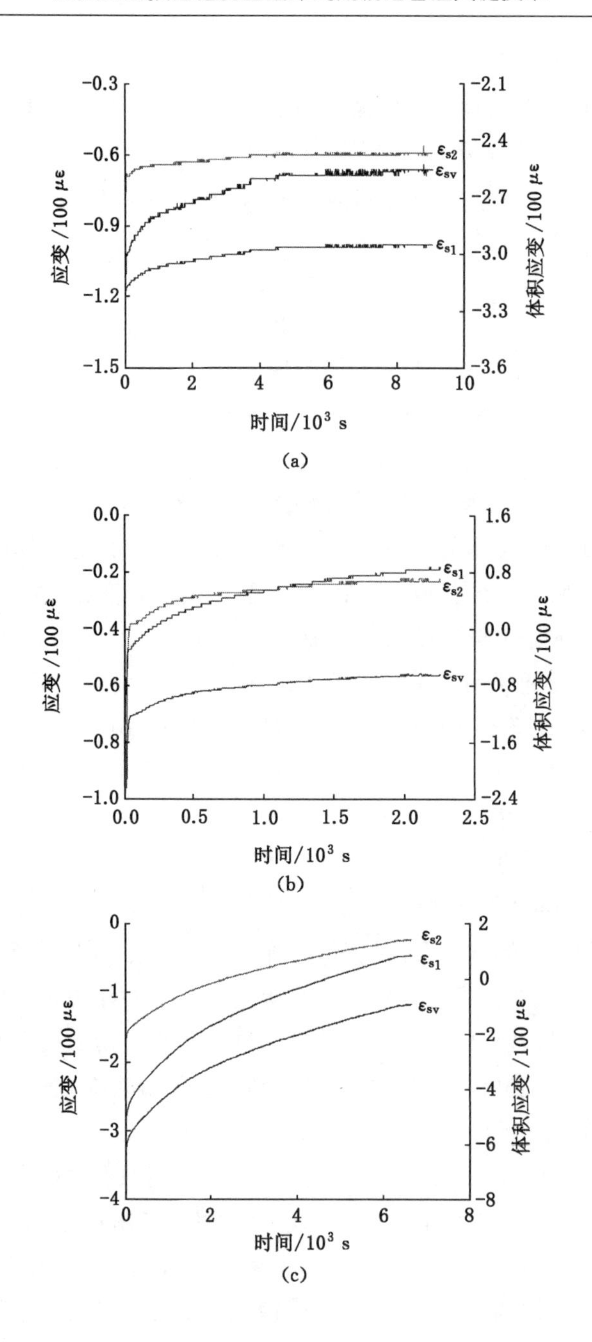

图 1-11　不同瓦斯压力下煤体的解吸变形

(a) 瓦斯压力为 0.4 MPa;(b) 瓦斯压力为 0.8 MPa;(c) 瓦斯压力为 1.2 MPa

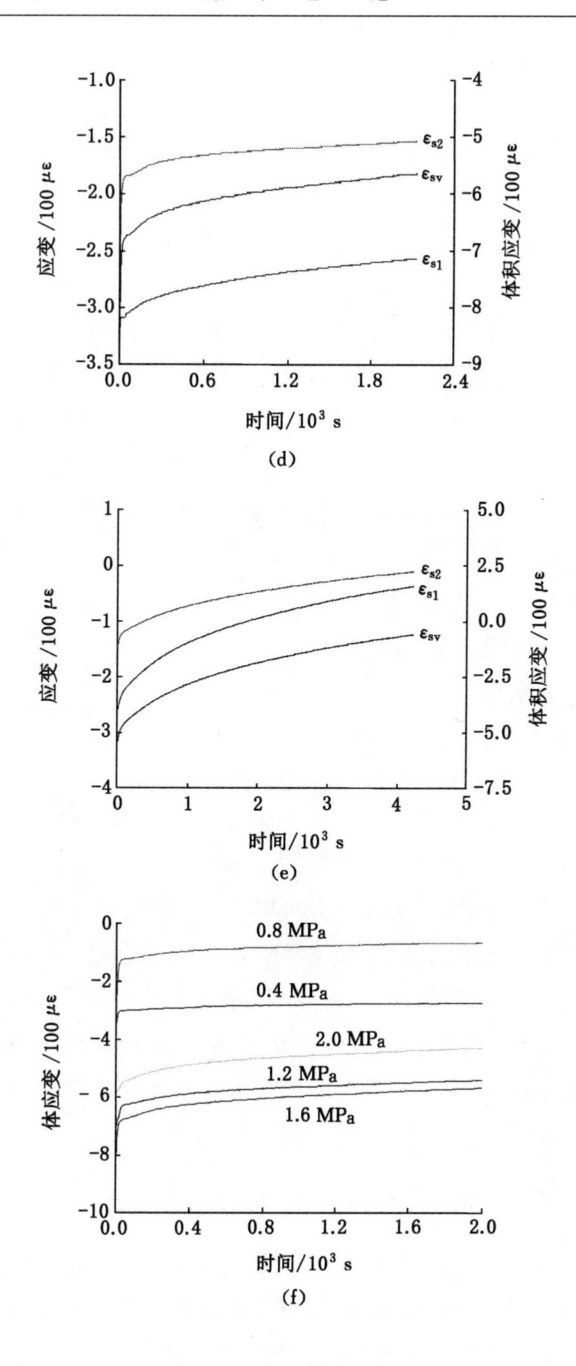

图 1-11 (续)

(d) 瓦斯压力 1.6 MPa;(e) 瓦斯压力为 2.0 MPa;(f) 瓦斯压力为 0.4～2.0 MPa

② 煤样解吸扩散过程中的变形

煤样解吸扩散过程可以看作是扩散-吸附的逆过程。根据前述分析，煤样的吸附膨胀变形与吸附瓦斯量呈正比关系，因此，煤样吸附瓦斯量的变化则决定了煤样的变形。由于含瓦斯煤样突然暴露在大气压环境下，引起煤样裂隙及大孔内的瓦斯气体发生渗流，造成煤基质中的瓦斯浓度发生改变，最终导致瓦斯吸附-解吸平衡的破坏，引起煤样的变形。从时间尺度上考虑，煤体裂隙及大孔中的渗流可在极短的时间内完成(针对本书所述煤样)，同时，瓦斯吸附-解吸也可以在瞬间完成，而瓦斯在微孔及基质中的扩散过程相对比较缓慢，因此，可以认为瓦斯解吸速度是由扩散过程决定的，煤样的变形可用瓦斯的扩散量来表示：

$$\varepsilon_{sv}=K_{v}q_{m}t=K_{v}D_{c}\omega t[c_{m}-c(p_{g})] \tag{1-10}$$

式中　q_{m}——扩散速率；

c_{m}——基质内平均气体浓度；

$c(p_{g})$——平衡吸附气体浓度；

D_{c}——扩散系数；

ω——形态因子。

上式中，平衡吸附气体浓度可由下式求得：

$$c(p_{g})=\frac{V_{L}p_{g}}{p_{g}+p_{L}} \tag{1-11}$$

式中　V_{L}——朗缪尔体积，m^{3}/t；

p_{g}——裂隙系统中的压力，MPa。

解吸扩散中煤样的膨胀应力也可以按照前面的方法计算，但是要注意，此处讨论的吸附膨胀变形是在煤样的弹性变形范围内，但实际煤体的应力环境非常复杂，弹性模量随固体骨架对孔隙气体吸附性强弱而发生明显的变化，同时考虑煤体的破坏和吸附解吸变形，会更接近实际情况。

1.1.5　煤层瓦斯渗流特征

渗透性是描述煤体对瓦斯流动阻力特征的量，主要取决于层理、裂隙的形状、数量及其内部连通的情况。煤体的渗透性通常具有以下特点：由于煤体内部孔隙分布差异和节理裂隙分布差异造成的非均匀性和各向异性；在低透气性煤层中呈现出非线性渗流特征；除了以上固有的特性外，还受到地应力、瓦斯压力、煤体结构、变质程度和温度等多种因素的影响，其中主要的影响因素是地应力和瓦斯压力。

(1) 煤岩渗透性测量方法

岩石类材料渗透率的实验室测量方法有三种：基于达西定律的稳态测量法、瞬态测量法和周期加载法。其中，后两种方法在测量介质为液体的情况下比较成熟，测定气体则较为复杂。因此，测定煤体对瓦斯的渗透率则常采用稳态测量法。假设瓦斯在煤样中的渗流过程为等温过程，符合达西定律，则可得到：

$$q=\frac{kA_{s}\mathrm{d}p}{\mu\mathrm{d}x} \tag{1-12}$$

式中　q——流体通过岩石试样的稳定流量，m^3/s；

A_s——岩石截面积，m^2；

k——岩石的渗透率，mD；

μ——流体的黏度，Pa·s；

$\mathrm{d}p/\mathrm{d}x$——作用在岩石试样两端的流体压力梯度，Pa/m。

考虑气体密度随压力变化对其流量的影响，根据波义耳气体定律：

$$p_{x}\cdot q_{x}\cdot t=p_{2}\cdot q_{2}\cdot t \tag{1-13}$$

式中　p_x，p_2——煤样内部某截面和出口端的气体压力；

q_x，q_2——瓦斯通过岩石试样内部某截面和出口端的气体流量；

t——气体的流动时间。

将上式代入式(1-12)后进行积分得：

$$k\cdot A_{s}\cdot p_{x}\cdot\int_{p_{2}}^{p_{x}}\mathrm{d}p=-\mu\cdot p_{2}\cdot q_{2}\cdot\int_{0}^{L}\mathrm{d}x \tag{1-14}$$

由此可以得到煤样的渗透率公式为(默认出口端压力为 p_a)：

$$k=\frac{2q_{a}\mu Lp_{a}}{A_{s}(p_{1}^{2}-p_{a}^{2})} \tag{1-15}$$

式中　L——煤样试件的长度，m；

p_1——煤样入口端的气体压力；

p_a——1个大气压。

在工程实践中，煤层相对于瓦斯气体的渗透性也常采用透气性系数 λ 来表示，可以通过对上式进行换算得到。

(2) 煤体渗透性试验

试验所用煤样取自重庆松藻煤电有限责任公司打通一矿 8# 煤层，该煤层为突出煤层。试验所用煤样为 ϕ50 mm×100 mm 的原煤试样。试验仪器采用重庆大学研制的煤岩三轴瓦斯渗流测试系统，见图 1-12。试验用气体为 CH_4，在试件的周围涂抹硅橡胶后，再采用热收缩的橡胶套封闭，有效地隔离了试验系统的油路和气路，使瓦斯只能通过煤样的端面渗入煤样的孔隙，保证了试验的可信性。

图 1-12 煤岩三轴瓦斯渗流测试系统

针对同一试件分级施加轴压、围压和瓦斯压力，采用稳态测量法测定相应情况下煤样的渗透率。试验前，根据煤样的应力-应变曲线确定围压和轴压，使其在弹性变形范围内；同时考虑到埋深较浅的煤层以及受地质构造应力作用的煤层往往地应力场非常复杂，反映在试验中表现为围压与轴压无绝对的大小关系，综合上述情况确定了围压和轴压的具体值。

(3) 围压对煤体透气性的影响

试验得到不同瓦斯压力、不同轴压下，含瓦斯煤样渗透率随围压的变化情况，见图 1-13。

从图 1-13(a)～(e)可以看出，在固定的瓦斯压力和轴压下，随着围压的增加，煤样的渗透率呈现指数递减的趋势；不同轴压下的渗透率随着围压的增加，它们之间的差值逐渐变小。不同轴压下煤样渗透率随围压的变化可用下式来表示：

$$k = a_z \exp(b_p \sigma_3) \tag{1-16}$$

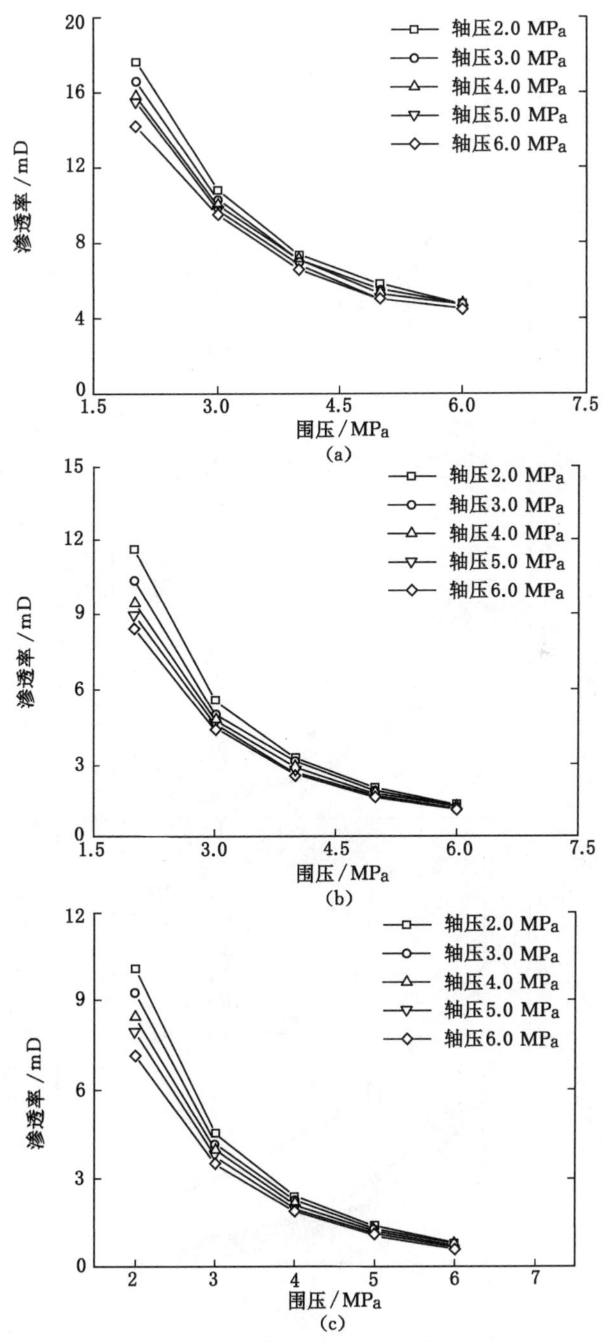

图 1-13 煤体渗透率与围压的关系

(a) 瓦斯压力为 0.3 MPa;(b) 瓦斯压力为 0.6 MPa;(c) 瓦斯压力为 0.9 MPa

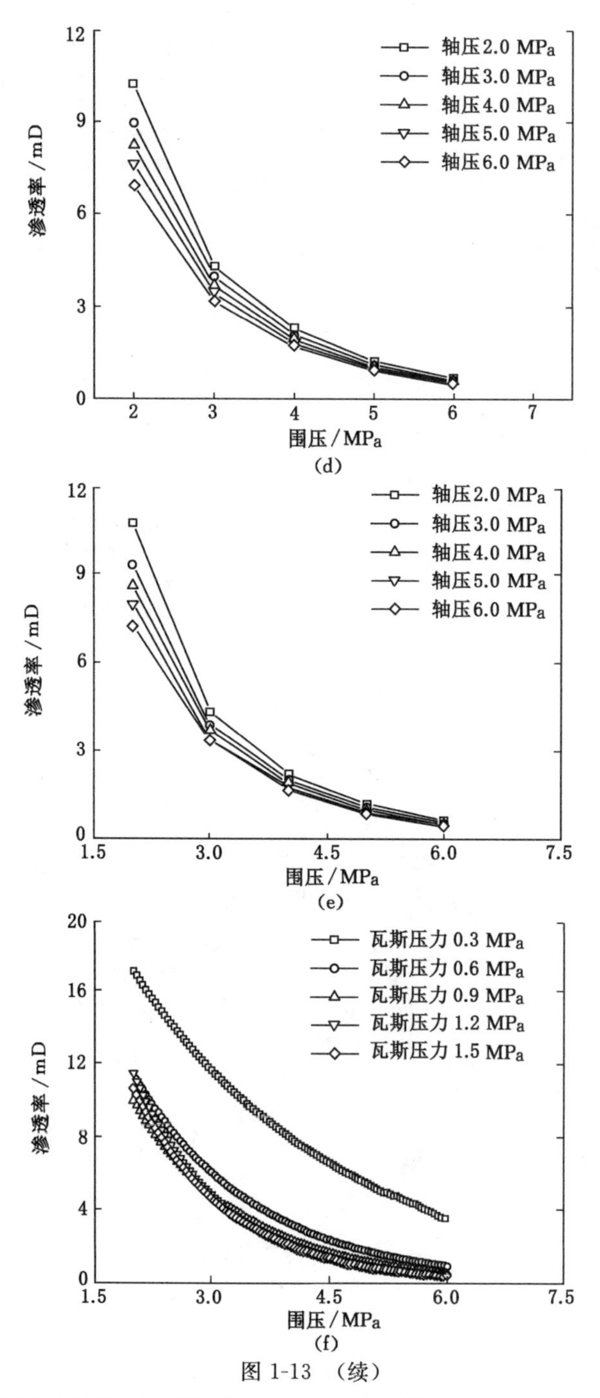

图 1-13 （续）

(d) 瓦斯压力为 1.2 MPa;(e) 瓦斯压力为 1.5 MPa;(f) 轴压为 2.0 MPa 时,渗透率拟合曲线

式中 a_z, b_p——相应轴压及瓦斯压力下的曲线拟合常数。

图 1-13(f)是轴压为 2.0 MPa 时，不同瓦斯压力下围压与渗透率的拟合曲线，其拟合表达式见表 1-7。

表 1-7 轴压为 2.0 MPa 时，不同瓦斯压力下渗透率与围压的拟合关系

瓦斯压力/MPa	拟合表达式	相关性系数
0.3	$k=36.455\exp(-0.379\sigma_3)$	0.968
0.6	$k=40.095\exp(-0.628\sigma_3)$	0.987
0.9	$k=41.473\exp(-0.714\sigma_3)$	0.994
1.2	$k=64.069\exp(-0.862\sigma_3)$	0.989
1.5	$k=54.750\exp(-0.820\sigma_3)$	0.994

(4) 瓦斯压力对煤体透气性的影响

试验得到不同围压和轴压下，瓦斯压力对煤体渗透率的影响见图 1-14。

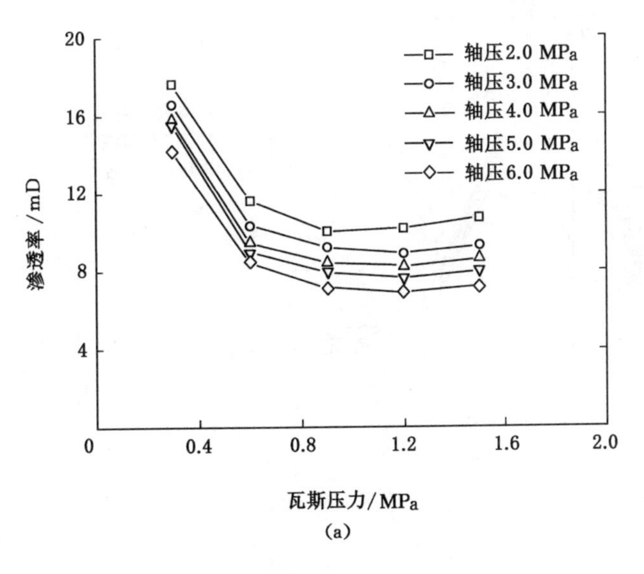

图 1-14 煤体渗透率与瓦斯压力的关系

(a) 围压为 2.0 MPa

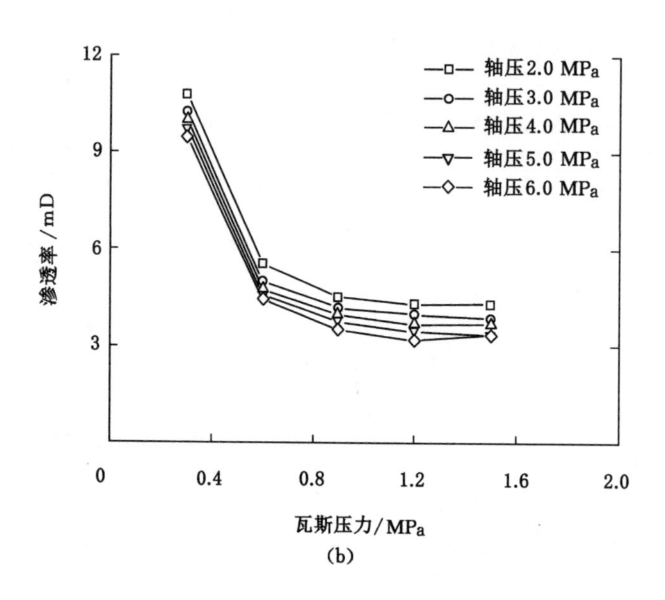

(b)

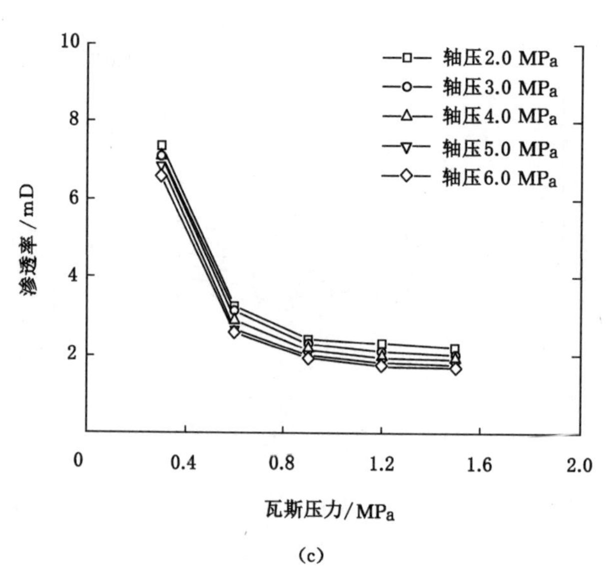

(c)

图 1-14 (续)

(b) 围压为 3.0 MPa;(c) 围压为 4.0 MPa

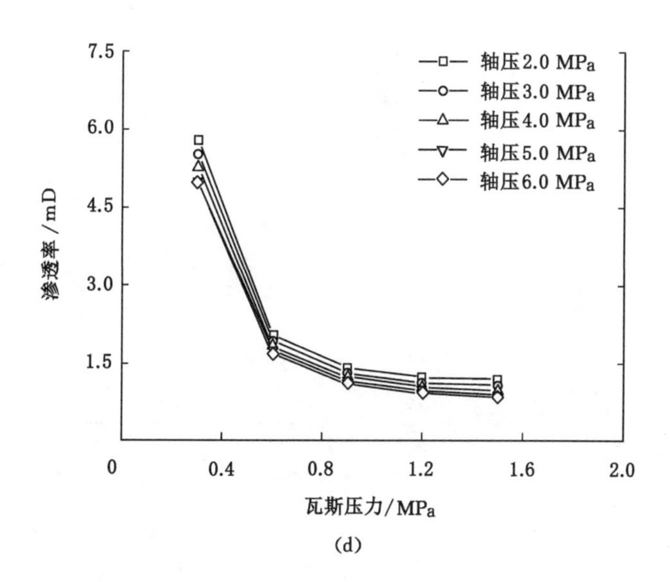

(d)

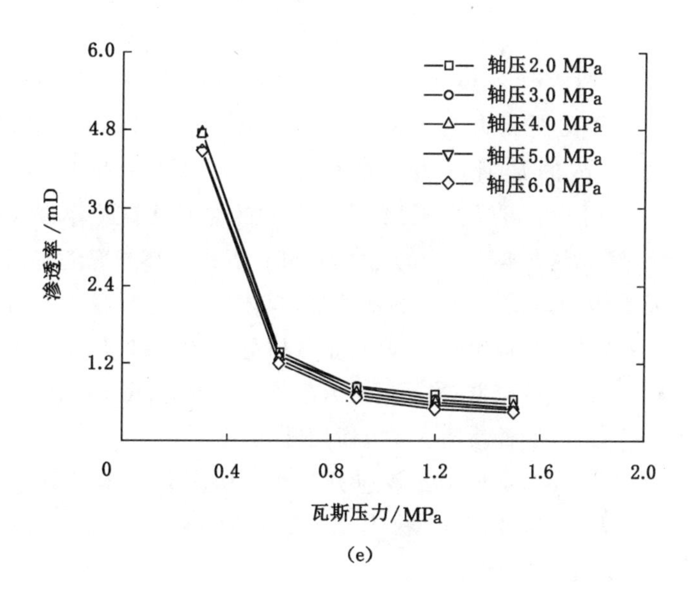

(e)

图 1-14 (续)

(d) 围压为 5.0 MPa;(e) 围压为 6.0 MPa

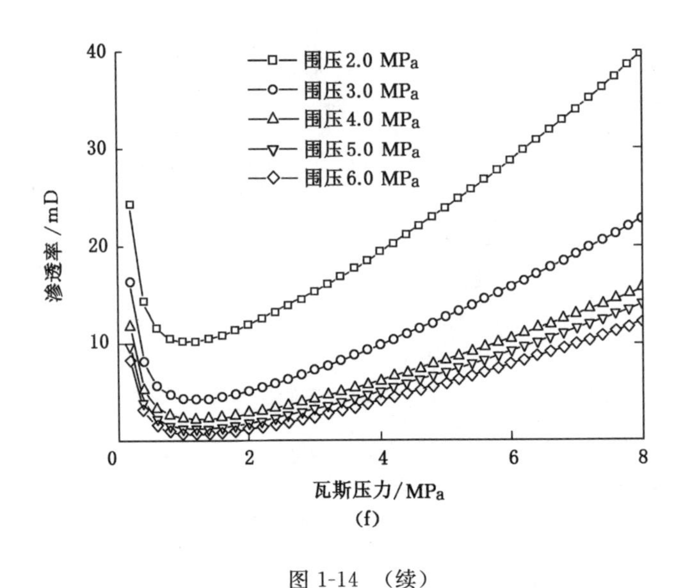

(f)

图 1-14 (续)

(f) 轴压为 2.0 MPa 时,渗透率拟合曲线

如图 1-14(a)、(b)所示,在较低的围压下,渗透率在瓦斯压力为 1.0~1.2 MPa 时达到最小值,而在瓦斯压力为 1.5 MPa 时又出现增大趋势;当围压不小于 4.0 MPa时,在所测试的瓦斯压力范围内,煤样的渗透率呈指数趋势减小[图 1-14(c)~(e)]。因此,可以看出瓦斯在煤体中的渗流具有显著的 Klinkenberg 效应[9-10],即当孔隙压力与体积应力的比值较小时,煤样的渗透率随着瓦斯压力的增大而减小。这是因为,随着瓦斯压力的增加,煤体内孔隙、裂隙表面的气体分子层厚度增大,使有效的渗流通道减小,阻碍了气体分子的运移,瓦斯渗流速度明显变慢,导致了煤体渗透率的降低;当瓦斯压力超过一定值时,Klinkenberg 效应被相对较大的孔隙压力削弱,因而渗透率又有所回升。

根据以往的研究,Klinkenberg 效应只有在瓦斯压力与体积应力的比值较低时才会产生,从图 1-14 可以看出,随着围压的增加,体积应力变大,Klinkenberg 效应产生的范围也会变大。在考虑 Klinkenberg 效应对渗透率的影响时,可以根据式(1-17)对试验数据进行拟合,得到图 1-14(f)所示的渗透率拟合曲线,拟合得到的表达式见表 1-8。

$$k = c_1 + \frac{c_2}{p} + \exp(c_3 p - c_4) \tag{1-17}$$

式中 c_1, c_2, c_3, c_4——曲线拟合常数。

表 1-8 轴压为 2.0 MPa 时,不同围压下瓦斯压力与渗透率的拟合关系

围压/MPa	拟合表达式	相关性系数
2.0	$k=-52.091+4.278/p+\exp(0.065p+3.993)$	0.998
3.0	$k=-40.786+3.501/p+\exp(0.06p+3.668)$	0.996
4.0	$k=-31.106+2.714/p+\exp(0.059p+3.363)$	0.993
5.0	$k=-30.926+2.449/p+\exp(0.058p+3.333)$	0.990
6.0	$k=-29.394+2.193/p+\exp(0.056p+3.271)$	0.986

从拟合表达式可以发现,式(1-17)中的前两项 c_1+c_2/p 主要反映了渗流过程中的 Klinkenberg 效应,当瓦斯压力较低时,主要是 Klinkenberg 效应起作用;当瓦斯压力增加到一定程度后,式中的 $\exp(c_3p-c_4)$ 起主导作用,使煤样的渗透率升高。

(5) 煤体破裂过程中的渗透性演化规律

① 不同应力应变阶段渗透率演化规律

以往相关渗透性试验大多是在煤样的弹性变形阶段内进行的,而在实际煤层中,煤体受采动影响往往会发生破坏,孔周煤体也容易受钻孔扰动影响发生破坏。因此,进行煤样全应力-应变过程中的瓦斯渗透试验。试验中,首先将围压和瓦斯压力加到预定值,保持围压和瓦斯压力不变,施加轴向准静态荷载直至煤样破坏,采用位移加载模式,速率为 0.02 mm/min。试验得到的含瓦斯煤样的全应力-应变与渗透率曲线如图 1-15 所示。

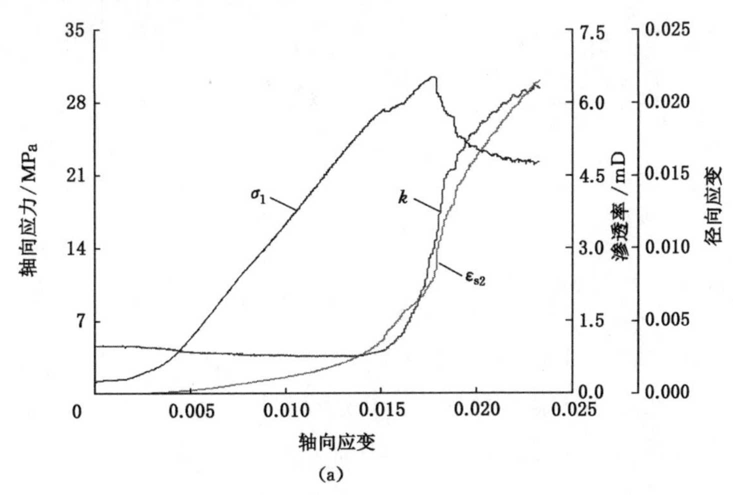

图 1-15 不同条件下含瓦斯煤样全应力-应变与渗透率曲线

(a) 围压为 2 MPa,瓦斯压力为 1 MPa 条件下

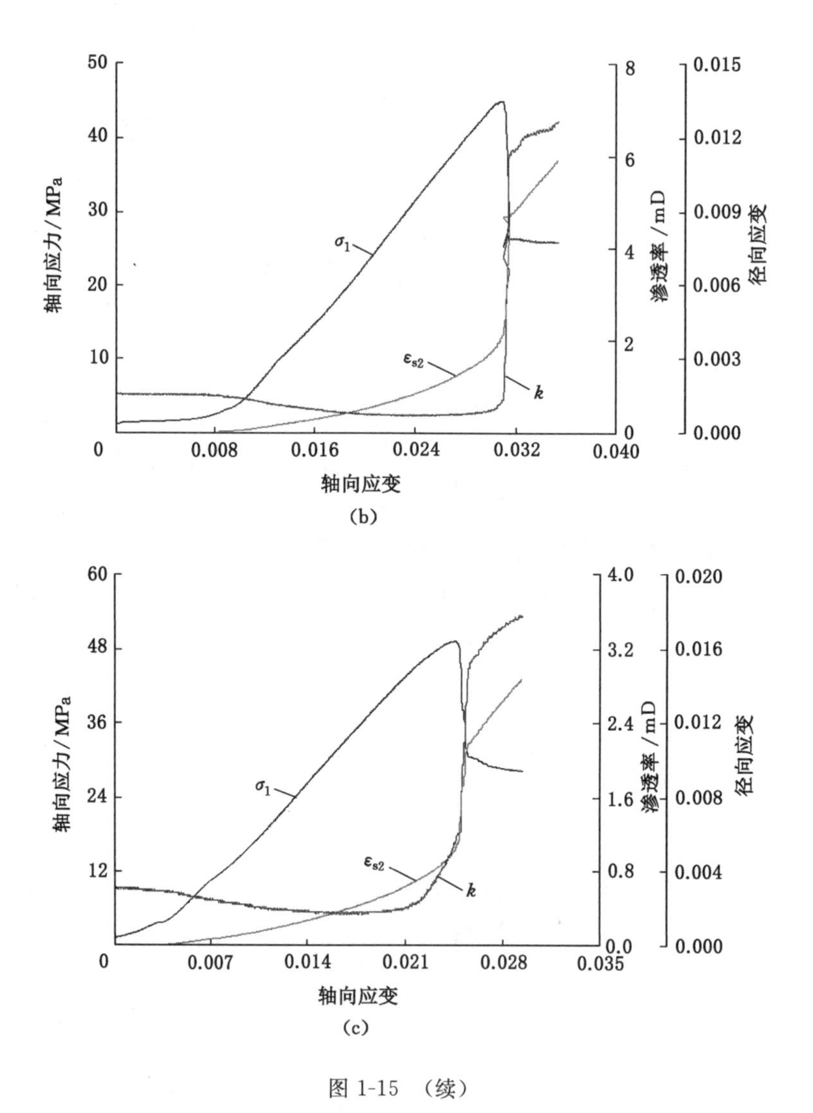

(b)

(c)

图 1-15 （续）

(b) 围压为 4 MPa,瓦斯压力为 1 MPa 条件下；(c) 围压为 6 MPa,瓦斯压力为 1 MPa 条件下

从图 1-15 可以看出,不同围压下的含瓦斯煤样的渗透率-应变关系变化趋势相似,渗透率的变化与煤样的损伤演化过程密切相关。在初始加载阶段和线弹性变形阶段,渗透率随着轴向应力的增加呈递减的变化趋势,在弹性阶段的末期渗透率达到最小值;当进入弹塑性阶段以后,煤样发生屈服,内部的裂隙进一步扩展、贯通,其间渗透率以一定的速率增加;当达到峰值应力时,渗透率曲线出现突增,此时煤样的主剪切带形成,并沿劈裂面产生滑动,裂隙的张开度和连通

程度迅速提高，这些变化引起渗透率急剧增大；在残余应力阶段，随着变形的进一步发展，破坏后的煤样在围压的作用下出现一定程度的压密闭合，渗透率增长变缓，呈指数趋势递增。

② 渗透率演化方程

前述试验证明，围压、轴压、瓦斯压力都会对煤体的渗透率产生影响。因此，在建立渗透率演化方程时，需要考虑以上各因素的影响。目前，具有代表性的应力-应变-渗透率演化方程有负指数方程、负幂指数方程、双曲线方程、幂指数方程、对数式方程和正交多项式方程[11]。然而，这些方程考虑的因素相对单一，使用条件受限。此外，赵阳升[12]借助对试验结果的分析，给出了渗透率与有效体积应力、孔隙压力的关系：

$$k = a_0 \exp(a_1 \Theta' + a_2 p^2 + a_3 \Theta' p) \tag{1-18}$$

式中 Θ'——有效体积应力，MPa；

a_0, a_1, a_2, a_3——拟合常数。

通过表 1-8 可知，即使在体积应力相同的情况下，不同的围压和轴压也可使煤体的渗透率显著不同。可见，轴压和围压对渗透率的影响是有差异的。此外，煤层在开采过程中，瓦斯不断放散，煤体中的瓦斯压力也是不断变化的；煤体中孔隙压力和吸附变形也会引起渗透率的变化。因此，在考虑以上因素的同时，根据图 1-15 中渗透率曲线变化的特点，用有效应力的方式建立三轴应力状态下的渗透率-应力耦合关系方程：

$$k = \begin{cases} b_0 \exp(b_1 \sigma_1' + b_2 \sigma_3' + b_3 p) + b_4 / p & \sigma_1' < \sigma_s \\ \xi b_0 \exp(b_1 \sigma_1' + b_2 \sigma_3' + b_3 p) + b_4 / p & \sigma_s \leqslant \sigma_1' \leqslant \sigma_c \\ \xi' b_0 \exp(b_1 \sigma_1' + b_2 \sigma_3' + b_3 p) + b_4 / p & \sigma_1' > \sigma_c \end{cases} \tag{1-19}$$

式中 σ_1', σ_3'——轴向和径向的有效应力，MPa；

σ_c, σ_s——屈服应力和峰值应力，MPa；

ξ——应力屈服点至峰值应力阶段的渗透率突跳系数；

ξ'——峰后阶段的渗透率突跳系数；

b_0, b_1, b_2, b_3, b_4——系数，可由试验来确定。

式(1-19)不仅充分考虑了轴压、围压和瓦斯压力对煤体渗透率的影响，而且还可以在一定程度上反映渗流过程中的 Klinkenberg 效应。对应于煤岩体不同的损伤状态，渗透率突跳系数取不同的值。式中各系数的值均可以通过试验数据的拟合得到。

1.1.6 钻孔瓦斯抽采机理

钻孔瓦斯抽采指通过打钻，利用钻孔、管道和真空泵将煤层或采空区内的瓦斯抽至地面的技术措施。主要利用真空泵营造的负压环境，强行抽出钻孔内瓦斯。

1.1.6.1 抽采负压对钻孔周围煤体瓦斯运移的影响

在自然埋藏条件下，煤中富含的大量瓦斯气体充填于孔隙和裂隙之中，且在长期的地质历史过程中处于平衡状态。在煤层中打钻孔进行瓦斯抽采后，由于孔口负压的存在，整个钻孔内部形成负压空间，钻孔周围煤壁形成瓦斯自由逸散面，煤层中的正压与钻孔内的负压形成压差，赋存于煤层孔隙中的瓦斯便开始解吸，从逸散面开始快速逸出，造成逸散面附近煤层中瓦斯压力降低，而且逐渐由逸散面向煤层内部扩展，形成了煤层中不同位置瓦斯压力分布的差异，促使瓦斯源源不断地从煤层中向钻孔流动，使抽采范围不断扩大。煤层中不同位置瓦斯压力的差异必然形成孔隙与裂隙介质中瓦斯的压力和浓度梯度，形成驱动瓦斯在多孔介质中运移的动力，使瓦斯在煤基多孔介质中运移。

煤层中的压力降低是导致煤层中瓦斯解吸和运移的直接原因，在多孔吸附介质中，气体的扩散和渗流同时发生，共同决定流动速率的大小。刚开始抽采时，由于煤层瓦斯压力远大于钻孔内负压，压力梯度较大，且煤层中含有大量瓦斯，所以瓦斯涌出量大。随着钻孔附近煤层瓦斯压力的下降，且瓦斯量逐渐减小，瓦斯涌出量逐渐减小并趋于平稳，出现钻孔抽采瓦斯流量衰减现象。

就同一煤层区域而言，在压力下降过程中，瓦斯气体解吸、扩散和渗流三个阶段随时间的推移连续发生。如图 1-16 所示，瓦斯从煤内表面解吸到煤基质孔隙中，并在孔隙中做扩散运动扩散到煤的裂隙中，最后在裂隙网中做渗流运动流到钻孔中，最终被抽采到管网中[13]。

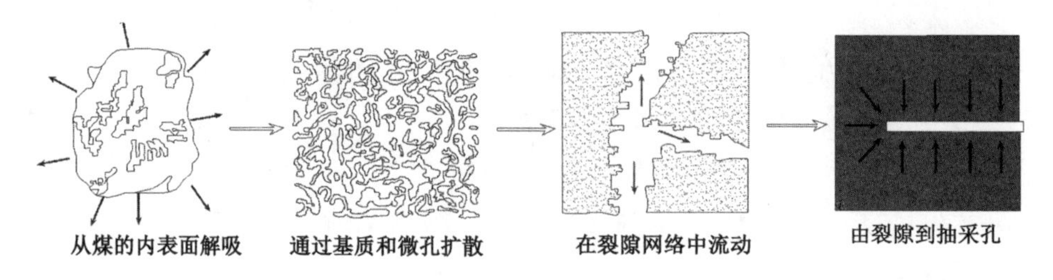

图 1-16 瓦斯在煤层中的运移机理

(1) 负压对煤层瓦斯解吸的影响

煤层中游离瓦斯以气体状态存在于煤的微孔或裂隙中，占总量的10%～20%，其含量取决于煤岩自由空间的大小、气体压力、温度。一般情况下，游离瓦斯含量按气体状态方程进行计算，即：

$$X_x = \frac{V_k p T_0}{T p_a \zeta} \tag{1-20}$$

式中 X_x—煤中游离瓦斯含量，m^3/t；

V_k—单位质量煤的孔隙容积，m^3/t；

T_0，p_a—标准状态下的绝对温度、压力，273 K、0.101 325 MPa；

ζ—瓦斯压缩系数。

在实际计算中，为了简化计算，在满足工程要求的前提下，可采用孔隙率和瓦斯压力来计算游离瓦斯量，即：

$$X_x = Bnp \tag{1-21}$$

式中 n—煤的孔隙率；

B—系数，$m^3/(t \cdot MPa)$，取值为1 $m^3/(t \cdot MPa)$。

忽略温度变化影响，吸附瓦斯含量满足朗缪尔等温吸附方程(Langmuir equation)，并同时考虑水分和灰分对吸附量的影响，单位体积煤中吸附瓦斯含量可用下式计算：

$$X_y = \frac{abcp}{1+bp} \cdot \rho_d \tag{1-22}$$

式中 X_y—单位体积煤体的吸附瓦斯含量，kg/m^3；

c—单位体积煤中可燃物质量，t/m^3；

$c = \frac{1}{(1+0.31M)} \cdot \frac{(100-A-M)}{100} \cdot \rho_f$($\rho_f$为可燃物密度，$t/m^3$)；

ρ_d—煤的视密度，t/m^3。

如前所述，煤层瓦斯含量实际上指吸附瓦斯量和游离瓦斯量之和，则煤层瓦斯含量为：

$$X = X_x + X_y = Bnp + \frac{abcp}{1+bp}\rho_d \tag{1-23}$$

吸附和解吸是完全可逆的，在煤层中，吸附瓦斯和游离瓦斯在外界条件不变的情况下处于动态平衡状态，吸附状态的瓦斯分子和游离状态的瓦斯分子处于不断的交换之中；当外界瓦斯压力和温度发生变化或给予冲击震荡、影响了分子的能量时，则会打破其原有平衡状态，并产生新的动态平衡。实际上，外力作用并不能改变瓦斯吸附特性，瓦斯在由吸附状态转化为游离状态的过程中主要受瓦斯压力和温度的影响，煤对瓦斯的吸附能力、温度、瓦斯压力等条件直接决定吸附瓦斯含量的多少，而煤的孔隙率及煤层瓦斯压力决定游离瓦斯含量的多少。

当煤层中的压力降低时，吸附在煤基质微孔隙内表面上的气体就会解吸出来，重新回到微孔隙空间成为气态的自由气体，可用式(1-22)计算煤层在抽采过程中随着压力下降解吸出的瓦斯量。因此，钻孔抽采负压为钻孔周围一定范围内的煤体提供了负压空间，使其压力降低造成钻孔周围煤体内吸附瓦斯发生解吸，并且压力降低不断向深部煤体扩展，使深部煤体的吸附瓦斯不断解吸，为瓦斯流动提供瓦斯源。理论上，负压越大，促进瓦斯解吸作用越大，但由于孔内负压在煤体内的作用范围有限，导致对促进瓦斯解吸的煤体范围也有限。

(2) 负压对煤层渗流的影响

由于煤体属于多孔介质，瓦斯在煤体中的流动遵循达西定律，即流速与压差成正比关系：

$$v=-\frac{K}{\mu}\frac{\mathrm{d}p}{\mathrm{d}n} \tag{1-24}$$

用透气性系数可以表示为：

$$q_0=-\lambda\frac{\mathrm{d}p^2}{\mathrm{d}n} \tag{1-25}$$

式中 v—瓦斯流速，m/d；

q_0—比流量，1个大气压、t ℃时，1 m^2 煤面上流过的瓦斯流量，$m^3/(m^2 \cdot d)$。

对顺层钻孔而言，在瓦斯抽采过程中，钻孔周围煤层瓦斯由煤层向钻孔内径向流动(如图1-17所示)，并且煤层抽采前期为非稳定流动，抽采一段时间后流动近似为稳定流动，煤层中将会形成同心圆状的瓦斯压力等压线。

对非稳定径向流场，单位长度钻孔孔壁瓦斯涌入量流量为[14]：

$$q_f=(R-r_0)\cdot(p_0^2-p_b^2)\cdot\sqrt{\frac{\lambda\pi}{2p_a p_0 t}\left[n+\frac{abcp_0(2+bp_0)}{(1+bp_0)^2}\right]} \tag{1-26}$$

式中 q_f——非稳定径向流场下单位钻孔瓦斯涌出量，$m^3/(m^2 \cdot d)$；

c——煤质参数，$c=1-A-M$；

p_0——煤层原始瓦斯压力，Pa；

p_b——煤层钻孔中的绝对压力值，Pa；

r_0——煤层钻孔半径，m；

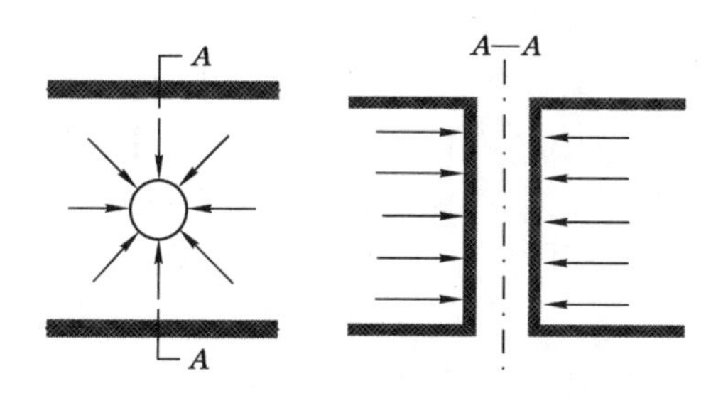

图 1-17 微元段钻孔周围径向流场示意图[14]

R——径向流场的影响半径，m。

对稳定径向流场，单位长度的钻孔段孔壁瓦斯涌入流量为[14]：

$$q_w = \frac{2\pi\lambda}{r_0} \frac{p_0^2 - p_b^2}{\ln R/r_0} \tag{1-27}$$

式中 q_w—稳定径向流场下单位面积钻孔瓦斯涌出量，$m^3/(m^2 \cdot d)$。

由式(1-26)和式(1-27)可以看出，不论非稳定径向流场还是稳定径向流场，单位长度钻孔段周围煤体涌入钻孔的瓦斯量与$(p_0^2 - p_b^2)$呈正比关系，钻孔负压越大，煤层钻孔中的绝对压力值 p_b 越小，原始煤层瓦斯压力与钻孔孔内压力的压差就越大，煤壁向钻孔内涌入的瓦斯流量就越大，因此煤层中瓦斯流入钻孔内的流量与孔内负压是密切相关的。由于煤层原始瓦斯压力 p_0 较大，单位都是兆帕数量级，而钻孔内抽采负压则是千帕数量级，最大不会超过 0.1 MPa，显然，p_0 要远远大于 p_b，因此钻孔负压的改变对钻孔远距离处煤体内瓦斯流动影响较小。但由于钻孔周围的瓦斯压力并不都是原始煤层瓦斯压力 p_0，而是随着距钻孔的距离增大而增大，钻孔周围近距离处的煤层瓦斯压力远远小于原始煤层瓦斯压力，因此钻孔内负压的改变可以对钻孔周围近距离范围内煤体的瓦斯流动产生较大影响。

由式(1-26)和式(1-27)还可以看出，单位长度钻孔段孔壁周围煤体涌入钻孔的瓦斯量与煤层透气性系数 λ 也呈正比关系，透气性系数越大的煤层，煤体内瓦斯流动的速度越快，煤体内瓦斯压力下降也越快，钻孔影响范围就越大。因此，对于高透气性煤层，虽然钻孔内负压变化导致的$(p_0^2 - p_b^2)$的变化幅度不大，但由于 λ 的值较大，会增大钻孔负压影响程度。显然，由于负压的增大而导致抽采量增加，高透气性煤层抽采量的增加幅度要大于低透气性煤层的幅度。因此，对于高透气性煤层，适当增大抽采负压可以有效提高瓦斯抽采效率。

1.1.6.2 抽采负压对钻孔内瓦斯流动的影响

钻孔负压对钻孔内瓦斯具有“引流”作用。当钻孔内的瓦斯由孔内流向抽采管路时,需克服由于瓦斯的黏滞性和惯性,以及钻孔壁面对瓦斯流动的阻滞、扰动等作用而产生的阻力,使钻孔内抽采负压从孔口至孔底随钻孔深度的增加逐渐减小,沿孔长方向产生压差,从煤层涌入钻孔内的瓦斯在钻孔内压差作用下向孔口流动。

瓦斯在钻孔内流动过程中,由于钻孔孔壁的粗糙度会产生沿程摩擦阻力,同时,由于孔壁变形及孔壁瓦斯的涌入会产生局部阻力。以沿程摩擦阻力为例,流体流动的边壁沿程不变(均匀流)或者变化微小(缓变流)时,流动阻力沿程也基本不变,这类阻力称为沿程阻力。由沿程阻力引起的机械能损失被称为沿程能量损失,简称沿程损失。计算沿程损失的通用公式即达西公式,由法国工程师达西基于自己 1852—1855 年的大量实验,在 1857 年根据伯努利方程推演出,其表达式为:

$$p_f = f_i \frac{l}{d_0} \cdot \frac{\rho_c v^2}{2g} \tag{1-28}$$

式中 l—管长,m;

d_0—管径,m;

g—重力加速度,m/s^2;

f_i—沿程阻力系数。

如图 1-18 所示,假设钻孔内瓦斯经由断面 2-2 流向断面 1-1,两个断面处瓦斯流速分别为 v_{x2} 和 v_{x1},负压分别为 p_{x2} 和 p_{x1},则在瓦斯流动过程中,由于孔壁摩擦阻力的存在,有公式:

$$\Delta p = p_{x1} - p_{x2} = p_f = \lambda \frac{l}{d_0} \cdot \frac{\rho_c v^2}{2g} (p_{x1} > p_{x2}) \tag{1-29}$$

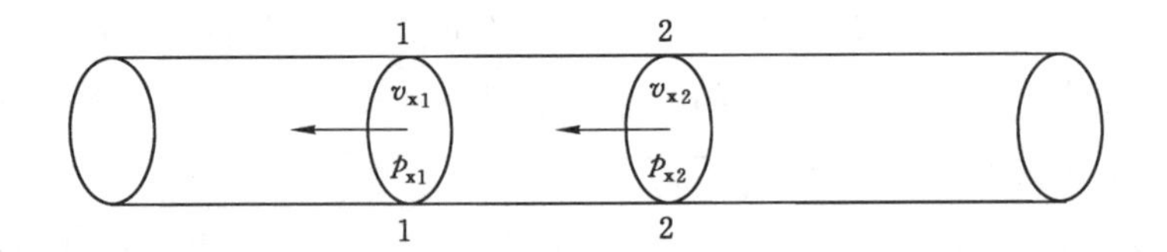

图 1-18 钻孔内瓦斯流动

由式(1-29)可以看出,瓦斯在两个断面的流动速度与两个断面的压差成正相关关系,即压差越大,瓦斯的流动速度越大,动力势能也越大。因此,压差能是瓦斯在钻孔内流动的动力源,正是由于瓦斯的沿程摩擦阻力等损失的存在,使孔口负压在向钻孔深部传递过程中不断受损,产生连续的压差,将钻孔周围煤体涌入钻孔内的瓦斯源源不断地抽出。

综上所述,在煤层瓦斯抽采过程中,煤层内瓦斯流动所需要的动能来源主要是煤层内部的压差能,同样抽采钻孔内部瓦斯流动所需要的动能也是由钻孔内的压差能来提供。抽采负压为煤层中的瓦斯流动提供了一个启动压差,但抽采负压的变化只对钻孔周围卸压圈内的瓦斯流动有较大的影响,对深部煤层中的瓦斯流动影响不大。抽采负压的突出作用是在钻孔内“导流”,使抽采系统能够源源不断地抽出瓦斯。

1.2 钻孔瓦斯抽采技术研究现状

钻孔抽采煤层瓦斯包括设计、成孔、封孔、抽采及达标评价等多个关键技术环节,本书主要围绕钻孔封孔、抽采过程中的修复及效果评价介绍钻孔抽采瓦斯抽采相关技术的研究现状。

1.2.1 钻孔封孔技术研究现状

抽采瓦斯浓度除受到煤层瓦斯生成及赋存条件影响外,还受到瓦斯抽采工程质量影响。孔底抽采负压具有引流瓦斯和强制瓦斯解吸的功效,封孔质量的高低直接关系到瓦斯抽采效果的好坏[12]。我国封孔工艺经历了常规封孔工艺、带压注浆封孔工艺、高效综合封孔工艺三个阶段。

(1) 常规封孔工艺

常规封孔工艺根据采用材料的不同分为多种封孔工艺门类,主要有黄泥封孔、水泥砂浆封孔、聚氨酯封孔、机械式弹性封孔、胶囊封孔、充气式封孔器封孔、水力膨胀式封孔器封孔等技术[12-14]。

① 聚氨酯封孔

我国将聚氨酯用于矿井安全生产始于20世纪60年代初,聚氨酯封孔技术在河南、山西、安徽、山东等主要矿区运用比较普遍[15]。其封孔原理是:首先,将特制的封孔专用编织袋用铁丝固定在瓦斯抽采管上合适的位置,将多元醇聚醚(A胶)和多异氰酸酯(B胶)按照一定的比例混合后装入编织袋;然后,将带有聚氨酯的抽采管快速送入孔内指定位置;在距孔口2 m左右的位置以同样的方式固定一段编织袋并装入聚氨酯材料,同时捆绑一根PVC管;一段时间后,2种液体发生化学反应,在孔内产生径向膨胀力,在孔内两端实现密封;待孔内聚氨酯膨胀、凝固之后,通过PVC管用注浆泵对两段聚氨酯之间的空间实施注浆封堵。聚氨酯封孔具有膨胀系数高、凝固时间短、封孔效率高等优点,但受材料特性和煤岩应力影响,钻孔周围的煤体易产生松动裂隙形成漏气通道。

② 机械式弹性封孔

常用的机械弹性封孔技术有螺旋弹性胀圈式封孔器和弹性串球式封孔器两种，这两种封孔器的结构如图 1-19 和图 1-20 所示，其工作原理都是在外加力的挤压作用下，迫使弹性胶桶或者弹性串球膨胀，使其贴紧钻孔内壁，达到封孔的目的。当外加力取消后，胶桶或串球在自身的弹性力作用下恢复原状，即可从钻孔中取出，重复使用。这两种封孔器封孔深度一般为 5～10 m，主要用于抽采工作面前方松动区内瓦斯时，抽采钻孔内距离孔口 1～2 m 处时封孔，对钻孔的密封性能差，漏气严重，不能用于本煤层长效抽采钻孔的封孔。

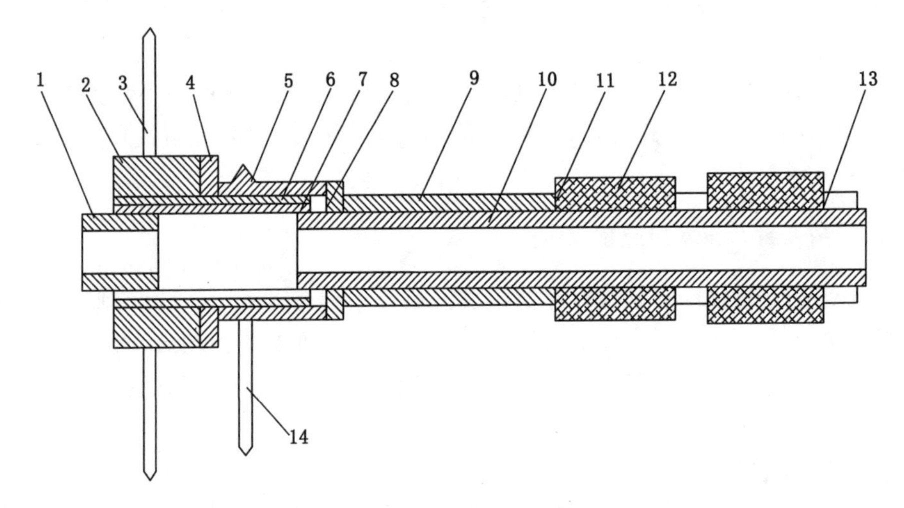

1—接头；2—螺母；3—手柄；4—垫板；5—定向销；6—套管；7—螺杆；
8—传力垫；9—外套；10—内管；11—托盘；12—胶桶；13—螺帽；14—手柄。

图 1-19　胀圈式封孔器示意图

③ 充气式封孔器封孔

充气式封孔器主要有免充气气囊式和充气气囊式两种。前者将气体封闭在一个橡胶囊里，气囊中部有一根抽采管，利用气体的可压缩性将气囊塞进钻孔里实现封孔，主要在孔口 1 m 范围内封孔；后者的气囊里没有封闭空气，气囊中部有一根抽采管，将囊袋塞进钻孔之后，再向囊袋充气。两者的使用效果相当，都只能用于临时性封孔。

④ 水力膨胀式封孔器封孔

水力膨胀式封孔器封孔的原理是：压力水进入封孔器后，通过在膨胀器内部所形成的水压来促使封孔器胶管膨胀，从而达到封堵钻孔的目的。采用钢丝复

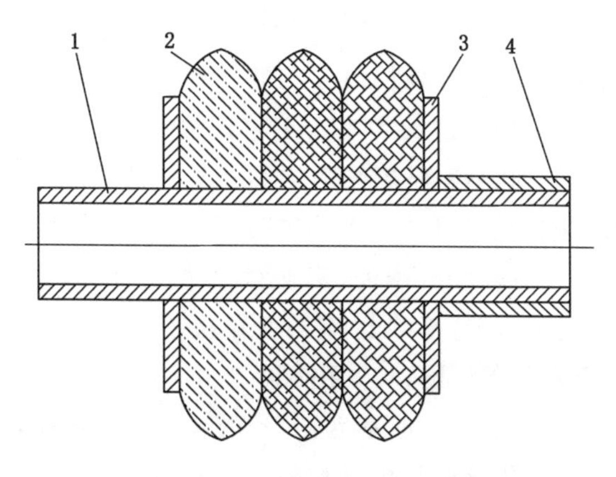

1—内套；2—橡胶球；3—挤压板；4—挤压外套。

图 1-20 串球式封孔器

合胶管作为膨胀胶管时，注水压力高，对钻孔具有较好的封闭效果。水力膨胀式封孔器封孔具有封孔工艺简单、封孔时间短、便于操作、可回收重复使用等优点[16]，但由于使用成本较高、存在微泄漏等缺点多用于煤层注水钻孔封孔，而不适用于煤层瓦斯抽采钻孔封孔。

(2) 带压注浆封孔工艺

带压注浆封孔是针对普遍采用的水泥砂浆封孔、开放式注浆（即无压注浆）所提出的，通过加大浆液的压力使浆液渗入钻孔封孔段周围裂隙，达到封孔严密、提高瓦斯抽采效果的目的。黄鑫业等[17-19]针对国内顺层瓦斯抽采钻孔封孔质量差、钻孔有效抽采期偏短的技术难题，提出了带压注浆封孔技术及定点定长度新型封孔工艺。黄鑫业等[20]通过理论分析确定了带压封孔工艺技术参数，在平煤集团十矿进行的现场试验表明，与原有封孔工艺相比，带压封孔工艺的瓦斯抽采浓度能够提高 30%～55%。

(3) 高效综合注浆封孔工艺

随着封孔技术的不断发展和完善，高效综合注浆封孔工艺被认为是今后瓦斯抽采钻孔封孔技术发展的主要方向，即针对不同的煤层条件应考虑合理封孔深度，深入研究经济快速的带压注浆封孔工艺，着重对注浆工艺堵头和材料特性进行研究开发。如陈建忠等[21]以平顶山天安煤业股份有限公司十二矿为研究对象，采用数值模拟和现场实测的方法确定了巷道应力带的分布特征，并在此基础上得到了瓦斯抽采钻孔合理封孔长度；丁守垠等[22]以顾桥煤矿为研究对象，通过测定煤屑量 S 值估算了巷道应力带分布区域，并采用数值模拟试验得出了顾桥煤矿 1117(3)工作面预抽钻孔的合理封孔深度;贾良伦[23]通过岩巷掘进时形成的裂隙圈半径得到岩巷瓦斯抽放钻孔的合理封孔长度,并在新源煤矿大倾角仰斜开采的 75206 工作面进行了现场工艺试验;齐文国[24]结合矿压理论,分析确定封孔段长度和封孔材料是影响顺层钻孔瓦斯抽采的主要因素,通过对封孔工艺的研究和现场试验表明,"两堵一注"封孔技术对降低抽采气样中的氧含量,提高瓦斯抽采浓度有较大的帮助;王念红等[25]通过试验高压囊袋式注浆封孔技术,在确定注浆液体配方基础上,较好地解决了传统的聚氨酯封孔由于封孔质量差,抽采效果不理想的问题;吴龙山等[26-28]通过改变封孔工艺,使得现有的瓦斯抽采孔封孔装置结构简单,成本低,封孔的长度不受影响,可适应各种不同的钻孔深度。随着新型化学材料在煤矿井下的大量应用,先后发展形成了囊袋式注浆封孔技术[29]、聚氨酯-膨胀水泥砂浆封孔技术[30]、特制水泡皮-马丽散-铝塑管三组合封孔技术[31]等高效封孔技术。

1.2.2 钻孔修复技术研究现状

该技术主要针对瓦斯抽采钻孔孔壁垮塌、堵塞导致的钻孔失效问题,从抽采钻孔失稳机理及护孔技术、抽采钻孔水力化修复技术、水力化修复装备三个方面展开了一系列研究。

(1) 钻孔失稳机理及护孔技术研究现状

在钻孔失稳机理方面,我国学者采用弹塑性力学、损伤力学、流变力学等物理力学理论对钻孔围岩受力、孔壁失稳破坏等进行了大量研究,在护孔技术方面相应地提出了注浆加固护孔、套管护孔及下筛管护孔三种主要方式。刘春[32]基于钻孔失稳的线弹性理论和软煤黏弹塑性蠕变理论研究了松软煤层瓦斯抽采钻孔塌孔失效特性,并针对不同稳定型钻孔提出了相应护孔方法;张超[33]从钻孔封孔段周围煤体的理想弹塑性应变软化模型力学计算出发,研究了钻孔封孔段失稳机理,同时提出了加固式动态密封技术;周松元等[34]研究了严重喷孔松软煤层成孔工艺与装备,利用大管径钢管作为套管进行护孔,采用钻机大轴做推进装置将钢管送入钻孔内,如图 1-21(a)所示;姚向荣等[35]采用数值模拟与理论计算相结合的方法研究了松软煤层钻孔围岩二次应力影响范围,并提出了向煤体中注入固化剂的成孔方法,如图 1-21(b)所示;中煤科工集团重庆研究院有限公司和西安研究院有限公司及其他机构模仿医学领域心脏搭桥手术方法针对松软煤层顺层钻孔提出了一种全孔段随钻下放筛管技术,如图 1-21(c)所示,利用大通径螺旋钻杆及单向开合式钻头钻到位后,从钻杆中心通孔送入带有大量筛眼的矿用高分子塑料筛管，钻杆退钻时护孔筛管的孔底固定装置反刺入孔壁使其不会被带出，从而在抽采钻孔中形成一段骨架通道，达到护孔的目的[36-38]。

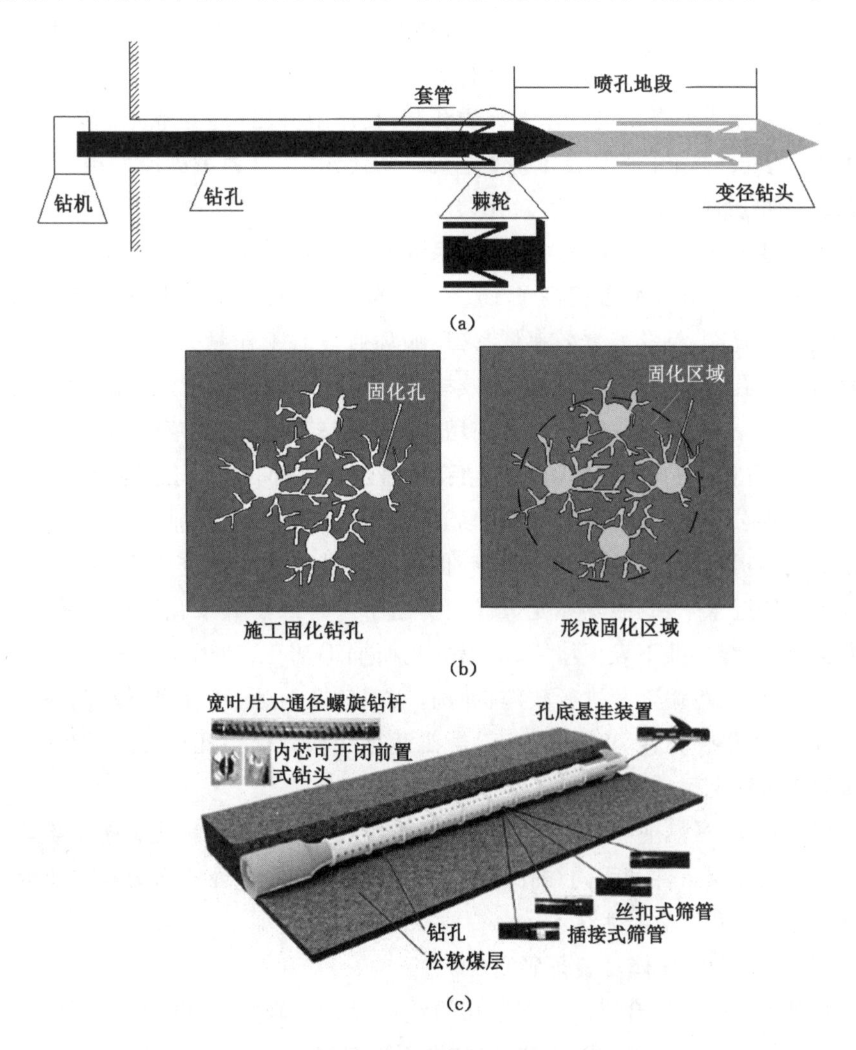

图 1-21 松软煤层瓦斯抽采钻孔护孔技术

(a) 拖动式下套管护孔[34]；(b) 固化成孔方法；(c) 随钻下筛管护孔方法

由于没有形成钻孔失效及修复的理念，现有研究主要从钻孔失稳破坏理论角度进行研究分析，并提出了为预防塌孔而提前采取的护孔技术措施，鲜有学者在钻孔塌孔、煤渣堵孔等因素导致钻孔失效的作用机理及位置、类型判断，以及可修复性评判等方面做深入研究。此外，现有护孔方法普遍存在适用条件有限、成本高等问题，在钻孔已经塌孔、堵孔时难以进行有效处理。

(2) 钻孔水力化修复技术的研究现状

在抽采钻孔修复技术方面，煤矿现场通常采用压风吹孔、掏孔等方法，但效果不明显，甚至有可能导致塌孔、堵孔更严重。

国内专家学者基于高压水射流破孔、透孔作用机理，初步开展了以水力化措施为主要手段的钻孔修复技术研究。如苏现波等[39-40]利用高压水射流对抽采钻孔进行冲孔解堵，提出“临时封孔、合理负压、循环修复”的抽采模式，在郑煤集团大平矿 21181 底板抽采巷对瓦斯抽采浓度低于 20%的钻孔进行修复，修复后单孔瓦斯抽采量比试验前提高了 152%，显著提高了钻孔瓦斯抽采效率，但该技术工艺操作复杂，钻孔修复效率低，采用循环修复时工作量大，且临时封孔无法有效密封钻孔，致使钻孔衰减快，有效抽采时间较短；刘勇等[41]提出采用自进式旋转钻头修复失效钻孔的新方法，利用自进式旋转钻头后置喷嘴的喷射反冲力作为动力，自行至钻孔堵塞段处，对堵孔煤渣进行破碎，将其与水混合返出孔外，通过在鹤煤公司八矿－655 m 水平轨道石门应用试验，瓦斯抽采浓度和流量分别比修复前提高了 2.09 倍和 2.74 倍，但由于自进式钻头前进力不足，仅适用于倾角不大的近水平钻孔；葛兆龙等[42-43]提出了一种煤矿井下瓦斯抽采钻孔的洗孔方法，针对煤矿井下发生堵塞、垮塌的瓦斯抽采钻孔，利用自进式水射流的破岩能力对堵塞、垮塌部分进行破碎、冲洗，实现钻孔疏通、扩孔，以提高瓦斯抽采效率，该方法操作方便，洗孔效率高，主要适合在松软煤层瓦斯抽采过程中疏通堵塞的抽采钻孔时使用。

综上所述，虽然业界已开始进行钻孔修复技术研究，但尚处于初步阶段，缺乏针对不同煤层条件和不同钻孔煤渣堵孔失效类型的合理的水力参数研究，未形成水力化钻孔修复技术体系。

(3) 钻孔水力化修复装备研究现状

苏现波等[40-41]结合煤矿井下钻孔的钻进、增透、修复的综合作用，研发了一套瓦斯抽采钻孔用水力作业机装备，如图 1-22(a)所示。该作业机利用高压水射流作用机理可以实现以下三方面功能：① 对煤层进行水力强化冲击形成孔道，实现连续成孔作业；② 在煤层钻孔中实现水力冲孔、割缝及压裂作业；③ 对抽采效果差的钻孔进行疏通修复。该装备主要由以下几部分组成：① 高压清水泵站，为水力冲孔、割缝、压裂等工艺提供高压水；② 液压泵站，为设备的行走、角度调整、输送管路等提供动力；③ 可缠绕式的连续油管系统，将一条柔性可缠绕的高压钢管有序地缠绕在滚筒上，利用机械机构将钢管的圆周运动与管路的直线运动相互转化,实现向钻孔内的连续送、收管;④ 执行机构,在连续油管终端连接不同形式、参数的水射流喷头,实现钻孔内的冲孔、割缝、压裂或者疏通作用。

葛兆龙等[43]研发了一套煤矿井下瓦斯抽采钻孔的洗孔设备,如图1-22(b)所示。该设备主要由水箱、高压泵、高压硬管、高压软管、自进式钻头、底座、绞盘和推进机构组成,利用自进式钻头提供的牵引力使高压软管绷直前进,并利用树脂管具有一定刚度、能传递推力的特性,使自进式钻头能够在瓦斯抽采钻孔内前进,从而实现对煤矿井下堵塞、垮塌钻孔进行疏通、扩孔的目的。

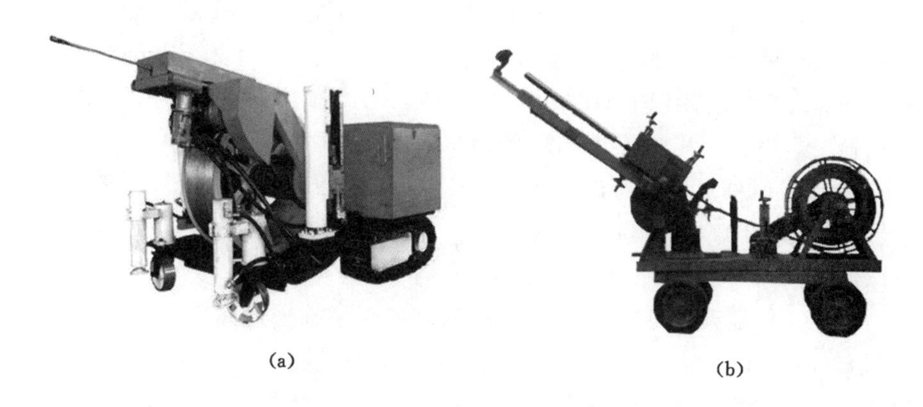

(a) (b)

图1-22 瓦斯抽采钻孔水力化修复装备

(a) 河南理工大学水力作业机;(b) 重庆大学抽采钻孔洗孔设备

调研资料显示,以上设备具备一定的自动化及远程操作能力,但由于设备结构复杂,造价较高,造成钻孔修复成本较高,不利于推广应用;采用连续油管和树脂管作为高压水输送管路,无法实现倾角较大钻孔的有效修复;此外,由于需配备高压泵站、液压泵站等较多附属设备,不利于快速修复区域性钻孔。

1.2.3 瓦斯抽采预测与效果评价研究现状

(1) 瓦斯抽采预测研究现状

煤层瓦斯抽采预测是指通过理论模型对钻孔瓦斯抽采纯量动态变化进行预测,目的是研究抽采状态下瓦斯在煤层中的流动规律。

国内外学者经过理论和试验研究,提出了瓦斯流动的一些基本理论,包括达西定律、菲克定律、幂定律以及流扩散定律等,并根据一定的基本假设给出了反映瓦斯流动规律的渗流方程。如王凯等[44]对钻孔瓦斯的涌出进行了动态数值模拟,并深入分析了钻孔瓦斯涌出随时间和孔深动态变化的规律和特征;林海燕等[45]建立了抽放钻孔瓦斯流动一维模型;周世宁等[4]建立了瓦斯在煤层中径向、球向流动的数值方程;刘泽功等[46]基于瓦斯在煤层中的质量守恒定律和达西定律,对边掘边抽钻孔抽采瓦斯、交叉钻孔抽采瓦斯进行了数值模拟研究;郭勇义等[47]将瓦斯渗流方程改为差分方程,在一维情况下研究了四种瓦斯流场的数值解;屠锡根等[48]编写了 FORTRAN 语言程序,并利用电子计算机对煤层瓦斯流动方程进行求解,得到了阳泉七尺煤层的瓦斯抽放半径;尹光志等[49]在三维情形下利用 COMSOL 软件中的 PDE 工具箱对瓦斯场和应力场耦合渗流方程进行求解,研究了在多场耦合作用下煤层瓦斯的抽采半径;柏发松[50]编制了 FORTRAN 解算程序,通过对煤层瓦斯流动的方程求解,计算了瓦斯抽采钻孔流量;王路珍等[51]利用 FLAC3D 中的有限差分方法对钻孔过程中孔壁瓦斯涌出进行模拟,得到了瓦斯涌出速度、涌出总量与钻孔时间的关系;吴爱军等[52]利用 FLUENT 软件对瓦斯场和地应力场耦合方程求解,研究了渗透率、抽采负压以及钻孔直径对瓦斯钻孔流量的影响。

(2) 瓦斯抽采效果评价研究现状

当前,瓦斯抽采效果评价主要是依据《煤矿瓦斯抽采达标暂行规定》对煤层瓦斯抽采的达标与否进行评价。如孙四清[53]采用实测和数值模拟方法分别对晋城矿区地面和井下的煤层气抽采效果进行了检测,提出以煤层气含量和气含量降低率(或采收率)作为煤矿区煤层气抽采效果检测和评价指标,分别建立了煤矿区地面和井下煤层气抽采效果评价方法;李云[54]采用层次分析法,选取煤层可解吸瓦斯含量、瓦斯抽采浓度、抽采负压及万米抽采量作为评价指标,对矿井各工作面的本煤层顺层钻孔抽采效果进行了优、良、中、差 4 个等级的评价划分;黄德等[55]构建了由 22 个指标组成的评价指标体系,建立了基于层次分析法-模糊可拓模型(IAHP-FE)的瓦斯抽采达标评价模型,实现对瓦斯抽采的基础条件、抽采系统、抽采管理和抽采效果的综合达标评价;申健[56]在分析瓦斯抽采达标影响因素的基础上,运用层次分析法与关系矩阵法相结合的集成赋权法对评价指标的权重进行确定,构建了煤矿瓦斯抽采达标可拓综合评价模型;黄磊[57]基于 GIS 空间图形管理分析技术,设计开发了一套煤矿瓦斯抽采达标系统,并以现场实测数据对系统进行了验证完善,提高了瓦斯抽采达标工作的信息化、空间化管理。

1.2.4 存在的主要问题

综上所述,业界学者针对瓦斯抽采钻孔封孔、钻孔修复以及抽采效果评价等方面开展了大量研究，并取得了丰富的研究成果，但在保障瓦斯抽采效果的某些关键环节仍存在以下问题：

（1）对瓦斯抽采钻孔封孔后的漏气机理缺少系统性分析，对钻孔的封孔质量缺少量化评测指标，因而无法提出针对性的封孔优化方案，也就无法从抽采初始的封孔工艺环节入手提高抽采效果；

（2）尚未研究瓦斯抽采钻孔运行状态的评价方法，针对钻孔抽采过程中可能出现的钻孔坍塌变形失效、管路泄漏、孔内积水等故障状态，尚未形成钻孔修护、检漏堵漏、自动排水等相应的解决方案；

（3）瓦斯抽采效果评价仍以抽采后的瓦斯抽采达标评价为主，手段为单一的现场实测技术，缺少适用于抽采前设计规划、抽采中动态评价及抽采后效果检验在内的瓦斯抽采钻孔全生命周期效果评价体系及对应的评价技术。

1.3 瓦斯预抽钻孔全生命周期精细管控技术体系

针对现有井下钻孔瓦斯抽采技术存在的问题和不足，基于全生命周期管理的理念，将瓦斯抽采钻孔的全生命周期分为孕育期、抽采期和评价期三个阶段，开展包括“测-封一体化”瓦斯抽采钻孔高效封孔技术、“检-修一体化”瓦斯抽采钻孔状态评价及修复技术、“评-控一体化”钻孔群抽采效果动态评价与监控技术的煤层瓦斯预抽钻孔全生命周期精细管控关键技术研究，研发钻孔封孔质量检测装备、亲煤基型无机膨胀封孔材料、钻孔修复装备、管网超声波检漏仪等配套装备，形成一种成熟的煤层瓦斯预抽钻孔群全生命周期精细管控技术体系，如图1-23所示。

1.3.1 “测-封一体化”瓦斯抽采钻孔高效封孔技术

（1）研发基于钻孔内不同气体浓度及抽采负压分布特征的封孔质量测定技术，为封孔质量评判及合理封孔参数的确定提供可靠的理论依据和量化技术，解决钻屑法和经验值法确定封孔深度工作量大、结论随机性强的问题；

（2）提出一种径向压注式注浆封孔工艺，研发流动性好、膨胀性高的亲煤基型无机膨胀封孔材料，以及注浆封孔器、气动封孔泵等系列装备，有效封堵钻孔周围漏气通道，在抽采源头显著提高钻孔抽采浓度，延缓瓦斯浓度衰减速度。

1.3.2 “检-修一体化”瓦斯抽采钻孔状态评价及修复技术

（1）建立一种瓦斯抽采钻孔运行状态模糊综合评价模型，为确定钻孔及管路漏气、变形或塌孔、孔内积水等故障状态提供依据；

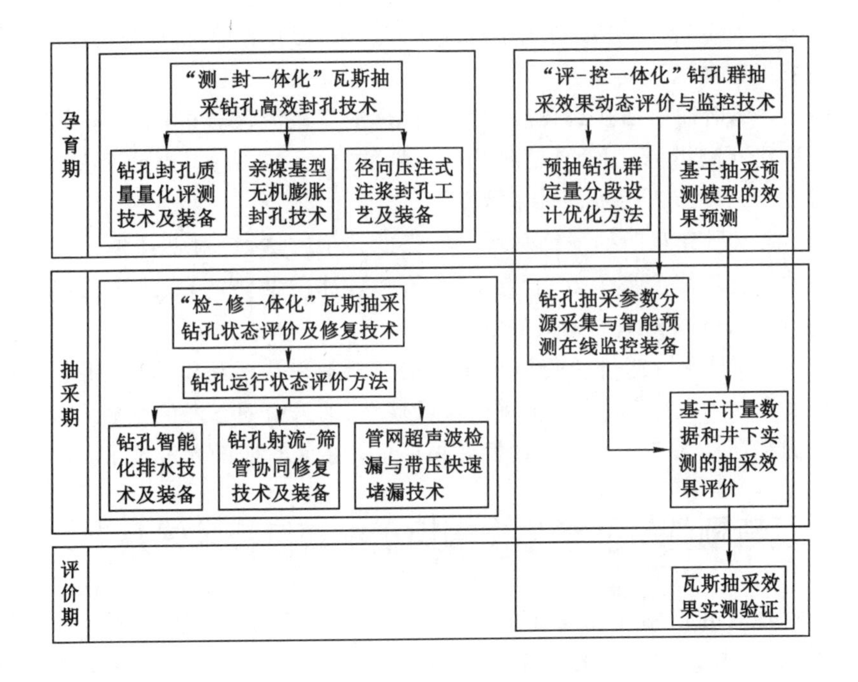

图 1-23　钻孔全生命周期精细管控技术体系

(2) 针对煤层钻孔因变形缩径、塌孔堵塞导致抽采效果骤降和抽采寿命缩短的钻孔失效状态，提出钻孔可修复性评价方法，并利用高压水射流冲击破碎作用机理，形成一套射流疏通和筛管护孔协同修护技术及装备，实现抽采钻孔失效后的高效复抽；

(3) 针对钻孔内积水影响孔内抽采效率的积水状态，分析钻孔内水-煤渣混合输送特性，研发一套井下抽采钻孔智能化排水技术与装备，结合 PLC 逻辑控制技术，实现抽采钻孔的多孔控制智能化排水；

(4) 针对管路漏气稀释抽采瓦斯浓度的故障状态，提出一种基于超声波检漏原理瓦斯抽采负压管路检漏方法及工艺，研发负压超声波检漏仪和带压快速堵漏技术装备，形成抽采管道泄漏点的准确定位与快速处理一体化解决方案。

1.3.3 "评-控一体化"钻孔群抽采效果动态评价与监控技术

(1) 建立涵盖抽采前钻孔设计、抽采过程中参数监测预测及效果评判、抽采后效果验证的瓦斯抽采钻孔动态评价技术体系，实现抽采钻孔全生命周期的抽采效果评价；

(2) 建立可反映钻孔有效抽采半径的抽采产能预测模型,结合矿井抽采掘时空衔接关系,形成基于含瓦斯煤体流-固耦合渗流动力学模型的工作面抽采钻孔定量分段优化设计方法;

(3) 研发钻孔抽采参数分源采集与智能预测在线监控装备,实现抽采工程中抽采效果的实时评价与趋势预测,提高效果评价的时效性。

第2章　“测-封一体化”瓦斯抽采钻孔高效封孔技术

“测-封一体化”瓦斯抽采钻孔高效封孔技术在抽采前期对钻孔封孔参数、封孔材料、封孔工艺、封孔装备、封孔质量管理及抽采负压调节等多方位进行研究及应用，实现瓦斯抽采钻孔的高效封堵，为钻孔全生命周期高效抽采奠定基础。

2.1　井下瓦斯抽采钻孔漏气机理及应对措施

钻孔漏气使外界空气在抽采负压作用下进入瓦斯抽采系统，是导致瓦斯抽采浓度偏低的关键因素。因此，要解决瓦斯抽采浓度低的难题，必须弄清钻孔漏气机理，并在此基础上提出针对性的有效封孔措施。

2.1.1　钻孔漏气模型及机理分析

瓦斯抽采钻孔密封性主要受封孔参数、封孔材料、封孔工艺、钻孔周围裂隙、煤体物理力学性质、抽采负压等因素影响。根据井下瓦斯抽采钻孔实际情况，总结并建立了6种典型的井下瓦斯抽采钻孔漏气物理模型，如图2-1所示。

(1) 漏气模型Ⅰ

封孔材料与钻孔壁间缝隙漏气。该类漏气主要是因为封孔材料收缩，使得封堵不完全，封孔材料与钻孔孔壁之间未能充分填充结合，钻孔壁与封孔材料间存在贯通裂隙，导致钻孔漏气。该类漏气现象主要存在于无机化学材料的抽采钻孔封堵，无机化学类封孔材料流动性强，能较好地渗入到钻孔周围裂隙中，与煤体融合在一起，但由于其凝固硬化后体积缩小，容易在钻孔上部形成“月牙”形空隙，尤其对水平钻孔密封效果极差，其漏气物理模型如图2-1(a)所示。

(2) 漏气模型Ⅱ

“松动圈”内贯通裂隙漏气。巷道开挖后，围岩原始应力平衡状态遭到破坏，应力重新分布并出现局部应力集中，围岩受力由原始的三向受力变成了近似两向承载，造成煤体强度大幅度降低。如果围岩集中应力小于围岩强度，围岩变形

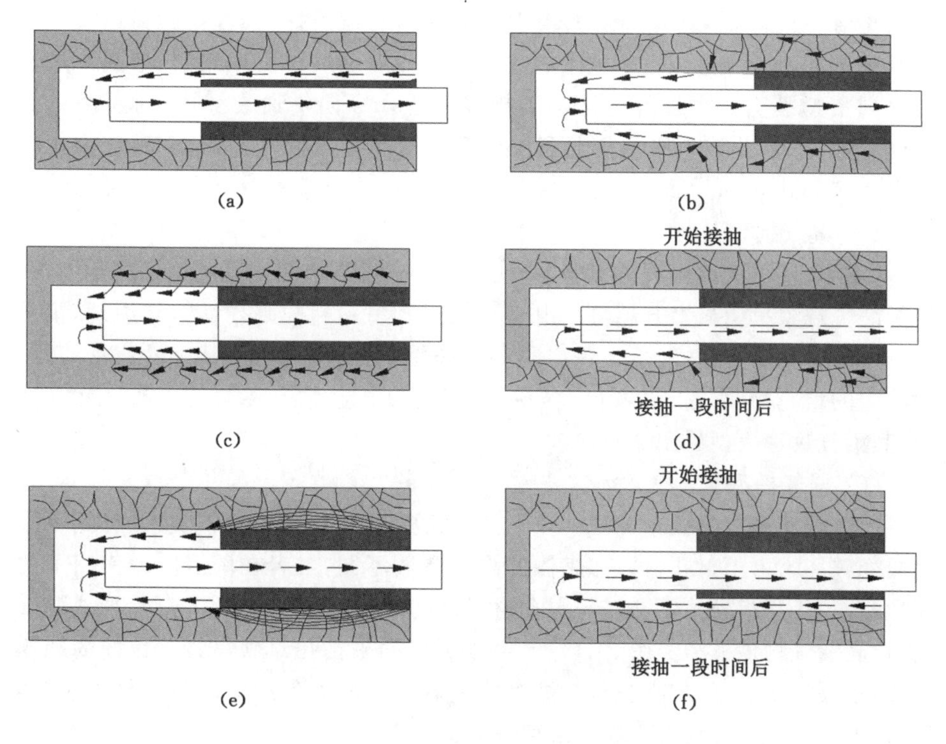

图 2-1　井下瓦斯抽采钻孔漏气物理模型

(a) 漏气模型Ⅰ;(b) 漏气模型Ⅱ;(c) 漏气模型Ⅲ;
(d) 漏气模型Ⅲ;(e)漏气模型Ⅴ;(f) 漏气模型Ⅵ

处于弹塑性状态,能够自行稳定;反之,围岩将发生破坏,这种破坏从巷道周边逐渐向深部扩展,直至达到新的应力平衡状态,此时煤体中出现一个松弛破碎带,即“松动圈”。目前,瓦斯抽采钻孔封孔深度的确定大多来自经验取值,缺乏科学依据,容易出现封孔深度仍处于“松动圈”范围的情况,此时钻孔周围煤体存在贯通裂隙,形成漏气通道,其漏气物理模型如图 2-1(b)所示。

(3) 漏气模型Ⅲ

钻孔周围径向短裂隙贯通漏气。该类漏气一般出现于聚氨酯等高分子化学材料封孔钻孔。瓦斯抽采钻孔在成孔过程中,受钻孔作业的影响,必然导致钻孔壁周围产生较多径向短裂隙。在预抽钻孔封孔过程中,当封孔材料不能很好地进入并填充径向短裂隙时,径向短裂隙之间容易相互贯通形成漏气通道,其漏气物理模型见图 2-1(c)。

(4) 漏气模型Ⅳ

钻孔周边煤体纵向裂隙贯通漏气。该类漏气主要存在于软煤中,由于钻孔周边煤体强度低，钻孔施工相当于小型圆形巷道开挖，其开挖卸荷以及钻具对孔壁的扰动作用破坏了孔壁的完整性，钻孔周围煤体出现离层，形成离层状的纵向贯通裂隙。由于封孔材料不能很好进入纵向贯通裂隙中，对裂隙的封堵能力有限，因此该类纵向贯通裂隙的存在容易形成漏气通道，其漏气物理模型见图 2-1(d)。

(5) 漏气模型Ⅴ

负压条件下的次生裂隙贯通漏气。近年来，随着有机封孔材料的广泛使用，该类漏气现象呈明显上升趋势。由于有机封孔材料封孔采用面封堵原理，虽具有一定的封孔能力，并能承受一定的负压作用，但随着大负压抽采的广泛使用，裂隙中的填充物(煤粉、煤颗粒)容易被高负压抽走，导致裂隙贯通形成漏气通道，其漏气物理模型见图 2-1(e)。

(6) 漏气模型Ⅵ

煤体蠕变导致的孔壁漏气。该类漏气主要是因为煤体在围岩应力作用下发生蠕变破坏。由于封孔材料和煤体的物性参数不同，二者在围岩应力作用下的变形速率不一致，导致钻孔壁与封孔材料之间的胶结处产生新的裂隙，形成漏气通道，其漏气物理模型见图 2-1(f)。由于瓦斯抽采钻孔对软煤具有较好的卸压效果，软煤蠕变变形较为剧烈，在短时间内就可能发生失稳破坏，从而形成贯通裂隙，因此软煤中容易发生煤体蠕变导致的孔壁漏气。

2.1.2 钻孔漏气应对措施

瓦斯抽采钻孔的漏气问题归根结底是封孔工艺问题。为了更好地解决瓦斯抽采钻孔漏气问题，针对不同类型瓦斯抽采钻孔漏气模型，结合现场实际，分别提出了相应的应对措施，选择合理的封孔工艺(图 2-2)。

(1) 漏气模型Ⅰ应对措施

针对封孔材料与钻孔壁间缝隙漏气问题，可采用无机化学膨胀性封孔材料进行封孔。无机化学膨胀性封孔材料具有流动性强、膨胀率较大且分布均匀、抗压强度高、致密性好等优点，能够快速、有效渗入到钻孔周围煤体裂隙中，使材料与煤体融为一体，并伴随发生膨胀变形，从而达到封孔材料与煤体完美结合的最佳密封效果，有效解决了由于一般封孔材料封孔效果不佳导致瓦斯抽采浓度低、衰减快的问题。

图 2-2(a)为无机化学一般封孔材料与无机化学膨胀性封孔材料封孔效果对比。从图中可以看出，采用无机化学膨胀性封孔材料封孔，钻孔瓦斯浓度无明显衰减特征，能很好解决封孔材料与钻孔壁间缝隙漏气问题。

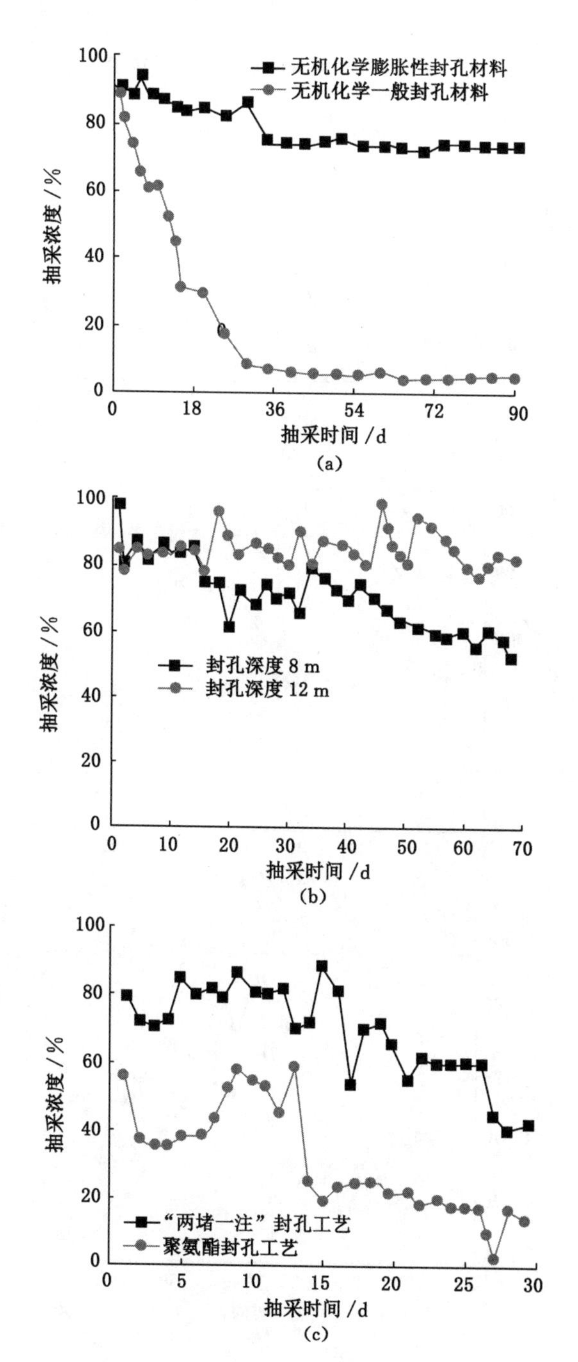

图 2-2 不同漏气条件下的封孔工艺优化

(a) 漏气模型Ⅰ封孔工艺优化;(b) 漏气模型Ⅱ封孔工艺优化;(c) 漏气模型Ⅲ封孔工艺优化

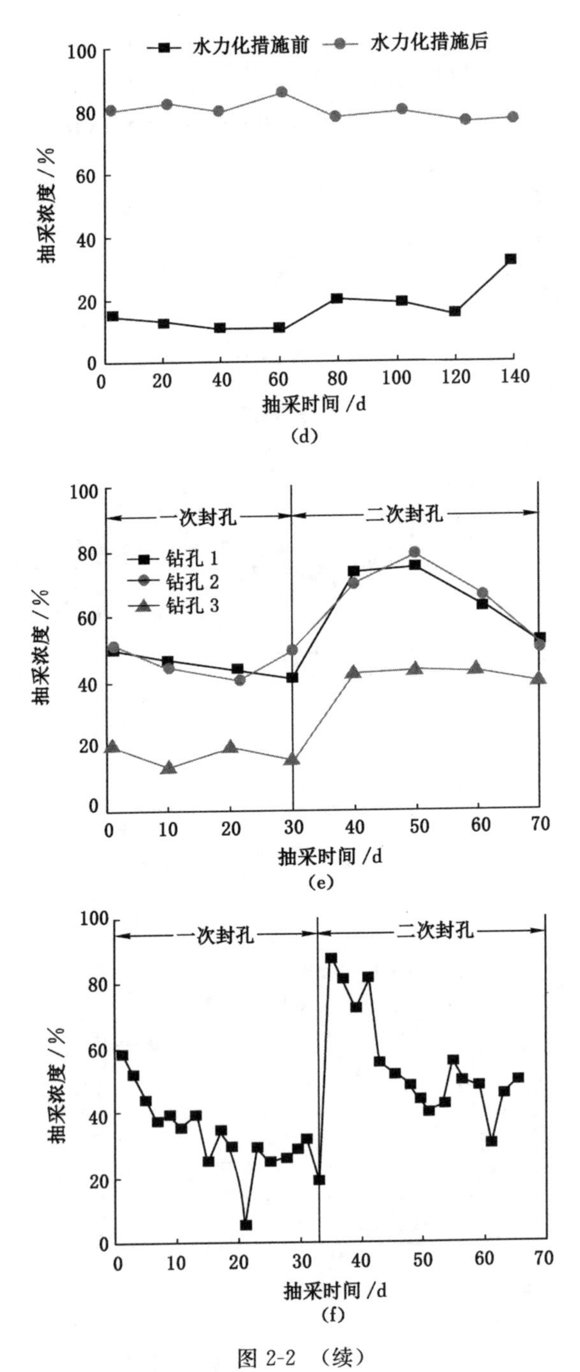

图 2-2 （续）

(d) 漏气模型Ⅳ封孔工艺优化；(e) 漏气模型Ⅴ封孔工艺优化；(f) 漏气模型Ⅵ封孔工艺优化

(2) 漏气模型Ⅱ应对措施

针对"松动圈"内贯通裂隙漏气问题,可采用现场测试、数值分析等技术手段获得巷道开挖过程中围岩应力分布特征,进而获得巷道"松动圈"大小,从而确定最小封孔深度。在开展封孔作业时,最小封孔深度应大于巷道"松动圈"深度。

图 2-2(b)为王坡煤矿 3310 工作面运输巷不同封孔深度条件下的瓦斯浓度分布图。现场考察和数值分析表明,王坡煤矿 3310 工作面运输巷周围煤体的"松动圈"范围为 11 m。从图中可以看出,封孔深度为 8 m 时,瓦斯浓度出现了明显的衰减,且抽采时间越长,瓦斯浓度衰减特征越明显,而在封孔深度为12 m 时钻孔瓦斯浓度无明显衰减特征。

(3) 漏气模型Ⅲ应对措施

针对钻孔周围径向短裂隙贯通漏气问题,可采用"两堵一注"封孔工艺。该工艺先在封孔段的两端形成挡板,再通过注浆管对封堵段之间的钻孔段进行注浆,在注浆压力的作用下,浆液向钻孔壁渗透并填充钻孔周围裂缝。

图 2-2(c)为聚氨酯封孔工艺与"两堵一注"封孔工艺瓦斯浓度分布图。从图中可以看出,"两堵一注"封孔工艺可有效封堵填充径向短裂隙,提高抽采钻孔浓度并延长预抽钻孔寿命。

(4) 漏气模型Ⅳ应对措施

针对钻孔周边煤体纵向裂隙贯通漏气问题,可采用高压水射流割缝封孔工艺。首先利用高压水射流人工造缝,使得离层纵向裂隙径向贯通,从而保证在封孔作业时封孔材料能够进入裂隙,实现有效封堵。

图 2-2(d)为水力化措施前后抽采浓度变化对比图。从图中可以看出,采取水力化措施后,钻场瓦斯浓度显著提高,平均瓦斯浓度为 80%,较未采取措施时提高了约 3 倍。此外,在接抽 4 个月内,钻孔瓦斯浓度和流量能够保持稳定,无明显衰减现象。

(5) 漏气模型Ⅴ应对措施

针对负压条件下的次生裂隙贯通漏气问题,可采用二次封孔工艺。二次封孔的原理是利用高压气体将微细膨胀粉料颗粒送入煤层钻孔内,粉料颗粒在瓦斯抽采系统的负压作用下渗入煤层周围的裂隙区域,增加裂隙内气体的流动阻力,阻隔外界空气,从而达到封堵目的。

图 2-2(e)为二次封孔工艺条件下的瓦斯浓度分布。从图中可以看出,抽采钻孔经二次封孔工艺处理后,瓦斯浓度明显提升,有效延长了钻孔的高效抽采时间。

(6) 漏气模型Ⅵ应对措施

针对煤体蠕变导致的孔壁漏气问题，可采用二次带压封孔工艺，即“预留堵头，二次注浆”的封孔技术。由于钻孔施工和负压抽采过程中孔壁及围岩内产生了次生裂隙，利用带压二次注浆有效封堵钻孔围岩后期新生裂隙，改变钻孔围岩后期的蠕变特性。钻孔第一次封孔以密封钻孔成孔时形成的裂隙为目的，当抽采瓦斯浓度降低到某一程度时，在不影响正常抽采的情况下实施第二次带压快速封孔。二次带压封孔技术增加了瓦斯抽采钻孔封孔段的长度，有效密封了抽采后期钻孔围岩的新生裂隙，达到防止钻孔围岩裂隙漏气的目的。

图 2-2(f)为二次带压封孔工艺实施前后钻孔瓦斯浓度对比图。从图中可以看出，采取新型二次带压封孔措施后，钻孔瓦斯抽采浓度显著提高，抽采钻孔的有效抽采周期延长。

2.2 基于瓦斯浓度与压力分布特征的封孔质量量化评测技术

顺层瓦斯抽采钻孔是一种特殊的管道，瓦斯在钻孔内的流动特征必然和在常规水平圆管内的流动特征有诸多相似之处。由于钻孔内瓦斯流动属于变质量流，沿程不断有煤层瓦斯经孔壁流入钻孔，而瓦斯在煤层中的运移本身又是一个相当复杂的过程，使得钻孔内的瓦斯流动及压损的产生较为复杂。因此，针对顺层瓦斯抽采钻孔周围及钻孔内的瓦斯流动特征建立相应的理论模型，有利于掌握钻孔内负压分布规律及其影响因素。

2.2.1 顺层瓦斯抽采钻孔孔内负压分布计算模型

顺层钻孔抽采瓦斯分为两个过程，如图 2-3 所示，第一个过程是瓦斯气体由煤层向钻孔内流动，第二个过程是瓦斯气体在钻孔内流动。对此，可以建立钻孔周围煤体瓦斯流动模型和钻孔内瓦斯流动模型分别表征这两个流动过程。

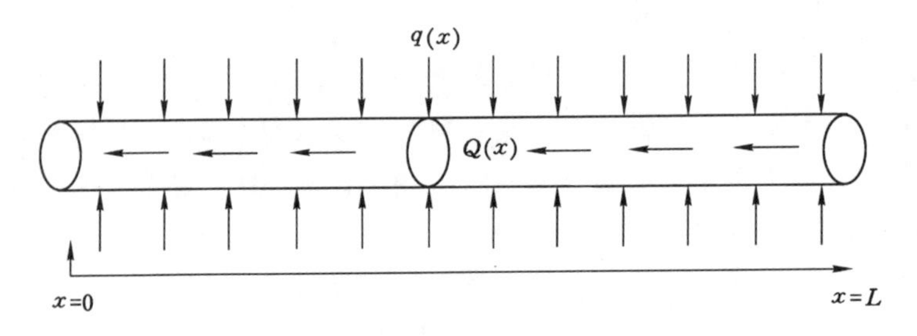

图 2-3 顺层钻孔抽采瓦斯过程中瓦斯流动过程

沿钻孔长度方向上将钻孔周围煤体离散，假定每一个离散单元周围煤体内瓦斯流动均为径向流动且离散单元之间互不干扰。由于钻孔内瓦斯流动属于变质量流，瓦斯流体在由孔底向孔口流动过程中，钻孔孔壁不断有瓦斯气体涌入，在距孔口不同距离处，产生的压损不同，因此孔内沿程负压不同。由抽采负压的作用机理可知，孔内负压不同会造成距孔口不同距离处微元段孔壁流入的瓦斯量不同，钻孔内不同距离处过流断面流量也就不同。根据流体动力学理论，在距孔口 x 处的瓦斯流量遵守流量守恒方程，则有：

$$\frac{\mathrm{d}[Q(x)]}{\mathrm{d}x}=-q(x,t) \tag{2-1}$$

式中 $Q(x)$——钻孔内不同距离处过流断面流量，$\mathrm{m^3/s}$；

x——距孔口不同位置，m；

$q(x,t)$——距孔口不同位置处，不同时间微元段孔壁流入的瓦斯量，$\mathrm{m^3}$。

(1) 钻孔周围煤体瓦斯流动模型

煤体是典型的非均质材料，但在一个较大的区域内，除断层等地质构造带外，煤层可以看作是均质的；煤层内的原始瓦斯压力在一定的区域内也可以看作是均匀分布的。因此，为简化问题，找出主要影响因素之间的相互关系，除去次要因素，按以下假设来推导瓦斯流动方程：

① 煤层各向同性；

② 由于煤层顶底板透气性与煤层相比要小得多，因此认为煤层顶底板围岩为不透气层，且不含瓦斯；

③ 煤层的透气系数及孔隙率不受煤层中瓦斯压力变化的影响；

④ 瓦斯可视为理想气体，且因为瓦斯流场内温度变化不大，将瓦斯渗流过程按等温过程来处理；

⑤ 煤层瓦斯含量由游离瓦斯和吸附瓦斯组成，吸附瓦斯符合朗缪尔方程，认为吸附和解吸过程完全可逆，且瓦斯解吸在瞬间完成；

⑥ 认为瓦斯流动以压力梯度为动力，在煤层中的流动为层流运动，且服从达西定律，忽略以浓度梯度为动力的扩散运动。

在以上假设的基础上，采用离散单元法对煤体内瓦斯流动过程进行分析，认为煤体中瓦斯流动场属于径向非稳定流场，即流场中任何一点的瓦斯流速、流向和压力均随时间而发生变化(图 2-4)。

根据多孔介质动力学、煤层瓦斯吸附理论和热力学可推导出瓦斯流动连续性方程、瓦斯运动方程、煤层瓦斯含量方程和瓦斯气体状态方程组：

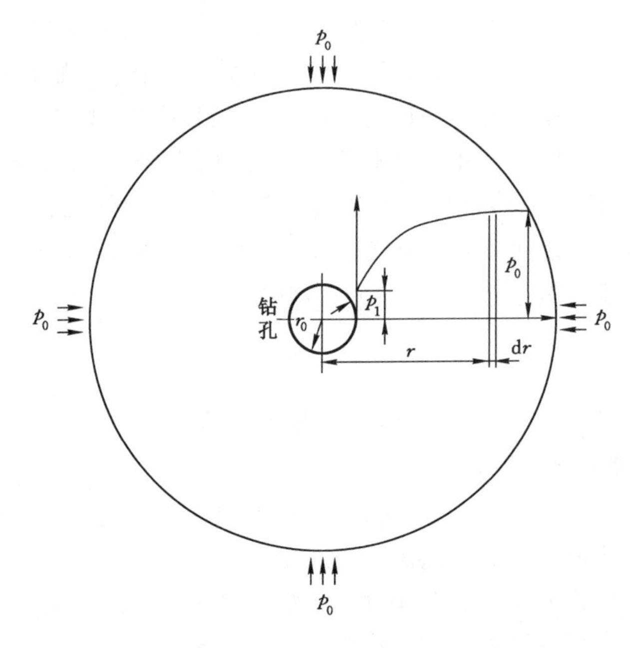

图 2-4　钻孔周围煤体内径向流场及压力分布

$$\begin{cases} \mathrm{div}(\rho_c \boldsymbol{v}) = -\dfrac{\partial X}{\partial t} \\ \boldsymbol{v} = -\dfrac{K}{\mu} \cdot grad\,p \\ X = \dfrac{abcp}{(1+bp)} \cdot \rho_c + np \\ \rho_c = \dfrac{\rho_a}{p_a} \cdot p \end{cases} \tag{2-2}$$

式中　$\mathrm{div}(\rho_c \boldsymbol{v})$——瓦斯质量转移矢的散度；

$\dfrac{\partial X}{\partial t}$——瓦斯源的质量强度；

ρ_a——瓦斯压力 p_a 时的瓦斯密度，kg/m^3；

$\boldsymbol{v}$——煤层内瓦斯流动速度矢；

$grad\,p$——瓦斯压力梯度，MPa/m；

K——煤的渗透性系数，mD。

根据方程组(2-2)可解得煤层瓦斯流场内瓦斯压力随时空变化的控制微分方程；再结合一维径向流场瓦斯流动的初值条件和边界条件，可得到定解问题如下：

$$\frac{\partial p^2}{\partial t}=S(p)(\frac{\partial^2 p^2}{\partial r^2}+\frac{1}{r}\frac{\partial p^2}{\partial r}) \quad (t>0;r_0<r<R) \tag{2-3}$$

其中：

$$S(p)=\frac{2p_{\mathrm{a}}p\lambda}{n+\frac{abcp(2+bp)}{(1+bp)^2}} \tag{2-4}$$

初始条件：$t=0,p^2(r,t)=p_0^2$；

边界条件：$r=r_0,p^2(r,t)=p_{\mathrm{b}}^2;r=R,\frac{\partial p}{\partial r}=0$。

式中 $\lambda=K/2\mu p_{\mathrm{a}}$。

简化定解问题式中的非线性偏微分方程，可得：

$$r=m_0\mathrm{e}^x,m_0>0,\text{且}\ m_0=\mathrm{cons}\ t \tag{2-5}$$

对式(2-3)中的初值条件齐次化，作如下函数变换：

$$f(x,t)=p^2(x,t)-p_0^2 \tag{2-6}$$

依次经过式(2-5)和式(2-6)的变换，式(2-3)可变换为：

$$\begin{cases}\frac{\partial f}{\partial t}=\frac{S(p)}{r^2}\cdot\frac{\partial^2 f}{\partial x^2},(t>0;x_0<x<x_{\mathrm{R}})\\ f(x,t)\mid_{t=0}=0,(x_0<x<x_{\mathrm{R}})\\ f(x,t)\mid_{x=x0}=p_{\mathrm{b}}^2-p_0^2,\left.\frac{\partial f}{\partial x}\right|_{x=x\mathrm{R}}\approx 0,(t\geqslant 0)\end{cases} \tag{2-7}$$

其中：

$$x_0=\ln(\frac{r_0}{m}) \qquad x_{\mathrm{R}}=\ln(\frac{R}{m}) \tag{2-8}$$

由于煤层内的瓦斯流动十分缓慢，可取 $S(p)\approx S(p_0)=S_0,r\approx(R-r)/2$，则有：

$$S_0=\frac{8p_{\mathrm{a}}\lambda}{(R-r_0)^2[n+\frac{abcp_0(2+bp_0)}{(1+bp_0)^2}]} \tag{2-9}$$

其中，R 可根据煤层钻孔瓦斯流量变化来计算。若在一定时间内，预抽(排)瓦斯范围尚未到达煤层边界时，可按无限煤层的瓦斯流场来研究定解问题(2-7)，即：

$$\begin{cases}\dfrac{\partial f}{\partial t}=S_0\cdot\dfrac{\partial^2 f}{\partial x^2},(0<t<+\infty;x_0<x<+\infty)\\ f(x,t)\mid_{t=0}=0,(x_0<x<+\infty)\\ f(x,t)\mid_{x=x_0}=p_b^2-p_0^2,\left.\dfrac{\partial f}{\partial x}\right|_{x\to+\infty}=0,(x_0<x<x_R)\end{cases}\tag{2-10}$$

只要求出定解问题(2-10)的解析解，径向流场中的瓦斯流动规律便可表达出来。

设 x 为参变量，对变量 t 作 Laplace 积分变换，记：

$$\overline{f}(x,s)=\int_0^{+\infty}f(x,t)\mathrm{e}^{-st}\,\mathrm{d}t,(Re(s)>0)\tag{2-11}$$

用 Laplace 变换求解定解问题(2-10)，可得二阶线性微分方程的定解问题：

$$\begin{cases}\dfrac{d^2\overline{f}}{\partial x^2}-S_0\cdot\overline{f}=0\\ \overline{f}(x,s)\mid_{x=x_0}=\dfrac{p_b^2-p_0^2}{s},\left.\dfrac{\mathrm{d}\overline{f}}{\mathrm{d}x}\right|_{x\to+\infty}=0\end{cases}\tag{2-12}$$

式(2-12)中常微分方程的通解为：

$$\overline{f}(x,s)=C_1\mathrm{e}^{-\sqrt{s/S_0x}}+C_2\mathrm{e}^{\sqrt{s/S_0x}}$$

由于所求的解 $f(x,t)$应是有界函数，因此对于某固定的 s，当 $x\to+\infty$时，$\overline{f}(x,s)$应该有界，由于 $s/S_0>0$，则 $C_2=0$。再由式(2-12)中的边界条件可得：

$$\overline{f}(x,s)=\frac{p_b^2-p_0^2}{s}\mathrm{e}^{-\sqrt{s/S_0}(x-x_0)}\tag{2-13}$$

对式(2-13)求 Laplace 反演即可得到径向流场的解析解：

$$f(x,t)=(p_b^2-p_0^2)\cdot\frac{1}{2\pi i}\int_{a-i\infty}^{a+i\infty}\mathrm{e}^{-\sqrt{s/S_0}(x-x_0)}\cdot\mathrm{e}^{st}/s\cdot\mathrm{d}s\tag{2-14}$$

应用“围道积分法”对式(2-14)进行计算，选取积分围道路径如图 2-5 所示。则有：

$$I=\frac{1}{2\pi i}\int_{a-i\infty}^{a+i\infty}\mathrm{e}^{-\sqrt{s/S_0}(x-x_0)}\cdot\mathrm{e}^{st}/s\cdot\mathrm{d}s=\lim_{R\to\infty}\frac{1}{2\pi i}\int_{I_1}\mathrm{e}^{st-\sqrt{s/S_0}(x-x_0)}/s\cdot\mathrm{d}s\tag{2-15}$$

当大圆半径 $R\to\infty$时，利用 Jordan 引理中的结论，可以证明在 I_1、I_6 上的积分趋向于 0。又由复变函数论中的留数定理可得围道积分为：

$$I=\lim_{R\to\infty}\frac{1}{2\pi i}\int_{I_1}\mathrm{e}^{st-\sqrt{s/S_0}(x-x_0)}/s\cdot\mathrm{d}s=$$

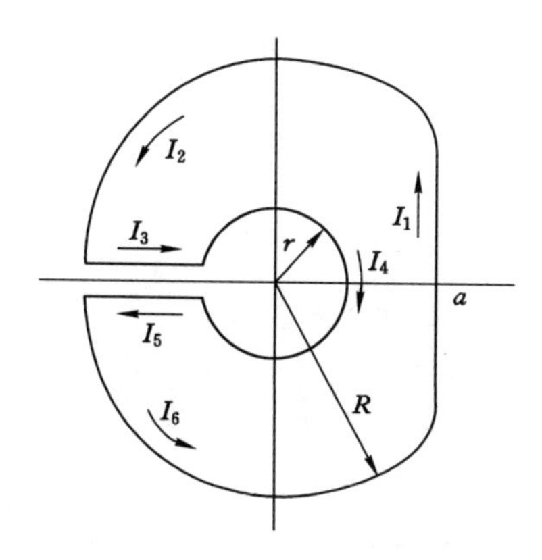

图 2-5 积分路径

$$\lim_{R\to 0}\frac{1}{2\pi i}\int_{I_4} e^{st-\sqrt{s/S_0}(x-x_0)}/s\cdot ds-\lim_{R\to\infty}\frac{1}{2\pi i}\int_{I_3+I_5} e^{st-\sqrt{s/S_0}(x-x_0)}/s\cdot ds \tag{2-16}$$

下面对式(2-16)右端第一项进行积分，设小圆周曲线为 $s=re^{i\theta}(0\leqslant\theta\leqslant 2\pi)$，则有：

$$\lim_{r\to 0}\frac{1}{2\pi i}\int_{\pi}^{-\pi} e^{re^{i\theta}-\frac{x-x_0}{\sqrt{S_0}}\sqrt{re^{i\theta}}} i\,d\theta=\frac{1}{2\pi}\int_{\pi}^{-\pi} e^0\,d\theta=-1 \tag{2-17}$$

将上式代入式(2-16)得：

$$\begin{aligned}
I&=1-\frac{1}{2\pi i}\lim_{r\to\infty}\int_{I_3+I_5} e^{st-\sqrt{s/S_0}(x-x_0)}ds/s=\\
&1-\frac{1}{2\pi i}\int_0^{\infty}\left(\frac{e^{i\sqrt{\eta/S_0}(x-x_0)}-e^{-i\sqrt{\eta/S_0}(x-x_0)}}{\eta}\right)e^{-\eta t}d\eta=\\
&1-\frac{1}{\pi}\int_0^{\infty}\frac{e^{-\eta t}}{\eta}\sin\sqrt{\frac{\eta}{S_0}}(x-x_0)d\eta=\\
&1-\frac{1}{\pi}\int_0^{\infty}\frac{e^{-\eta t}}{\sqrt{\eta}}\left(\int_0^{\frac{x-x_0}{\sqrt{S_0}}}\cos\sqrt{\eta}\xi d\xi\right)d\eta=\\
&1-\frac{1}{\pi}\int_0^{\frac{x-x_0}{\sqrt{S_0}}}\int_0^{\infty}\frac{e^{-\eta t}}{\sqrt{\eta}}\cos\sqrt{\eta}\xi d\xi d\eta=\\
&1-\frac{1}{\sqrt{\pi t}}\int_0^{\frac{x-x_0}{\sqrt{S_0}}}e^{-\xi^2/4t}d\xi
\end{aligned} \tag{2-18}$$

作变量替换：$\xi=\xi/(2\sqrt{t})$，则：

$$I=1-\frac{2}{\sqrt{\pi}}\int^{\frac{x-x0}{2\sqrt{S_0 t}}}\mathrm{e}^{-\xi^2}\mathrm{d}\xi=1-\mathrm{erf}(\frac{x-x_0}{2\sqrt{S_0 t}}) \tag{2-19}$$

其中，

$$\mathrm{erf}(Z)=\frac{2}{\sqrt{\pi}}\int_0^Z \mathrm{e}^{-\xi^2}\mathrm{d}\xi \tag{2-20}$$

式(2-20)为概率积分，有数表可查。

由式(2-16)和式(2-19)可得：

$$f(x,t)=(p_b^2-p_0^2)[1-\mathrm{erf}(\frac{x-x_0}{2\sqrt{S_0 t}})] \tag{2-21}$$

再将式(2-5)、式(2-6)代入式(2-21)可得到径向瓦斯流场定解问题的近似解析解：

$$p^2(r,t)=p_b^2+(p_0^2-p_b^2)\mathrm{erf}[\frac{\ln(r/r_0)}{\sqrt{2S_0 t}}],(0<t<\infty,r_0<r<\infty) \tag{2-22}$$

由上式可得到煤层瓦斯抽采钻孔周围的瓦斯流动速度分布函数为：

$$v(r,t)=\lambda\cdot\frac{\mathrm{d}p^2}{\mathrm{d}r}=\frac{\lambda(p_0^2-p_b^2)}{r\sqrt{\pi S_0 t}}\cdot\exp[-\frac{\ln(r/r_0)}{4S_0 t}] \tag{2-23}$$

当 $r=r_0$ 时，得到孔壁瓦斯涌出速度为：

$$v(r_0,t)=\frac{\lambda(p_0^2-p_b^2)}{r\sqrt{\pi S_0 t}} \tag{2-24}$$

则可得出单位长度的煤层瓦斯渗流模型的近似解析解为：

$$q(t)=2\pi r_0\cdot v(r_0,t)=$$

$$(R-r_0)\cdot(p_0^2-p_b^2)\cdot\sqrt{\frac{\lambda\pi}{2p_a p_0 t}[n+\frac{abcp_0(2+bp_0)}{(1+bp_0)^2}]} \tag{2-25}$$

由式(2-25)可以看出，由孔壁流出的流量 $q(t)$ 随着时间的增加呈衰减趋势，体现出了非稳定流场的特征，其大小主要取决于煤层原始瓦斯压力、透气系数、抽放时间、抽采有效范围及钻孔内压力等因素。

(2) 钻孔孔壁瓦斯流入钻孔的三种形式

由钻孔负压对瓦斯抽采的作用机制可知，孔壁瓦斯涌入量与孔内负压有关：$q\propto p_0^2-p_b^2$。由于顺层瓦斯抽采钻孔内负压沿孔长方向衰减，导致钻孔内不同深度处的孔壁瓦斯涌入量不相同。假定距离孔口深度 x 处的钻孔内绝对压力值为 $p(x)$，则在距孔口深度 x 处的微元段煤体有关系：$q(x)\propto p_0^2-p^2(x)$。因此，单位长度钻孔孔壁瓦斯涌入量同样沿孔长方向衰减，与孔内负压沿孔长方向的变化规律一致。

① 对于已经接抽的钻孔，钻孔总流量 Q 和钻孔长度 L 值都为已知，根据目前国内顺层钻孔长度来看，负压由孔口传递至孔底不会完全损失，此时，在沿钻孔长度方向上，钻孔孔壁瓦斯流入钻孔形式可简化为如图 2-6 所示的三种形式。

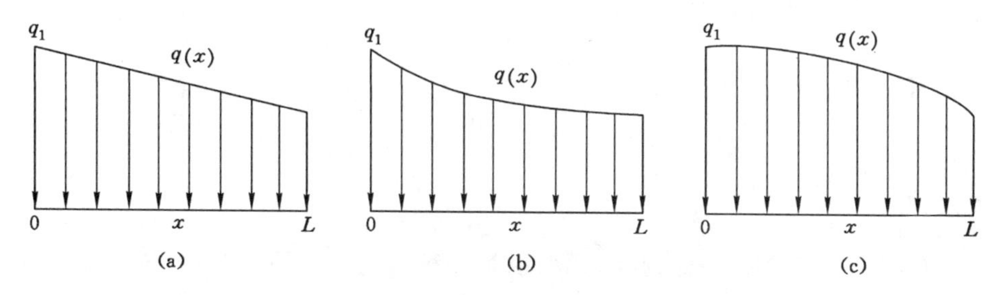

图 2-6　已接抽钻孔孔壁瓦斯流入钻孔形式

(a) Ⅰ；(b) Ⅱ；(c) Ⅲ

在瓦斯抽采过程中，由于孔口处负压值 p_b 为已知，则孔口处微元段煤壁瓦斯流入量 q_1 可表示为：

$$q_1(t)=(R-r_0)\cdot(p_0^2-p_b^2)\cdot\sqrt{\frac{\lambda\pi}{2p_a p_0 t}\left[n+\frac{abcp_0(2+bp_0)}{(1+bp_0)^2}\right]} \tag{2-26}$$

孔壁瓦斯以第Ⅰ种形式流入钻孔时，可以求出钻孔内距孔口深度 x 处微元段孔壁瓦斯流入量为：

$$q(x)=q_1-\frac{2(q_1L-Q)}{L^2}x \tag{2-27}$$

孔壁瓦斯以第Ⅱ种形式流入钻孔时，可以求出钻孔内距孔口深度 x 处微元段孔壁瓦斯流入量为：

$$q(x)=\frac{3Q-q_1L}{2L}+\frac{3(q_1L-Q)}{2L^3}(x-L)^2 \tag{2-28}$$

孔壁瓦斯以第Ⅲ种形式流入钻孔时，可以求出钻孔内距孔口深度 x 处微元段孔壁瓦斯流入量为：

$$q(x)=q_1-\frac{3(q_1L-Q)}{L^3}x \tag{2-29}$$

② 对于新设计钻孔，煤层参数已知，但钻孔总流量 Q 和钻孔长度 L 值未知，可以考虑极端情况，即孔底抽不出瓦斯，则孔口和孔底位置的孔壁瓦斯流入量分别为 q_1 和 0，得到线性及非线性剖面流入形式下 $q(x)$ 的分布规律如图 2-7 所示。

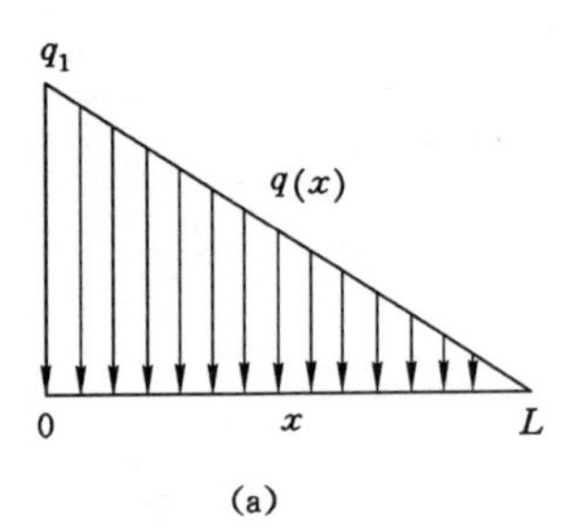

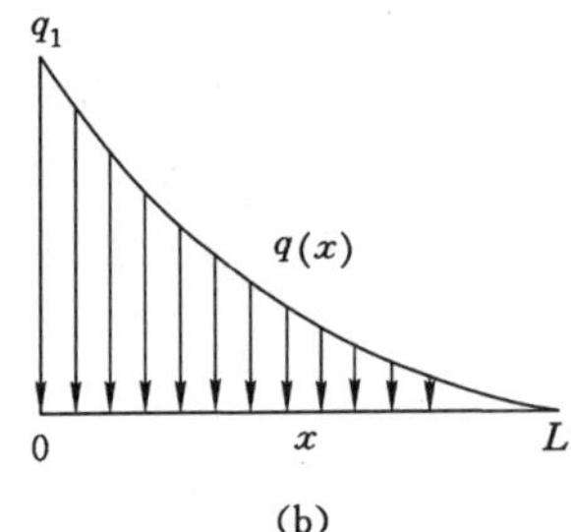

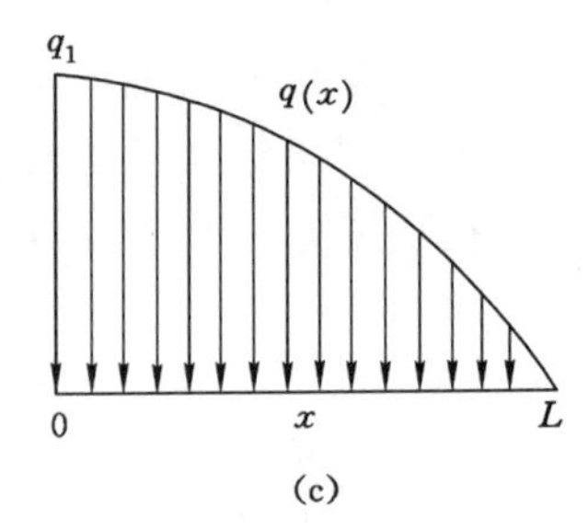

图 2-7　新设计钻孔孔壁瓦斯流入钻孔形式

(a) Ⅰ;(b) Ⅱ;(c) Ⅲ

在距离孔口深度 x 处,孔壁瓦斯以第Ⅰ种形式流入钻孔时,单位长度孔壁瓦斯流入量为:

$$q(x,t)=(R-r_0)\cdot(p_0^2-p_b^2)\cdot\sqrt{\frac{\lambda\pi}{2p_a p_0 t}\left[n+\frac{abcp_0(2+bp_0)}{(1+bp_0)^2}\right]}\cdot\frac{(L-x)}{L} \tag{2-30}$$

孔壁瓦斯以第Ⅱ种形式流入钻孔时,单位长度孔壁瓦斯流入量为:

$$q(x,t)=(R-r_0)\cdot(p_0^2-p_b^2)\cdot\sqrt{\frac{\lambda\pi}{2p_a p_0 t}\left[n+\frac{abcp_0(2+bp_0)}{(1+bp_0)^2}\right]}\cdot\frac{(L-x)^2}{L^2} \tag{2-31}$$

孔壁瓦斯以第Ⅲ种形式流入钻孔时,单位长度孔壁瓦斯流入量为:

$$q(x,t)=(R-r_0)\cdot(p_0^2-p_b^2)\cdot\sqrt{\frac{\lambda\pi}{2p_a p_0 t}\left[n+\frac{abcp_0(2+bp_0)}{(1+bp_0)^2}\right]}\cdot\frac{L^2-x^2}{L} \tag{2-32}$$

(3) 钻孔内瓦斯流动模型

① 模型假设

瓦斯气体在钻孔内的流动属于流体力学范畴。流体真正运动包括由流体内部分子间引力引起的内部分子运动以及由外力作用引起的流体质点的运动。但在流体力学领域,普遍认为流体是一种连续介质,只从宏观上研究流体质点的运动,不考虑流体内部分子运动。欧拉(Euler)在 1753 年提出连续介质力学模型的基本假设:

a. 不考虑分子间隙,认为介质是连续分布于流体所占据的整个空间。

b. 表征流体属性的诸物理量,如密度、速度、压强、切应力、温度等在流体连续流动时是时间与空间坐标变量的单值、连续可微函数。

② 物理模型

在连续介质假设的基础上，需要建立既要符合物理定律，又要易于求解，并使解能够描述现象的主要特征的物理模型，主要有如下 7 类：

a. 黏性流动与无黏性流动模型。实际流体都具有黏性，在流动过程中要产生阻力，消耗流体的能量。显然瓦斯气体在钻孔内的流动符合黏性流动模型。

b. 可压缩流动与不可压缩流动模型。为了简化方程，不引入气体状态方程，认为瓦斯气体在钻孔内的流动符合不可压缩流动模型，即钻孔内瓦斯气体密度 ρ 为定值。

c. 非定常流动与定常流动模型。由于钻孔壁面涌入的瓦斯量随时间变化，因此钻孔内的流体流动也随时间变化，为非定常模型。

d. 有旋流动与无旋流动模型。瓦斯气体在钻孔内流动过程中质点内没有旋转的流动，符合无旋流动模型。

e. 重力流体与非重力流体模型。瓦斯气体在流动过程中不考虑瓦斯气体的重力因素，符合非重力流体流动模型。

f. 一维、二维与三维流动模型。钻孔内瓦斯流体仅与位置坐标变量 x 和时间变量 t 有关，符合一维流动模型。

g. 绝热流动与等熵流动模型。钻孔内瓦斯流体流动过程中不产生热交换现象，符合绝热流动模型。

③ 流动的基本方程

a. 连续性方程

设在某一元流中任取两流断面 1-1 和 2-2，其面积分别为 dA_1 和 dA_2，在恒定流条件下，断面 dA_1 和断面 dA_2 上的流速 u_1 和 u_2 不随时间变化(图 2-8)。

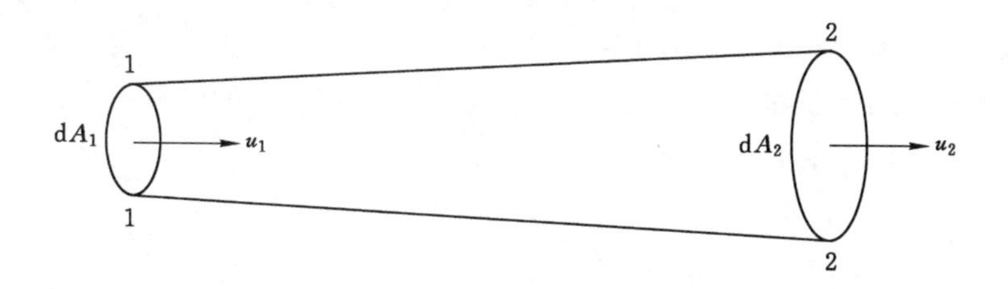

图 2-8 流体通过过流断面的流动

在 dt 时段内通过这两个断面流体的体积应分别为 $u_1 dA_1 dt$ 和 $u_2 dA_2 dt$，考虑到：

(a) 流体是连续介质；

(b) 流体是不可压缩的；

(c) 流体是恒定流,且流体不能通过流面流进或流出该元流;

(d) 在元流两个过流断面间的流段内,不存在输出或吸收流体的奇点。

因此,在 dt 时段内通过过流断面 dA_1 流进该元流段的流体体积应与通过过流断面 dA_2 流出该元流段的液体体积相等,即:

$$u_1 dA_1 dt = u_2 dA_2 dt \tag{2-33}$$

上式可简化为:

$$u_1 dA_1 = u_2 dA_2 \tag{2-34}$$

式(2-34)称为不可压缩流体恒定元流的连续性方程。该式表明,沿流程方向流速与过流断面面积成反比;同时,在不可压缩流体恒定元流中,任意过流断面的流量是相等的,从而保证了流动的连续性。

根据断面平均流速的概念,可以将元流的连续性方程推广到总流中。设在不可压缩流体恒定总流中任取两个过流断面 A_1 和 A_2,其相应的过流断面平均流速为 V_1 和 V_2。根据上述讨论的元流连续性方程,有:

$$\int_{A1} u_1 dA_1 = \int_{A2} u_2 dA_2 \tag{2-35}$$

即:

$$A_1 V_1 = A_2 V_2 \tag{2-36}$$

式(2-36)被称为不可压缩流体恒定总流的连续性方程。该式表明,恒定总流的平均流速与过流断面面积成反比;同时,在不可压缩流体恒定总流中,任意过流断面的流量是相等的。

如果恒定总流两断面间有流量输入或输出(图 2-9),则恒定总流的连续性方程为:

$$Q_1 \pm Q_2 = Q_3 \tag{2-37}$$

式中 Q_1——流入断面 1-1 的流量;

Q_2——通过断面 2-2 引入(取正号)或引出(取负号)的流量;

Q_3——流出断面 3-3 的流量。

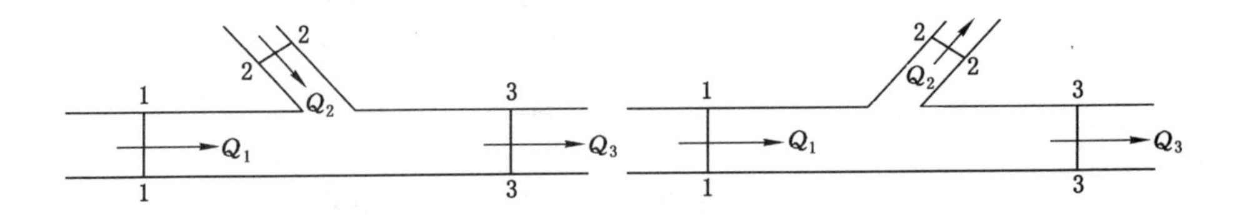

图 2-9 恒定总流断面流量的流入和流出

b. 动量方程

动量方程反映了流体运动的动量变化与作用力之间的关系，只需知道边界面上的流动情况即可方便地解决急变流动中流体与边界面之间的相互作用问题。

从理论力学中知道，质点系的动量定理可表述为：在 dt 时间内，作用于质点系的合外力等于同一时间间隔内该质点系在外力作用方向上的动量变化率，即：

$$\sum \boldsymbol{F}=\frac{\mathrm{d}\left(\sum m\boldsymbol{u}\right)}{\mathrm{d}t} \tag{2-38}$$

上式是针对流体系统（即质点系）而言的，通常称为拉格朗日型动量方程。由于流体运动的复杂性，在流体力学中一般采用欧拉法研究流体流动问题，因此，需引入控制体及控制面的概念，将拉格朗日型的动量方程转换成欧拉型动量方程。

在稳定流动的总流中，任意取一流体段 1-1～2-2，如图 2-10 所示，以这个流段的侧面，即总流边界流线所构成的流面为控制面。设 Q_1、A_1、V_1 分别为断面1-1的流量、断面面积和平均流速；Q_2、A_2、V_2 分别为断面 2-2 的流量、断面面积和平均流速。经过 dt 时间后，流体段 1-1～2-2 移到 1′-1′～2′-2′。流体动量的变化应等于 1′-1′～2′-2′段流体的动量与 1-1～2-2 段流体动量之差。由于 1′-1′～2-2 段为 1′-1′～2′-2′和 1-1～2-2 段所共有，且在稳定流中，这段流体的动量在 dt 时间并无变化，故流体动量的变化等于 2-2～2′-2′段流体的动量与 1-1～1′-1′段流体的动量之差。

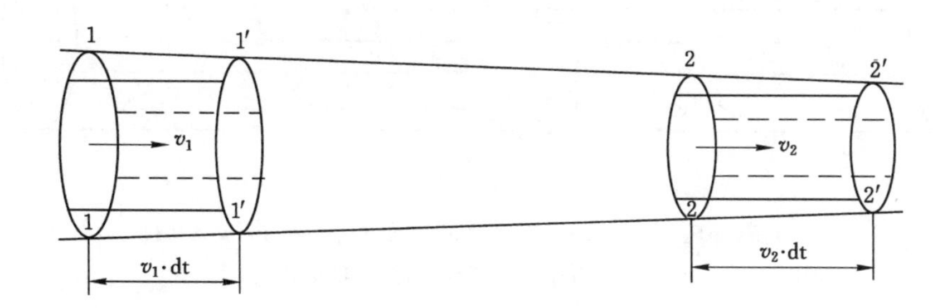

图 2-10 动量方程

1-1～1′-1′段的流体质量为：$\rho_c A_1 v_1 \mathrm{d}t=\rho_c Q_1 \mathrm{d}t$。

1-1～1′-1′段的流体动量为：$\rho_c Q_1 \mathrm{d}t\boldsymbol{v}_1$。

同理，2-2～2′-2′段的流体动量为：$\rho_c Q_2 \mathrm{d}t\boldsymbol{v}_2$。

故在 dt 时间内的动量增量为：

$$\mathrm{d}\sum m_{\mathrm{k}}\boldsymbol{v}_{\mathrm{k}}=\rho_{\mathrm{c}}Q_{1}\mathrm{d}t\boldsymbol{v}_{1}-\rho_{\mathrm{c}}Q_{2}\mathrm{d}t\boldsymbol{v}_{2} \tag{2-39}$$

进一步得到：

$$\frac{\mathrm{d}}{\mathrm{d}t}\sum m_{\mathrm{k}}\boldsymbol{v}_{\mathrm{k}}=\rho_{\mathrm{c}}Q_{2}\boldsymbol{v}_{2}-\rho_{\mathrm{c}}Q_{1}\boldsymbol{v}_{1} \tag{2-40}$$

设在 $\mathrm{d}t$ 时间作用于总流控制表面上的表面力的总向量为 $\sum \boldsymbol{F}_{\mathrm{a}}$，作用于控制表面内的质量力的总向量为 $\sum \boldsymbol{F}_{\mathrm{b}}$，则流体运动的动量方程为：

$$\sum \boldsymbol{F}_{\mathrm{a}}+\sum \boldsymbol{F}_{\mathrm{b}}=\rho_{\mathrm{c}}Q_{2}\boldsymbol{v}_{2}-\rho_{\mathrm{c}}Q_{1}\boldsymbol{v}_{1} \tag{2-41}$$

考虑 $Q_1=Q_2=Q$，所以上式可以表达为：

$$\sum \boldsymbol{F}_{\mathrm{a}}+\sum \boldsymbol{F}_{\mathrm{b}}=\rho_{\mathrm{c}}Q(\boldsymbol{v}_{2}-\boldsymbol{v}_{1}) \tag{2-42}$$

式(2-42)表明，稳定流动时，作用在总流控制表面上的表面力总向量与控制表面内流体质量力总向量之和等于单位时间内通过总流控制面流出与流入流体的动量的向量差。

④ 钻孔内压损的分类

钻孔内瓦斯在流动过程中会产生压力损失，压损产生的因素主要有四个方面：沿程摩擦阻力损失、加速度压降、钻孔孔壁瓦斯流入形成的混合损失及局部阻力损失，如图 2-11 所示。

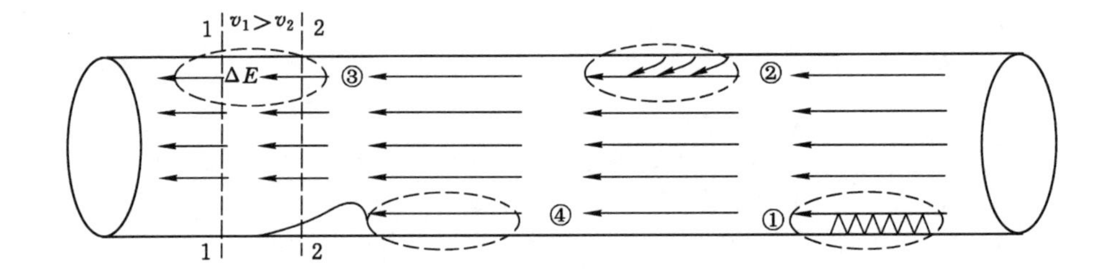

①—沿程摩擦阻力损失；②—混合损失；③—加速度压降；④—局部压损。

图 2-11　钻孔内瓦斯流动损失的分类

a. 沿程摩擦阻力损失

钻孔内瓦斯沿钻孔方向流动过程中需要克服孔壁摩擦阻力造成的沿程摩擦阻力损失，直圆管中流体流动沿程摩擦阻力损失为压损主要损失。

b. 加速度压降

钻孔内瓦斯流动属于变质量流动，越接近孔口的微元段累积流量越大，由于截面积相同，所以微元段流量越大速度就越大。由动量定理可知，速度的增加需要消耗一定的压损，因此认为由于钻孔孔壁瓦斯流入导致的速度变化而产生的压降为加速度压降。

c. 钻孔孔壁瓦斯流入形成的混合损失

煤层中的正压与钻孔内的负压引起的压差为煤层中解吸出的瓦斯流动提供动力，使煤层中的瓦斯源源不断地涌入钻孔内，由达西定律可知流体沿压差方向流动，因此，煤层中瓦斯流动方向垂直于钻孔内瓦斯流动方向。径向流入的流体和管中主流流体混合发生动量交换是产生混合损失的根本原因，钻孔内的压差能需要提供改变孔壁涌出的瓦斯流动方向的能量。煤层透气性系数越大，瓦斯涌入量越大，压力损失就越大。这种损失的能量目前只能通过实验来近似得出，还没有通用表达式。

d. 局部压损

在现实情况中，由于煤质及地质构造等因素，钻孔在瓦斯抽采过程中会发生孔壁变形，甚至垮孔，在流体流动过程中产生局部阻力，造成局部压损。为了便于分析，假定孔壁在瓦斯抽采过程中不变形，即局部压损为零。

⑤ 压损的计算

为了便于分析，假设钻孔全段都处在煤层中，沿钻孔长度方向上将钻孔离散成若干个微元段，煤体中的瓦斯流向每个离散元中，如图 2-12 所示。

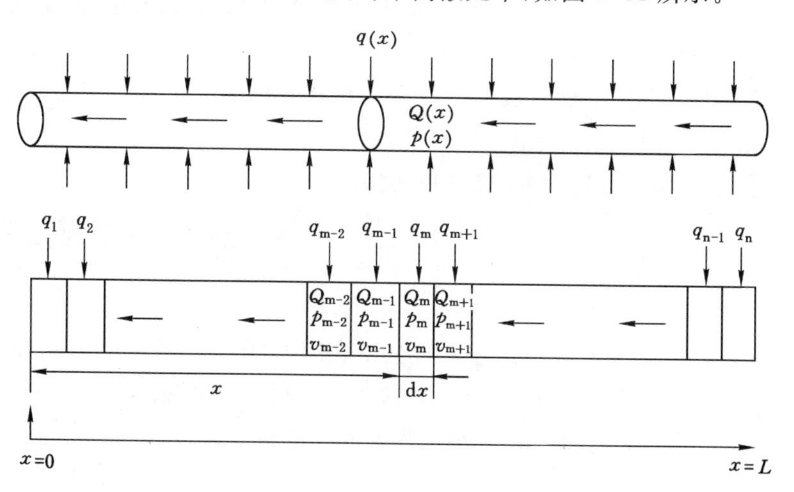

图 2-12 顺层瓦斯抽采钻孔沿孔长方向微分示意图

将钻孔全段沿孔长方向离散成微元段，则每一个微元段内的瓦斯流动均可以用前面建立的钻孔周围瓦斯流动模型来表征。假设钻孔周围煤体内的瓦斯均是沿钻孔径向流入钻孔，钻孔直径为 D_z，则过流断面的截面积为 $\pi D_z^2/4$。设距

钻孔孔口深度 x 处 $\mathrm{d}x$ 微元段的过流断面累计流量为 Q_{m}，钻孔内压力为 p_{m}，流速为 v_{m}，孔壁向钻孔内流入瓦斯流量为 q_{m}；其相邻左端的 $\mathrm{d}x$ 微元段的累计流量、钻孔内压力、流速、孔壁流入量分别为 $Q_{\mathrm{m}-1}$、$p_{\mathrm{m}-1}$、$v_{\mathrm{m}-1}$、$q_{\mathrm{m}-1}$。

由恒定流的连续性方程有：

$$Q_{\mathrm{m}-1}=Q_{\mathrm{m}}+q_{\mathrm{m}},v_{\mathrm{m}-1}=\frac{4Q_{\mathrm{m}-1}}{\pi D_{\mathrm{z}}^{2}},v_{\mathrm{m}}=\frac{4Q_{\mathrm{m}}}{\pi D_{\mathrm{z}}^{2}},\bar{v}=\frac{v_{\mathrm{m}}+v_{\mathrm{m}-1}}{2}=\frac{2(Q_{\mathrm{m}}+Q_{\mathrm{m}-1})}{\pi D_{\mathrm{z}}^{2}}=\frac{2(Q_{\mathrm{m}}+q_{\mathrm{m}})}{\pi D_{\mathrm{z}}^{2}}$$。

则沿程摩擦阻力损失 Δp_{fri}：

$$\Delta p_{\mathrm{fri}}=\frac{f_{\mathrm{m}}\rho_{\mathrm{c}}\bar{v}^{2}}{2D_{\mathrm{z}}}=\frac{2f_{\mathrm{m}}\rho_{\mathrm{c}}(2Q_{\mathrm{m}}+q_{\mathrm{m}})^{2}}{\pi^{2}D_{\mathrm{z}}^{5}} \tag{2-43}$$

加速度压降 Δp_{acc}：在 $\mathrm{d}x$ 微元段内，瓦斯流体流过的过程中，由于壁面涌入瓦斯，故流量增大，速度增大，产生加速度压降，由动量定理可知，则该微元段动量的变化 F_{acc} 为：

$$\Delta p_{\mathrm{acc}}=\frac{4F_{\mathrm{acc}}}{\pi D_{\mathrm{z}}^{2}}=\frac{\pi D_{\mathrm{z}}^{2}\rho_{\mathrm{c}}(v_{\mathrm{m}-1}^{2}-v_{\mathrm{m}}^{2})}{\pi D_{\mathrm{z}}^{2}}=\frac{16\rho_{\mathrm{c}}(q_{\mathrm{m}}^{2}+2Q_{\mathrm{m}}q_{\mathrm{m}})}{\pi D_{\mathrm{z}}^{2}} \tag{2-44}$$

壁面流入混合损失：由于从孔壁涌入的瓦斯初速度很小，混合损失很小，且目前没有通用表达式，只能通过实验近似得出，这里对混合损失不再单独计算，而是对沿程摩擦阻力系数进行修正后，将混合损失计入沿程摩擦损失中。

因此，以 x 为变量得到 $\mathrm{d}x$ 微元段总压降为：

$$\frac{\mathrm{d}p(x)}{\mathrm{d}x}=\Delta p_{\mathrm{fri}}+\Delta p_{\mathrm{acc}}=\frac{2f_{i}\rho_{\mathrm{c}}[2Q(x)+q(x)]^{2}}{\pi^{2}D_{\mathrm{z}}^{5}}+\frac{16\rho_{\mathrm{c}}[q^{2}(x)+2Q(x)q(x)]}{\pi^{2}D_{\mathrm{z}}^{5}} \tag{2-45}$$

式中 $p(x)$——距钻孔孔口深度 x 处的钻孔压力，Pa；

$Q(x)$——距钻孔孔口深度 x 处钻孔内的瓦斯流量，m^3；

f_i——距钻孔孔口深度 x 处的管壁修正摩擦系数；

D_{z}——钻孔直径，m。

其中，f_i 为有壁面流体流入钻孔时的摩擦阻力系数，其大小可通过钻孔在该钻孔微元段的流动状态来计算，即通过计算各个钻孔微元段的雷诺数 Re，确定流体流动状态并应用与没有孔壁瓦斯流入钻孔时的摩擦阻力系数 f_0 的关系计算得出。

雷诺数 Re 的大小是判定流体流动状态的重要参数。流动状态与流速 v、管

径 d、流体的动力黏滞系数 μ 和密度 ρ_c 有关，以上 4 个参数可组合成一个无因次数，即雷诺数 Re：

$$Re=\frac{\rho_c vd}{\mu}=\frac{vd}{v} \tag{2-46}$$

工程上常将流体流动状态分为层流、紊流及过渡流三种，判别准则见表 2-1。

表 2-1 流体流动状态判别准则

流体流动状态	判别准则
层流	$Re=\rho_c vd/\mu(Re\leqslant 2\ 000)$
过渡流	$Re=\rho_c vd/\mu(2\ 000<Re<4\ 000$
紊流	$Re=\rho_c vd/\mu(Re\geqslant 4\ 000)$

L.B.Ouyang 等通过大量实验研究得出考虑壁面流入造成的混合损失情况下，径向流摩擦阻力因数 f_i 的经验公式为[58]：

层流($Re\leqslant 2\ 000$)：$f_i=f_0[1+0.043\ 04Re^{0.614\ 2}]$

紊流($Re\geqslant 4\ 000$)：$f_i=f_0[1-0.015\ 3Re^{0.397\ 8}]$

为了通过试验研究沿程阻力系数 f_0，需要分析 f_0 的影响因素。

层流的阻力是黏性阻力，相关研究表明，对于层流($Re\leqslant 2\ 000$)，有：

$$f_0=\frac{64}{Re} \tag{2-47}$$

从上式可以看出，f_0 仅与 Re 有关，与管壁粗糙度等其他因素无关。

对于紊流($Re\geqslant 4\ 000$)，由于紊流的复杂性，f_0 的确定不能像层流那样严格地从理论上推导出来。其研究途径通常有两个：一是直接根据紊流沿程损失的实测资料，综合成阻力系数 f_0 的纯经验公式；二是用理论和试验相结合的方法，以紊流的半经验理论为基础，整理成半经验公式。目前，普遍采用的计算式有 Siens 计算式和 Jain 计算式两种。

Siens 计算式[59-60]：

$$f_0=\{1.8\times\log[6.9/Re+(f_g/3.7d)^{10/9}]\}^{-2} \tag{2-48}$$

Jain 计算式[61]：

$$f_0=[1.14-2\lg(\frac{f_g}{d}+21.25Re^{-0.9})]^{-2} \tag{2-49}$$

式中 f_g——管壁粗糙度，m。

对比而言，Jain 计算式计算得到的摩擦系数和实验结果更接近，并且是显式计算,计算速度快,精度高,因而引用 Jain 计算式计算紊流状态下粗糙管壁的摩擦系数更为合理和准确。

过渡段($2\,000<Re<4\,000$)的摩擦系数可以在层流和紊流之间利用线性内插法求得。

(4) 两类模型的耦合及解算

由前述钻孔内流量守恒方程可以将钻孔周围煤体瓦斯流动模型和钻孔内瓦斯流动模型耦合起来,距钻孔孔口深度 x 处的瓦斯流量遵守流量守恒方程:

$$\frac{\mathrm{d}[Q(x)]}{\mathrm{d}x}=-q(x,t) \tag{2-50}$$

对于已接抽的钻孔,以线性壁面瓦斯涌入为例,联立所建两模型方程:

$$\begin{cases} q(x,t)=q_1-\dfrac{2(q_1L-Q)}{L^2}x \\ \dfrac{\mathrm{d}p(x)}{\mathrm{d}x}=\dfrac{2f_i\rho_c[2Q(x,t)+q(x,t)]^2}{\pi^2D_z^5}+\dfrac{16\rho_c[q^2(x,t)+2Q(x,t)q(x,t)]}{\pi^2D_z^4} \\ \dfrac{\mathrm{d}[Q(x)]}{\mathrm{d}x}=-q(x,t) \end{cases} \tag{2-51}$$

边界条件:$x=0$;$p(0)=p_b$;$x=0$,$Q(0,t)=Q$。

解定解问题便可得出已接抽钻孔的孔内负压分布函数,但由于求解相当复杂,这里不再赘述。若只需求解从孔口至孔底的全程压损,对微元段积分可得:

$$\Delta p_{\max}=\int_0^L\left\{\frac{2f_i\rho_c[2Q(x)+q(x)]^2}{\pi^2D_z^5}+\frac{16\rho_c[q^2(x)+2Q(x)q(x)]}{\pi^2D_z^4}\right\}\mathrm{d}x \tag{2-52}$$

其中:

$$q(x)=q_1-\frac{2(q_1L-Q)}{L^2}$$

$$Q(x)=\frac{q_1L-Q}{L^2}x^2-q_1x+Q \tag{2-53}$$

对于已接抽的钻孔,将煤层参数及抽采参数带入式(2-48)和式(2-49)即可求得全孔段负压衰减值。

对于设计钻孔,以线性钻孔壁面瓦斯涌入形式为例,联立所建两模型方程:

$$\begin{cases} q(x,t)=(R-r_0)\cdot(p_0^2-p_b^2)\cdot\sqrt{\dfrac{\lambda\pi}{2p_a p_0 t}\left[n+\dfrac{abcp_0(2+bp_0)}{(1+bp_0)}\right]}\cdot\dfrac{(L-x)}{L} \\ \dfrac{dp(x)}{dx}=\dfrac{2f_i\rho_c[2Q(x,t)+q(x,t)]^2}{\pi^2 D_z^5}+\dfrac{16\rho_c[q^2(x,t)+2Q(x,t)q(x,t)]}{\pi^2 D_z^4} \\ \dfrac{d[Q(x)]}{dx}=-q(x,t) \end{cases}$$

(2-54)

边界条件：$x=0, p(0)=p_b; x=L, Q(L,t)=0$。

解定解问题便可得出第Ⅰ种线性壁面流入形式的钻孔孔内负压分布函数为：

$$p_{\mathrm{I}}(x)=p_b+\frac{\lambda\rho_c(R-r_0)^2(p_0^2-p_b^2)^2}{2\pi p_a p_0 t D_z^5 L^2}\left[n+\frac{abcp_0(2+bp_0)}{(1+bp_0)}\right]\times \left\{\frac{2f_i}{5}[L^5-(L-x)^5]+(f_i+4D_z)[L^4-(L-x)^4]+\frac{2(f_i+8D_z)}{3}[L^3-(L-x)^3]\right\} \tag{2-55}$$

将定解问题方程组的第一个方程换成第Ⅱ种壁面流入形式方程(2-31)，可得到第Ⅱ种壁面流入形式的钻孔内负压分布函数为：

$$p_{\mathrm{II}}(x)=p_b+\frac{\lambda\rho_c(R-r_0)^2(p_0^2-p_b^2)^2}{2\pi p_a p_0 t D_z^5 L^4}\left[n+\frac{abcp_0(2+bp_0)}{(1+bp_0)}\right]\left\{\frac{8f_i}{63}[L^7-(L-x)^7]+\frac{4(f_i+4D_z)}{9}[L^6-(L-x)^6]+\frac{2(f_i+8D_z)}{5}[L^5-(L-x)^5]\right\}$$

(2-56)

同理，可得到第Ⅲ种钻孔壁面瓦斯流入形式下的负压分布：

$$p_{\mathrm{III}}(x)=p_b+\frac{\lambda\rho_c(R-r_0)^2(p_0^2-p_b^2)^2}{\pi p_a p_0 t D_z^5 L^4}\left[n+\frac{abcp_0(2+bp_0)}{(1+bp_0)}\right]\left[\frac{4f_i}{63}x^7-\frac{2(f_i+2D_z)}{9}x^6+\frac{3f_i-8f_iL^2+24D_z}{15}x^5+\frac{4(f_iL^3+3f_iL^2+12D_zL^2)}{9}x^4+\frac{12f_iL^4-8(f_i+4D_z)L^3-6(f_i+8D_z)L^2}{9}x^3-\right.$$

$$\frac{6(f_i+4D_z)L^4+8f_iL^5}{3}x^2+ \\ \left.\frac{24(f_i+4D_z)L^5+16f_iL^6+9(f_i+8D_z)L^4}{9}x\right] \tag{2-57}$$

根据式(2-55)、式(2-56)、式(2-57)作出负压随着钻孔长度的分布趋势图，见图 2-13。

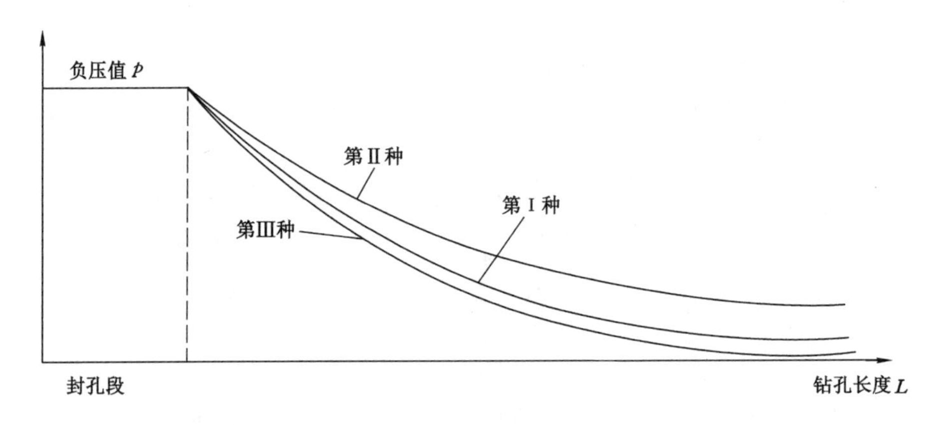

图 2-13　三种钻孔壁面瓦斯流入形式下孔内负压分布趋势

从图 2-13 可以看出，不论哪种钻孔壁面瓦斯流入形式下，孔内负压沿孔长均呈衰减趋势，且第Ⅲ种钻孔壁面瓦斯流入形式对应衰减程度最大，第Ⅰ种次之，第Ⅱ种最小。由于三种钻孔壁面瓦斯流入形式下，钻孔内负压分布规律近似相同，为了方便，后文均采用第Ⅰ种钻孔壁面瓦斯流入形式下的分布规律进行分析。

2.2.2　顺层瓦斯抽采钻孔孔内负压分布及抽采效果影响因素分析

由式(2-55)可知，影响钻孔内负压分布的主要因素为煤层透气性系数 λ、钻孔直径 D_z、孔口负压 p_b、钻孔的长度 L、孔壁摩擦系数 f_i、煤层瓦斯压力 p_0 及抽采时间 t。

(1) 煤层透气性

透气性系数是钻孔周围煤体内的瓦斯流动的重要参数，由式(2-55)可以看出，透气性系数越大，钻孔内瓦斯涌入量越大，钻孔流量就越大，孔内负压衰减就会越严重，但抽采效果比较好。对于透气性系数较大的煤层来说，增大孔口抽采负压会增大孔底的负压值，延长钻孔抽采瓦斯的有效长度，显著提高钻孔瓦斯抽采效果。

同时，煤层在未施工钻孔时处于应力平衡状态，施工钻孔后，煤体内的应力平衡遭到破坏并重新分布，进而产生弹塑性次生应力。如图 2-14 所示，钻孔周围煤体分为塑性区、弹性区、原始应力区。一般来说，钻孔周围的塑性区半径较小，弹性区半径较大。当距孔口的距离超过弹性区的半径，即超过钻孔有效影响范围区域时，煤体处于原始应力状态。由于次生应力的作用，钻孔周围煤体会产生相应的弹塑性变形，且塑性变形大于弹性变形，当塑性变形大于煤体的极限变形时，钻孔出现垮孔现象。

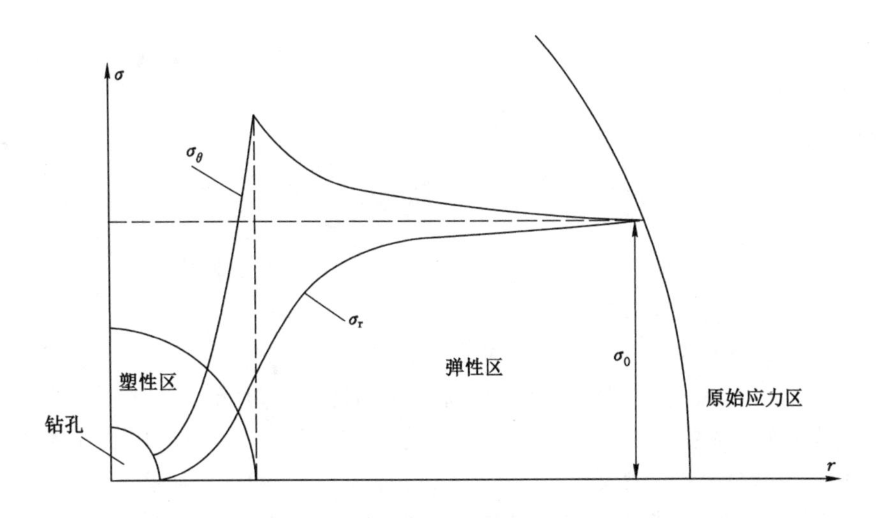

图 2-14 钻孔周围煤体弹塑性次生应力分布

综上所述，钻孔成孔后，钻孔周围煤体内会形成一个卸压范围，即弹塑性区。卸压区内的弹塑性变形会降低煤层瓦斯压力，促使瓦斯解吸，煤层产生解吸收缩变形后孔隙率增大，透气性提高，使钻孔周围煤体内瓦斯的运移更容易，提高了瓦斯抽采效果。

(2) 钻孔直径

由式(2-55)可以看出，增大钻孔的直径相当于增大了瓦斯流体的过流断面，可以减小负压损失，同时钻孔直径的增大也影响了钻孔周围煤体的卸压区半径及透气性系数。根据钻孔径向流动理论，解钻孔瓦斯径向流动微分方程可得孔周卸压区半径为：

$$R_{\mathrm{M}}=[1+\frac{1}{\sqrt{2}f_{\mathrm{r}}K_{\mathrm{p}}}\ln(\frac{\sigma_0}{\sigma_{\mathrm{c}}})]r_0 \tag{2-58}$$

式中 σ_0——打钻前的孔周煤体原岩应力，MPa；

σ_c——煤的单轴抗压强度,MPa;

f_r——移动煤体与未移动煤体之间的摩擦因数,一般取 0.4;

$K_p=(1+\sin\varphi)/(1-\sin\varphi)$。

钻孔周围煤体的透气性系数是变化的,普遍认为透气性系数 λ 是位置坐标的函数,可以表达为:

$$\lambda=\begin{cases}\lambda_1 & (r=r_0)\\ \dfrac{k}{4u_0 p_a}+\dfrac{\lambda_1}{2}e^{ar} & (r_0<r<R)\\ \lambda_0 & (r\geqslant R)\end{cases} \tag{2-59}$$

将孔周卸压区内煤体的透气性系数 λ 近似看成负指数规律变化,式(2-59)可简化为:

$$\begin{aligned}&\lambda=\lambda_1 e^{-\beta_a r} && (r_0\leqslant r<R_M)\\ &\lambda=\lambda_0 && (R_M\leqslant r)\end{aligned} \tag{2-60}$$

式中 λ_0,λ_1——分别为煤层原始透气性系数和孔壁边缘处煤体透气性系数,$m^2/(MPa^2\cdot d)$;

β_a——孔周卸压区内透气性增长系数,1/m。

由式(2-58)和式(2-59)可以看出,在钻孔周围的煤体卸压区内,离钻孔越远,煤层透气性系数越低,当达到卸压区半径以外,透气性系数为原始煤层透气性系数。由式(2-58)可以看出,钻孔半径 r_0 越大,孔周卸压区半径 R_M 就越大,卸压范围内透气性系数 λ 较卸压范围外也越大,钻孔周围煤体内的瓦斯向钻孔内流动越容易,抽采效果越好。

(3) 孔口抽采负压

由式(2-55)可以看出,抽采负压越大,负压值在钻孔内部传递得越远,钻孔的有效抽采长度就越长,抽采效果就越好。但抽采负压不能无休止地增大,单孔抽采负压的提高必然要增加整个抽采系统的负荷,增加抽采成本,而且整个系统内抽采负压的增高会导致抽采总支管及封孔段两端压差的增大,容易导致漏气现象,使抽采浓度降低。因此,在瓦斯抽采设计中要对孔口抽采负压进行试验,确定最优的抽采负压,以高效进行瓦斯抽采。

(4) 封孔质量

在抽采系统负压确定后,钻孔封孔质量(即密封性)决定了孔口负压的大小。钻孔的密封性取决于两方面因素:一是封孔方式,二是封孔长度。

钻孔封孔质量直接影响到抽采效果,封孔质量不好会使封孔段两端通过裂隙连通“短路”,导致钻孔漏气,使巷道内大气涌入钻孔,造成钻孔瓦斯浓度的降低并增大孔口负压损失(图 2-15),减小有效抽采长度和抽采范围。钻孔的抽采

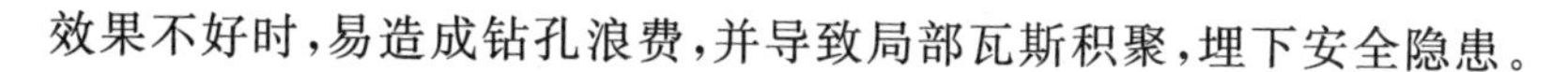

效果不好时，易造成钻孔浪费，并导致局部瓦斯积聚，埋下安全隐患。

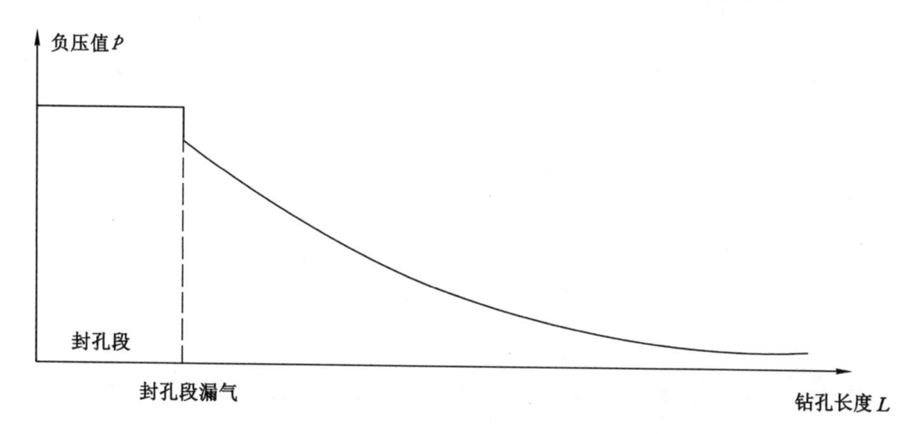

图 2-15　封孔段漏气情况下的钻孔内负压分布

增大封孔长度通常有利于提高封孔质量，但封孔长度过长会造成人力、物力的浪费，使单孔抽采成本增加，因此确定合理的封孔长度对瓦斯抽采工作而言至关重要。

煤巷成巷后，巷道周围煤体的原始应力会被打破，形成新的应力平衡，由巷道煤壁向深部煤体依次形成卸压带、应力集中带和原始应力带，简称为巷道围岩应力“三带”，如图 2-16 所示。卸压带内的煤体松散，孔隙率和煤层透气性高，瓦斯易于流动；应力集中带的煤体在自身重力、构造应力和支撑应力的相互作用下使得其煤层瓦斯压力增大，孔隙率及透气性系数减小，煤体内游离瓦斯不易流动；原始应力带内的煤体不受外力影响，煤体结构不发生变化。

由于卸压带内的煤体充分卸压，煤体内出现了大量的贯穿裂隙，如果瓦斯抽采钻孔的封孔长度小于卸压带深度，抽采负压作用下巷道内空气将由贯穿裂隙进入钻孔，造成钻孔“短路”，使瓦斯抽采浓度及抽采效果降低。钻孔封孔长度超过卸压带长度则可保证钻孔不漏气。因此，钻孔的合理封孔长度就是从巷道煤壁到煤体卸压带边缘的距离。

(5) 其他影响因素

① 煤层瓦斯压力

根据朗缪尔方程可知，煤层瓦斯压力越大，煤层瓦斯含量也就越高。由于钻孔内瓦斯涌入量与煤层瓦斯压力的平方成正比，因此，煤层瓦斯压力越大，孔壁瓦斯涌入量越高，相应的钻孔抽采量也增加，钻孔内瓦斯流量就越大，负压损失也就越大。煤层瓦斯压力对钻孔抽采半径影响不明显，但对钻孔的抽采量影响较大。

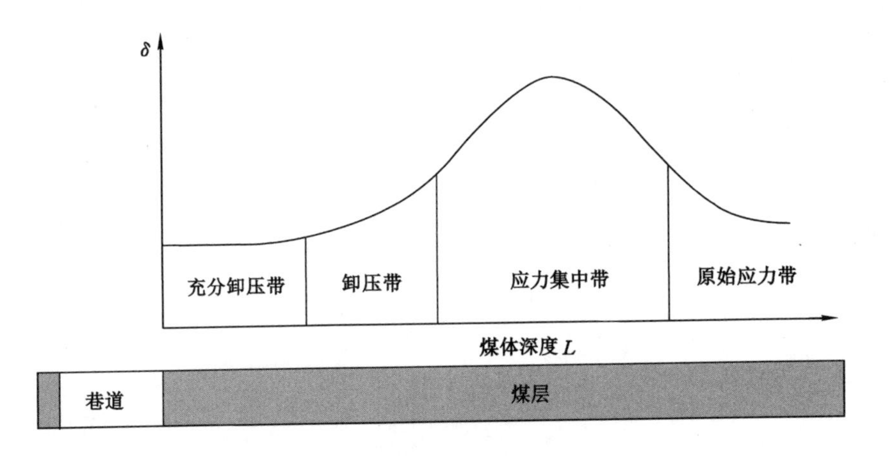

图 2-16　巷道的围岩应力“三带”

② 抽采时间

随着抽采时间的增加，钻孔的抽采影响区域逐渐增大，但是抽采流量呈负指数规律逐渐减小并趋于稳定。在极限长度内，钻孔长度越长，负压传递越远，瓦斯抽采量越大，抽采效果越好。

③ 孔壁摩擦阻力

由负压分布公式(2-51)可知，孔壁摩擦阻力系数越大，瓦斯在钻孔内流动产生的沿程摩擦阻力就越大，负压向孔内传递过程中压损就越大，因此，减小孔壁的摩擦系数可以有效减小沿程摩擦阻力，减小压损。

④ 串孔

煤体中存在大量发育良好的裂隙，而打钻过程中的扰动影响及抽采过程中透气性系数的变化都可能产生大裂隙或者引起大裂隙与临孔或外界贯通，形成串孔。如图 2-17 所示，钻孔长度方向上某点的串孔会引起局部煤壁瓦斯涌入量的增大，引起混合损失增大，造成压损增大。

⑤ 垮孔

由前述分析可知，煤层中钻孔成孔后，由于次生应力的作用，钻孔周围煤体要产生相应的弹塑性变形，当塑性变形大于煤体的极限变形时，钻孔就会垮塌，出现垮孔现象。通常来说，坚固性系数较小的煤层容易产生垮孔现象。如图 2-18所示，若垮孔段的煤体全部堵塞流动通道，垮孔段会截断负压向钻孔内的传递，致使垮孔段以里的钻孔抽不出瓦斯；若垮孔段的煤体未全部堵塞流动通道，则瓦斯的流动通道会变得很小，负压在垮孔段则会产生非常大的局部压损，

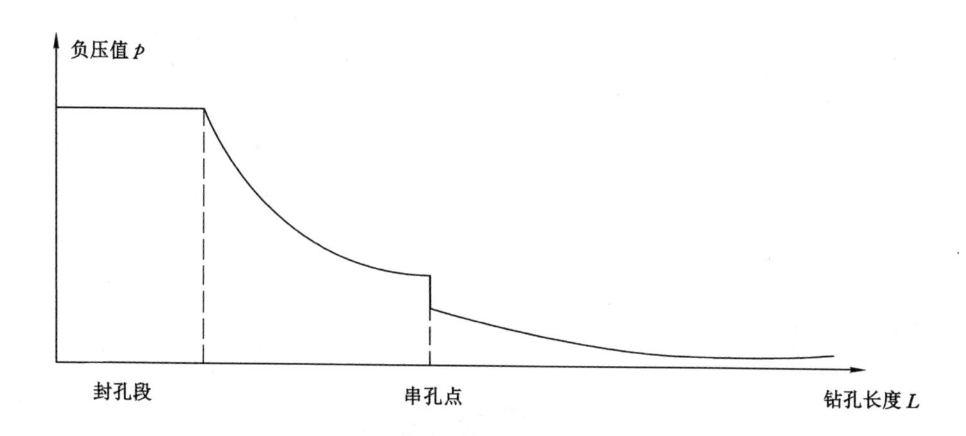

图 2-17 串孔情况下钻孔内负压分布

垮孔段以里的钻孔段负压很小，抽采效果很差，其负压分布与图 2-18 中的负压分布类似。

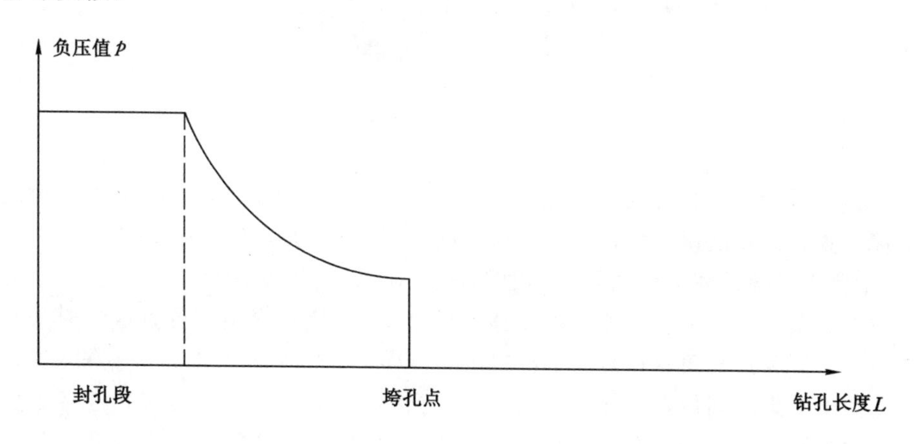

图 2-18 完全垮孔情况下的钻孔内负压分布

2.2.3 钻孔封孔质量检测装备研发

煤层瓦斯抽采钻孔封孔质量是影响抽采效率的重要因素之一，煤层瓦斯抽采钻孔封孔质量的好坏直接影响抽采钻孔瓦斯浓度的高低。为了检测煤层瓦斯抽采钻孔的封孔质量，通过检测负压状态下抽采钻孔内不同深度的瓦斯浓度和抽采负压分布，结合煤层瓦斯抽采钻孔内瓦斯运移规律，判定抽采钻孔的密封质量。

(1) 封孔质量检测技术原理

根据管流流体力学理论，当钻孔封孔质量好、钻孔周边不漏气时，在抽采负压作用下，钻孔内瓦斯浓度随孔深的增加基本保持不变，抽采负压呈线性衰减；当钻孔封孔质量差、钻孔周边某一位置漏气时，在抽采负压作用下，钻孔内瓦斯浓度和负压沿孔深的分布将出现突变现象，即在孔口至漏气位置区域内瓦斯浓度急剧降低，而漏气位置至钻孔底部区域瓦斯浓度则较高。根据这一原理结合现场的可操作性及实用性，中煤科工集团重庆研究院有限公司研发了封孔质量检测装置，该装置主要由封孔质量检测仪、瓦斯参数探测管、快接三通及打气筒等组成，如图 2-19 所示。

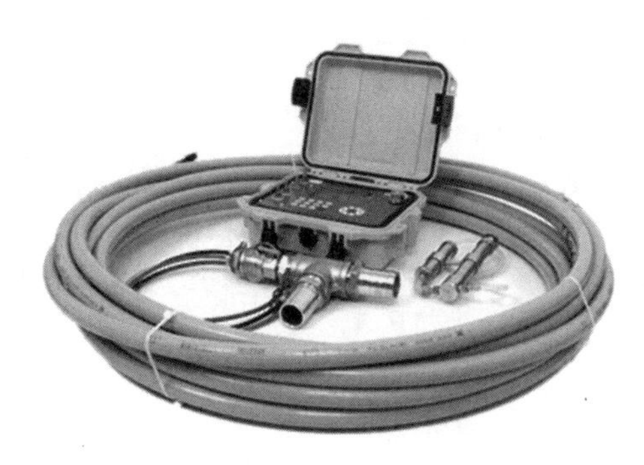

图 2-19　封孔质量检测装置

封孔质量检测装置的主要优点在于测试数据可靠性高、操作灵活、对环境适应能力强。封孔质量检测仪内置瓦斯浓度探测元件、压力探测元件、温度探测元件，主要用于分析和记录抽采钻孔中不同位置的瓦斯浓度、抽采负压以及温度等参数。瓦斯参数探测管内置多根完整采样管路(避免不同钻孔位置取气时相互影响)，主要为封孔质量检测仪分析提供气体样品。使用时探测管一端深入抽采钻孔内部采集不同位置气体样品，另一端与快接三通上的采样测量口连接。快接三通由两个接口和一个采样测量口组成，两个接口主要用于连接抽采管和解抽管，采样测量口一端连接瓦斯参数探测管，另外一端连接打气筒。打气筒设置两个接口，一个接口用于连接快接三通上的采样测量口，另一接口用于连接封孔质量检测仪，其目的在于缩短测试时间，提高工作效率。

(2) 封孔质量检测操作步骤

封孔质量检测装置工作原理示意如图 2-20 所示，主要操作步骤如下：

① 拆除用于连接抽采管和接抽管的弯管；

② 将瓦斯参数探测管沿抽采管送到预计的取样位置；

③ 将瓦斯参数探测管与快速三通上的采样测量口相连，并将快速三通连接到抽采管和接抽管上；

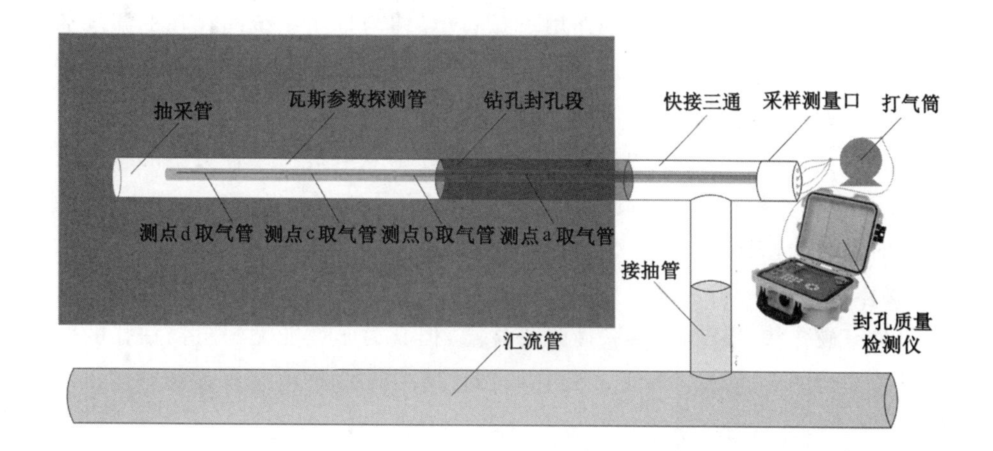

图 2-20 封孔质量检测装置工作原理示意图

④ 将打气筒一端连接到快接三通上的采样测量口，另一接口连接封孔质量检测仪浓度测试口(负压测试口)；

⑤ 开启封孔质量检测仪电源，利用打气筒快速打气，并测试抽采钻孔不同位置的瓦斯浓度(负压)，记录、储存相关测试数据；

⑥ 测定结束后，将探测管从抽采钻孔内拔出，卸掉快接三通，重新连接抽采管与接抽管。

(3) 封孔质量判断准则

根据相关参数测定结果，提出了判定抽采钻孔的密封质量和漏气位置的方法：

① 若测点 a 处的瓦斯浓度明显低于测点 b 处，则表明抽采管已被破坏或发生漏气；

② 若测点 b 处的瓦斯浓度明显低于测点 c 处，则表明封孔材料已破坏或封孔质量差；

③ 若测点 c 处的瓦斯浓度明显低于测点 d 处，则表明存在漏气通道或封孔深度不足；

④ 若测点 d 处的瓦斯浓度明显较小，则表明抽采钻孔的深部存在漏气通道。

2.3 高流动性和膨胀性的亲煤基无机封孔材料

根据对井下瓦斯抽采系统的分析，造成煤层中瓦斯抽采浓度降低的原因是抽采系统外界空气在抽采负压的作用下，通过煤体与抽采系统间存在的漏气通道进入抽采系统稀释了抽采瓦斯，因此作为抽采源头的抽采钻孔的封孔质量好坏直接关系到抽采瓦斯浓度的高低。经过多年的实践，抽采钻孔封孔逐渐形成了机械式封孔材料、无机化学封孔材料以及高分子发泡材料三种类型的封孔技术。其中，机械式封孔成本较高，封孔有效距离短，不能保证长效封孔效果，只能作为临时性封孔；无机化学类封孔材料流动性强，能较好地渗入到钻孔周围裂隙中，与煤体融合在一起，但其容易失水收缩，对水平钻孔密封效果极差；高分子发泡材料具有硬化快、质量轻、膨胀性强等优点，但其力学性能无法阻挡钻孔的蠕变和裂隙通道的形成，且不能进入封孔段钻孔周围的裂隙，对周围裂隙封堵作用有限。

2.3.1 封孔材料配比研究

为了衡量材料的封堵效果，首先对封孔材料在煤(岩)体裂隙内的扩散规律进行研究。在前人研究的基础上，考虑材料浆液在钻孔周围煤(岩)体裂隙内运移的过程中所需初始剪切力与运移过程中的黏度时变规律，即：

$$\tau = \tau_0 + a_4 t^{a_5} \gamma \tag{2-61}$$

式中 τ——封孔材料浆液的剪切应力，Pa；

τ_0——屈服剪切力，表征了封孔材料浆液的塑性，Pa；

γ——剪切速率，rad/s；

a_4、a_5——表征封孔材料浆液黏度随时间变化的特征参数；

t——时间，s。

在建立模型之前需做如下假设：

(1) 封孔材料浆液在钻孔内反应流动时，为不可压缩的均质各向同性流体；

(2) 封孔材料浆液在流动过程中，钻孔内壁边界无滑移条件成立；

(3) 封孔材料浆液运动过程中流型不变，其黏度随时间的变化服从幂函数变化趋势；

(4) 封孔材料浆液在等开度单一平板裂隙的运动，存在轴对称规律。

设钻孔周围煤(岩)体内的裂隙宽度为 $2l_1$，静水压强为 p_w，通过单元体受力平衡微分方程，忽略重力影响，可以得到截面剪切应力和截面速度分布，如图 2-21所示。

剪切应力分布为：

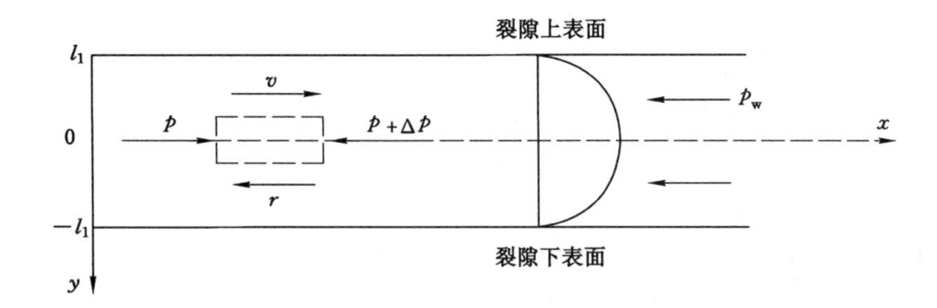

图 2-21 封孔材料浆液微元体力学平衡分析

$$\tau=\begin{cases}0 & (-h_0<y<h_0)\\ \tau_0 & (y=h_0)\\ a_4 y & (-h_0>y>-l_1, h_0<y<l_1)\\ a_4 l_1 & (y=l_1)\end{cases} \tag{2-62}$$

式中 h_0——流核的高度,m。

截面速度分布为:

$$v=\begin{cases}-\dfrac{1}{\mu(t)}\left[\dfrac{1}{2}a_4(l_1^2-h_0^2)-\tau_0(l_1-h_0)\right] & (-h_0\leqslant y\leqslant h_0)\\ -\dfrac{1}{\mu(t)}\left[\dfrac{1}{2}a_4(l_1^2-y^2)-\tau_0(l_1-y)\right] & (-h_0>y>-l_1, h_0<y<l_1)\end{cases} \tag{2-63}$$

式中 $\mu(t)$——封孔材料浆液黏度变化的时间函数。

将 $h_0=\tau_0/a_4$ 代入式(2-63),得到截面平均流速为:

$$v_a=-\frac{l_1^2}{3\mu(t)}\left(a_4-\frac{3\tau_0}{2l_1}+\frac{\tau_0^3}{2a_4^3 l_1^3}\right) \tag{2-64}$$

假设钻孔周围煤(岩)体裂隙内的封孔材料浆液流量为 q_a,则:

$$q_a=4\pi x a_5 v_a\left(a_4-\frac{3\tau_0}{2l_1}+\frac{\tau_0^3}{2a_4^3 l_1^3}\right) \tag{2-65}$$

对上式进行关于 x 积分,并忽略高阶小项,有:

$$p=-\left(\frac{3}{2l_1}\tau_0\right)x-\frac{3q_a\mu(t)}{4\pi l_1^3}\ln x+C_1 \tag{2-66}$$

代入相应的边界条件参数,可得:

$$p=p_c-\left(\frac{3}{2l_1}\tau_0\right)(x-r_c)-\frac{3q_a\mu(t)}{4\pi l_1^3}\ln\frac{x}{r_c} \tag{2-67}$$

$$\Delta p=p_c-p=\left(\frac{3}{2l_1}\tau_0\right)(x-r_c)+\frac{3q_a\mu(t)}{4\pi l_1^3}\ln\frac{x}{r_c} \tag{2-68}$$

式中　Δp——压力衰减值；

r_c——封孔材料浆液剪切速率。

式(2-68)表征在给定时间与空间条件下，封孔材料浆液在钻孔周围煤(岩)裂隙内的压力衰减值，材料浆液在渗透至裂隙内的过程中，其压力值逐渐衰减，故通过计算压力衰减值即可获取相应条件下的封孔材料渗透深度。

根据瓦斯抽采钻孔封孔材料的强度、膨胀性、密封性等性能要求，经过正交试验，最终确定了亲煤基型封孔材料的成分组成，组分名称、配比及所起作用(表 2-2)，由此制备的封孔材料具备良好的流动性，且能发生明显的膨胀变形，能够有效封堵钻孔周围煤体裂隙空间。

表 2-2　亲煤基型封孔材料组分表

组分	质量比例/%	效用
水泥	45～55	基料
亲煤基基料	12～18	基料
保水剂	15～25	防止材料凝固过程失水
膨胀剂	2～5	实现浆体材料膨胀反应
抗裂剂	0.5～1.5	防止材料凝固后收缩开裂
减水剂	4～8	增加浆体材料流动性
速凝剂	1～4	调节浆体材料凝固时间
分散悬浮剂	3～8	防止浆体材料出现离析

2.3.2　封孔材料物性参数测试

(1) 黏度测试

由于注浆封孔材料的特殊用途，对其流动性和可注性具有较高要求。将亲煤基型封孔材料与不同质量比的水搅拌混合均匀，用落锤法对不同浆液进行测试，其黏度的变化情况见表 2-3。从表 2-3 可以看出，亲煤基型封孔材料的黏度值随着水灰比的增大而增大，当水灰比为 0.4 时，落锤法测定的黏度为 3.1 cm；当水灰比为 0.6 时，黏度迅速升高到 12.4 cm，增幅明显；继续增大水灰比，黏度升高幅度迅速减小；当水灰比达到 0.85 时，黏度为 12.8，且不再随水灰比的增大而增大。由此可以得出，亲煤基型封孔材料水灰比为 0.6～0.8 时，浆体材料的可注性、流动性和现场可操作性均较优。

表 2-3 封孔材料黏度测试参数表

水灰比	黏度/cm	水灰比	黏度/cm
0.4	3.1	0.7	12.6
0.45	3.9	0.75	12.7
0.5	8.6	0.8	12.7
0.55	11.2	0.85	12.8
0.6	12.4	0.9	12.8
0.65	12.6	0.95	12.8

(2) 膨胀性测试

将封孔材料与水按照水灰比 0.6 搅拌均匀，共配比 150 mL 的试剂，并将其放入可测量500 mL的烧杯中，记录初始体积 V_0，每隔 5 min 记录一次体积值，依次为 V_1、V_2、V_3，…，V_n（V_n 为最终稳定值），$(V_n-V_0)/V_0$ 即膨胀率，其膨胀过程测试参数结果如图 2-22 所示。

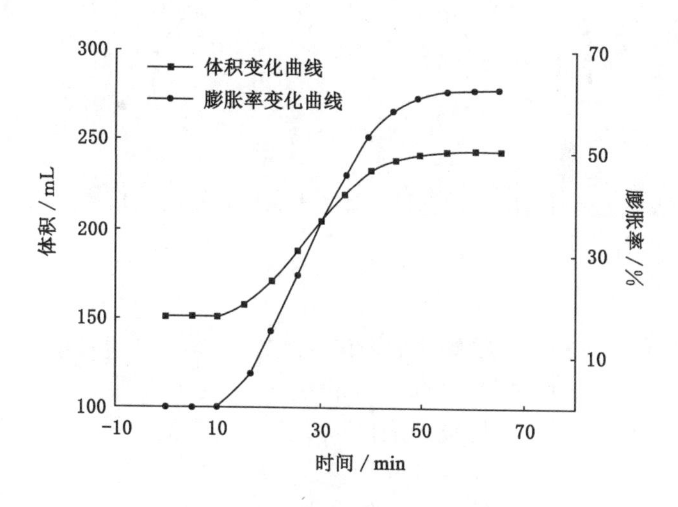

图 2-22 封孔材料膨胀性能参数

由图 2-22 可知，亲煤基型封孔材料体积在 10 min 后开始膨胀，在 15 min 时体积由原来的 150 mL 增长到 156 mL，此后体积继续稳定膨胀，到 45 min 时体积为 238 mL，直至 50 min 以后达到稳定值。由此可知，亲煤基型封孔材料膨胀反应时间段为配料完成后 15～45 min，膨胀稳定时间短，膨胀后不收缩变形，保证了材料能够向钻孔周围裂隙渗透，有效封堵微小裂隙。

(3) 力学性能测试

理想的封孔材料在硬化后能够与煤(岩)固体表面契合,形成一个整体,在封堵钻孔周围煤(岩)裂隙的同时,还能对煤(岩)体起到加固作用。在抽采钻孔应变场发生变化的过程中,封孔后形成的整体能随之发生协调变形。因此,有必要对封孔材料的压缩性能展开研究。

① 测试方法

依据《水泥胶砂强度检验方法》(GB/T 17671—1999)中对试样尺寸的要求,首先将内径为 60 mm 的 PVC 管封底竖放,将配置好的封孔试剂倒入 PVC 管,待其充分反应后,将 PVC 管剖开,利用砂纸将其打磨平整,制备成高度为(100±1) mm,直径为 60 mm 的标准试件。试样两端面的平行度公差不超过 1%。整个实验共选择 5 个试样,如图 2-23 所示。

图 2-23 标准试件

实验前,利用游标卡尺精确计量各试件尺寸,精度为 0.05 mm。实验时,将试样放于上下两个卡具之间,打开压力机开关,设定压力机以 2 mm/min 的速率施加压缩载荷,待上方卡具与试样上表面接触时,根据试样被压缩的位移来记录压力,每压缩 0.25 mm 记录一个压力值。实验结束后,关闭试验机电源,并将测完的试样放于样品柜中,待以后比较研究。实验过程的室温为(23±2) ℃。

② 测试结果及分析

根据所测得的压力数据,整理绘出 5 个试样的压缩曲线,如图 2-24 所示。

封孔试样的相对变形(即应变)是试样高度的缩减量与其初始厚度之比,压缩应力为压缩力与试样的初始横截面积之比,压缩强度(即抗压强度)则为试样相对变形小于 10%时的最大压缩力除以试样的初始横截面积。根据实验所测数据,计算试样的相对变形和压缩应力,最终得到压缩强度如图 2-25 所示。

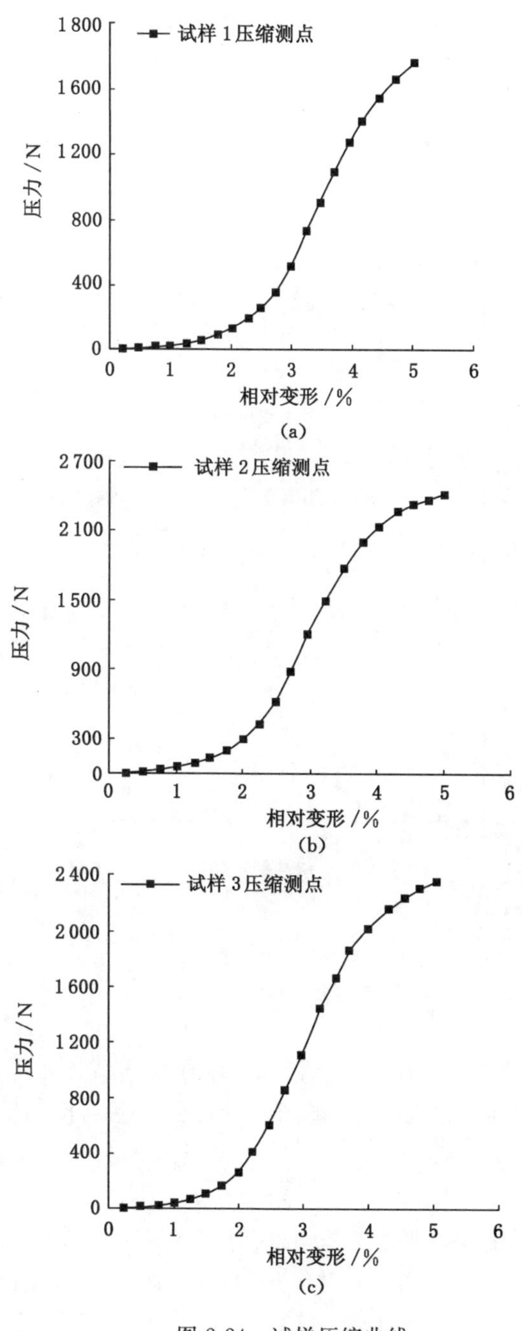

图 2-24 试样压缩曲线

(a) 试样 1;(b) 试样 2;(c) 试样 3

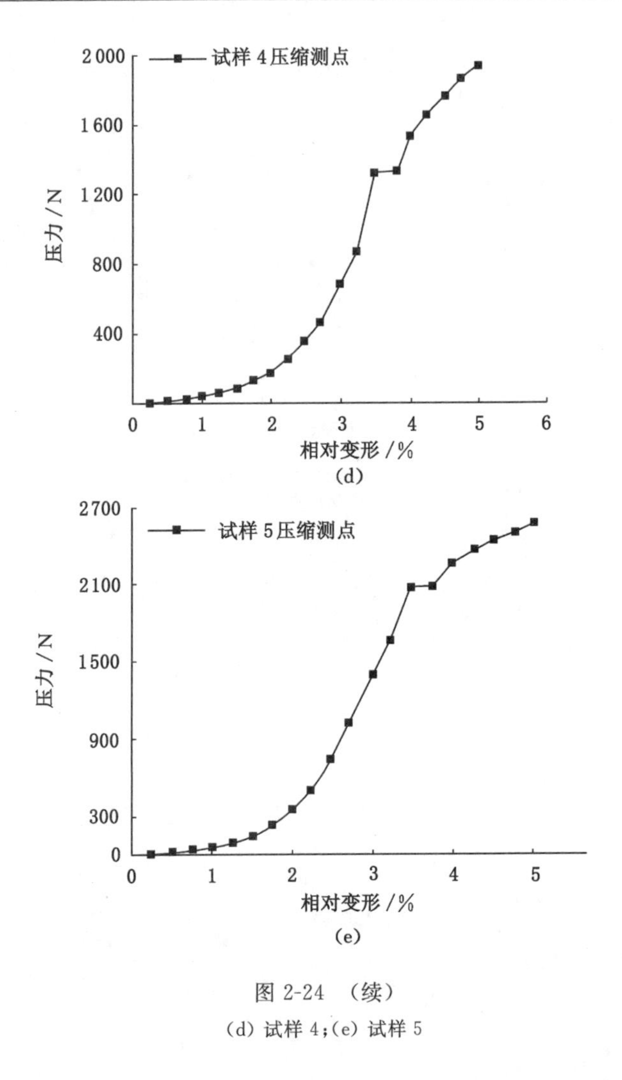

图 2-24 (续)

(d) 试样 4;(e) 试样 5

从图 2-24 和图 2-25 可知,封孔试样在单轴压缩荷载作用下的压力-应变曲线与一般岩石的应力-应变特征相似,试样的压缩强度基本接近于或高于一般岩石的压缩强度。

(4) 其他性能参数测定

为了更加全面详细地了解亲煤基型封孔材料的各项性能参数,根据《建筑砂浆基本性能试验方法标准》(JGJ/T 70—2009)、《煤矿井下用聚合物制品阻燃抗静电通用试验方法和判定规则》(MT 113—1995)等相关标准、规范,对亲煤基型封孔材料的各项参数进行了测定,结果见表 2-4。

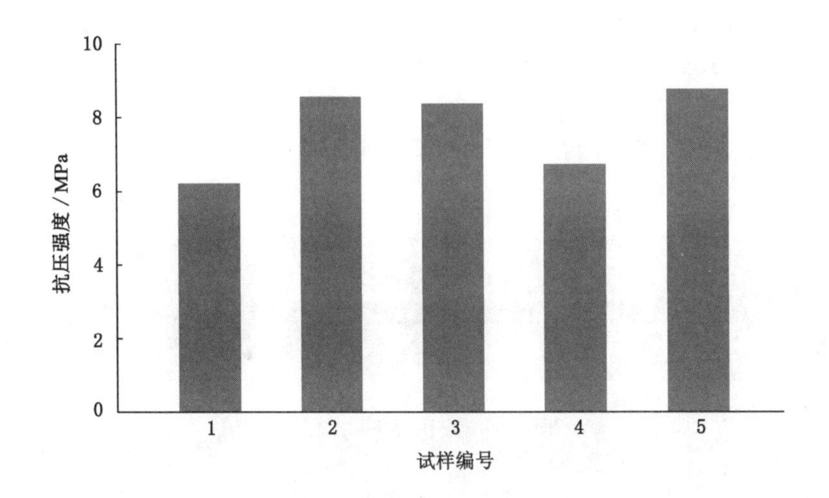

图 2-25 试样压缩强度

表 2-4 亲煤基型封孔材料性能参数表

序号	项目	参数值	备注
1	初凝时间/h	5～8	
2	抗压强度/MPa	6～20	
3	终凝时间/h	14～20	
4	表面电阻/Ω	1.3×10^4	具有良好的阻燃性
5	酒精喷灯无焰燃烧/s	1.6	具有良好的抗静电性

2.4 径向压注式注浆封孔工艺与装备

2.4.1 径向压注式封孔工艺

瓦斯抽采钻孔径向压注式封孔技术原理是利用带压注浆方式来达到改变瓦斯抽采钻孔周围煤体特性和密封孔隙、裂隙的目的。通过注浆设备，以一定压力将浆液材料压注到瓦斯抽采钻孔封孔段空间及孔壁周围煤体扰动裂隙内部，浆液在注浆压力作用下，可以劈裂扩展煤体裂隙，充填孔隙和煤体凹凸面，增大浆液扩散范围；同时，浆液在大渗透压力梯度作用下渗入煤体微裂隙内，待浆液固化后，呈树枝状分布，并与煤体颗粒黏结在一起，达到对钻孔周围煤体施加主动支护的目的，彻底密封瓦斯泄漏通道。

(1) 实施步骤

径向压注式封孔工艺的具体实施步骤如下。

① 固定封孔器

取出成套封孔器,将封孔器孔底囊袋前段抱箍固定在抽采管既定位置(图 2-26)。

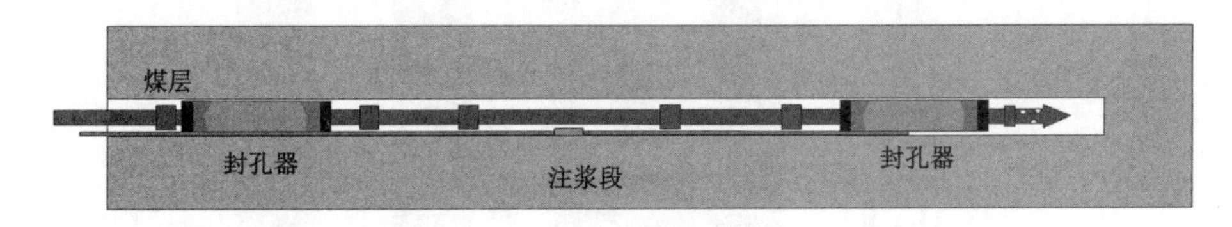

图 2-26　连接管路示意图

② 下送抽采管

将抽采管逐节连接,为防止注浆管弯折,将注浆管固定在抽采管上,然后逐节推送入钻孔内,直至全部的封孔器和抽采管送入钻孔中。

③ 注浆封孔

(a) 调整进气压力:打开井下压风,利用空气调节阀将风压调至适当值;

(b) 注浆准备:向搅拌桶内倒入适量封孔材料,并按合适的水灰比(0.6～0.8)进行混合,搅拌均匀后,打开注浆泵,排出注浆泵内的空气和水;

(c) 封孔器注浆:将注浆管和注浆泵连接,向封孔器囊袋内注浆,随着注浆量增加,注浆泵出浆压力逐渐升高至爆破阀额定压力,此时封孔器囊袋完全注满;

(d) 钻孔封孔段注浆:当注浆泵出浆压力超过爆破阀额定压力后,封孔器爆破阀打开并向钻孔封孔段内注浆,直至达到设计要求的注浆压力(1.2～1.5 MPa)后停止注浆,此时钻孔封孔段已注满,并最终实现带压注浆(图 2-27)。

图 2-27　封孔注浆效果示意

④ 封孔后清理

完成封孔段注浆后,将桶内剩余物料注入钻孔孔口段,拆除各个连接接头,清洗注浆泵和搅拌桶。

(2) 封孔工艺注意事项

① 管路连接注意事项

(a) 为防止在推送抽采管过程中封孔器在抽采管上滑动造成注浆管折叠，致使浆体无法注入孔底端封孔器囊袋，应采用铁丝等材料加强固定，确保孔底端封孔器囊袋在抽采管上固定牢靠；

(b) 为防止在推送抽采管时注浆管与钻孔摩擦，造成接头脱落、管路破损和管路弯折，应每隔一定距离，用胶带将注浆管与抽采管绑紧。

② 推送抽采管注意事项

现场操作时尽量一次性将抽采管推入钻孔设计位置，不要多次反复推送，以免在反复推送过程中造成抽采管连接处脱落和封孔器囊袋在抽采管上滑动。

③ 注浆封孔注意事项

(a) 打开井下压风前应检查各连接部件是否完好，防止井下压风伤人；

(b) 封孔注浆时，应密切关注注浆泵出浆压力，出浆压力出现大幅跳跃等均属正常情况；若封孔器爆破阀未能正常打开，应检查封孔材料的配比情况是否合理，调节封孔材料水灰比，如仍未能正常打开，需更换新的封孔器。

④ 封孔后清理注意事项

(a) 拆卸井下压风时，应先关闭井下压风管开关，同时打开注浆泵进行泄压，确定风管内无压力后，再将风管从封孔设备上拆除；

(b) 注浆泵和搅拌桶应清洗干净，防止水泥沉淀、结块，影响注浆泵和搅拌桶的再次使用。

2.4.2 注浆泵

便携式注浆泵主要由气缸泵体、气缸大活塞、换向阀组件、液压缸组件、缸盖、进气控制开关和出浆快速接头等组成，如图 2-28 所示。注浆泵采用压缩空气作动力，工作时压缩空气经进气控制开关进入气缸泵体 A 腔，此时 N 阀打开，M 阀关闭，高压空气由 A 腔进入 B 腔，推动大活塞快速向下移动；当大活塞向下行至一定位置时，M 阀打开，同时 N 阀关闭，B 腔的高压气体经 M 阀进入 C 腔，经出气口直接排入大气；同时高压空气继续进入 A 腔，推动大活塞向上移动，同样行至一定位置时，M 阀关闭，N 阀打开，完成一个工作循环。与大活塞固联在一起的小活塞在大活塞的带动下往复移动，其下端吸取浆液，同时上端以较高压力输出浆液。

(1) 注浆压力

注浆压力是浆液在围岩中扩散的动力，直接影响注浆加固效果。注浆压力的合理确定受地层条件、注浆方式和注浆材料等因素的综合影响。注浆压力过

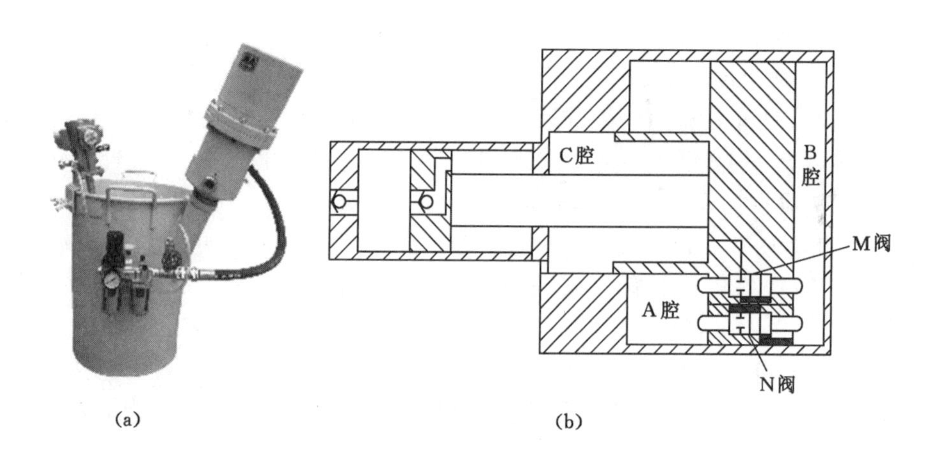

图 2-28　便携式注浆泵
(a) 实物图;(b) 工作原理图

高会引起注浆劈裂,容易在注浆过程中造成围岩表面片帮、冒顶等破坏;注浆压力过小,浆液难以向围岩周围扩散。对于注浆封孔技术而言,注浆压力需求一般为 0.5～2 MPa。因此,确定注浆泵的最大输出压力为 2.5 MPa。

(2) 浆液流量

由于围岩裂隙发育、松动范围不均匀等影响,围岩吸浆量差别较大,同时为了防止在围岩裂隙发育的巷道内浆液泄漏,注浆过程中控制注浆压力的同时还要控制浆液流量。为满足注浆封孔效率,该注浆泵设计工作流量不小于22 L/min。

(3) 气源参数

该注浆泵主要用于煤矿井下封孔注浆,利用井下压风管路压风作为动力气源,结合煤矿井下压风管路实际情况,确定该注浆泵气源压力为 0.4～0.63 MPa,气源气体流量为 0.4～0.55 m^3/min。

(4) 气缸活塞直径

由于大、小活塞的活塞杆通过螺纹连接在一起,可作为一个整体,故推力相同。设 D_1 为气缸活塞直径,D_2 为气缸活塞杆直径,p_{w1} 为液压缸出口压力,p_{w2} 为气缸进口压力,则有:

$$p_{w1}\frac{\pi}{4}(d_1^2-d_2^2)=p_{w2}\frac{\pi}{4}(D_1^2-D_2^2)\eta_m \tag{2-69}$$

取 $D_2=0.1$ m,机械效率 $\eta_m=85\%$,$p_{w2}=0.6$ MPa,$p_{w1}=3.2$ MPa,将以上数据代入式(2-69),得 $D_1=0.157$ m。根据现有通用成品尺寸,选定气缸活塞直径为 160 mm。

2.4.3 带压封孔器

利用注浆泵通过注浆管注浆时，封孔囊袋内单向阀打开，浆液水体通过封孔囊袋滤出，浆体在囊袋内部堆积。随着囊袋体积和内部浆体压力不断增大，囊袋与孔壁紧密结合。当囊袋内压力达到一定值时，封孔囊袋外爆破阀打开，浆体不断进入两个囊袋之间的密闭空间，待注浆压力达到要求时停止注浆。由此研发的 FKJW-230/1.6 矿用封孔器主要由注浆管、抱箍、封孔囊袋、单向阀、爆破阀和堵头等组成，如图 2-29 所示。

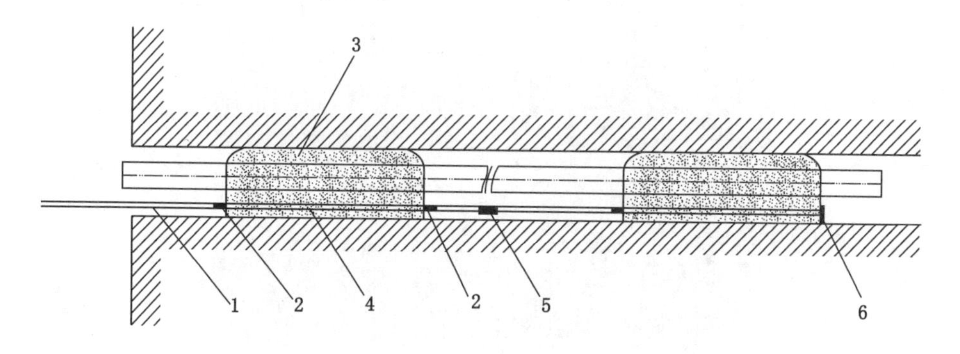

1—注浆管；2—抱箍；3—封孔囊袋；4—单向阀；5—爆破阀；6—堵头。

图 2-29 FKJW-230/1.6 矿用封孔器结构示意图

封孔器主要技术指标见表 2-5。

表 2-5 FKJW-230/1.6 矿用封孔器主要技术参数

规格型号	自由膨胀外径/mm	适用抽采管径/mm	工作压力/MPa	单段囊袋宽度/mm	囊袋爆破压力/MPa	备注
FKJW-230/1.6	≥130	50～75	1.6	230	2	长度可定制

2.5 高效封孔技术效果考察

2.5.1 王坡煤矿现场试验

（1）合理封孔深度确定

为了提高封孔深度确定方法的准确性，采用数值模拟和现场实测两种方法综合确定合理封孔深度。

① 数值模拟确定合理封孔深度

数值模拟计算模型是按王坡煤矿 3# 煤层 3316 运输巷的实际地质情况建立的，主要考察 3316 回风巷两帮塑性区的范围以及围岩应力分布。3316 工作面煤层平均厚度为 4.6 m，为近水平煤层，巷道断面为 4.5 m×3.4 m，掘进断面为 15.3 m^2。利用 FLAC3D 数值模拟软件构建计算模型，模型尺寸为 50.0 m×10.0 m×35.0 m，具体如图 2-30 所示。

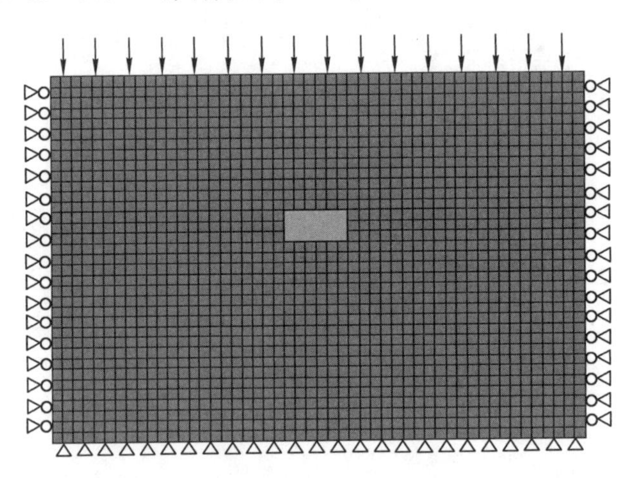

图 2-30　数值模拟计算模型网格划分及边界条件设置

模型采取直角坐标系，*XOY* 为水平面，Z 轴为竖直方向，并规定向上为正。取模型左下角作为模拟的坐标原点，水平向右为 *X* 轴正方向，沿巷道方向水平向内为 *Y* 轴正方向，垂直向上方向作为 Z 轴正方向。模型的边界条件取为：水平边界采用铰支，底部采用固支，上部为上覆岩层荷载，根据 3316 运输巷对应煤层埋深，取最大值 600 m，自重应力为初始垂直应力，岩石容重可以取为 25 kN/m^3，得出垂直应力为 12.5 MPa，垂直应力施加在模型上部边界，取侧压系数为 0.8，计算可得水平应力为 10.0 MPa，模型计算相关地层物理力学参数见表 2-6。

表 2-6　3# 煤层顶底板物理力学参数表

岩层参数	泥岩	中粒砂岩	3# 煤层	砂岩	泥岩
厚度/m	4.0	9.0	5.8	6.0	4.0
弹性模量/Pa	2.97E+10	2.35E+10	5.50E+09	2.45E+10	2.67E+10
泊松比	0.2	0.23	0.25	0.23	0.23
体积模量/Pa	1.65E+10	1.45E+10	3.67E+09	1.51E+10	1.65E+10
剪切模量/Pa	1.25E+10	9.55E+09	2.20E+09	9.96E+09	1.09E+10

表 2-6(续)

岩层参数	泥岩	中粒砂岩	3# 煤层	砂岩	泥岩
内摩擦角/(°)	30.5	28.4	23	27.9	30.5
内聚力/Pa	6.00E+06	2.00E+06	3.00E+05	2.00E+06	6.00E+06
抗拉强度/Pa	7.57E+06	1.50E+06	3.00E+05	1.00E+06	5.57E+06

本次模拟主要分析巷道围岩应力分布、变形、塑性区范围，以便确定合理封孔深度，模拟结果如图 2-31 所示。

由图 2-31 分析可知，王坡煤矿 3316 运输巷掘进过程中，巷道围岩应力原始平衡状态被破坏，围岩发生位移变形，应力重新分布。垂直应力在巷道两帮、顶板、底板都出现了明显的卸压区域。在巷道两帮 0～4.2 m 为垂直应力卸压区，随后逐渐发生应力集中，在距巷道两帮 10 m 左右应力达到最大；水平应力在巷道两帮出现了一定范围的卸压区，而在巷道顶板和底板出现了明显的应力集中。此外，巷道开挖过程中，由于受到围岩应力的重新分布，导致巷道两帮和顶、底板发生明显的塑性变形，如图 2-31(d)所示，巷道两帮塑性区域为 0～7 m，顶、底板塑性区域为 0～5 m。

通过上述分析可知，王坡煤矿 3316 运输巷掘进后，巷道两帮出现明显的应力集中区，在距巷道两帮 10 m 左右应力达到最大，巷道出现了明显的塑性变形，最大变形区域达 7 m。因此，按照数值模拟确定 3316 工作面煤壁松动裂隙发育范围为 7～10 m，此范围径向作用力较强。

② 现场实测确定合理封孔深度

在 3316 运输巷掘进至距轨道大巷 260 m、33102 巷掘进至 330 m 时，在距掘进头 4～12 m 处各施工了两个测点，即 1# ～4# 钻孔，进行了钻屑量 S 测试。测试方法为：采用钻头为 ϕ55 mm 的煤电钻在巷帮煤壁打钻，钻孔角度为 5°～6°，测试人员采集钻屑并用弹簧秤对每 1 m 的钻屑量进行称重，结果见表 2-7，钻屑量 S 与孔深的关系如图 2-32 所示。

表 2-7 3316 运输巷钻孔钻屑量 S 测试结果

孔号	深度/m											
	1	2	3	4	5	6	7	8	9	10	11	12
1#	1.7	2.3	2.9	3.3	3.2	3.9	4.1	4.5	4.1	3.7	3.2	2.5
2#	2.3	2.5	2.7	3.0	2.9	3.0	3.7	4.2	4.1	3.6	3.3	2.9
3#	1.9	2.2	2.2	3.1	3.3	3.4	3.2	3.6	4.1	3.6	3.2	2.5
4#	2.0	2.5	2.9	3.1	3.2	3.3	3.6	3.5	4.2	3.7	3.0	2.6

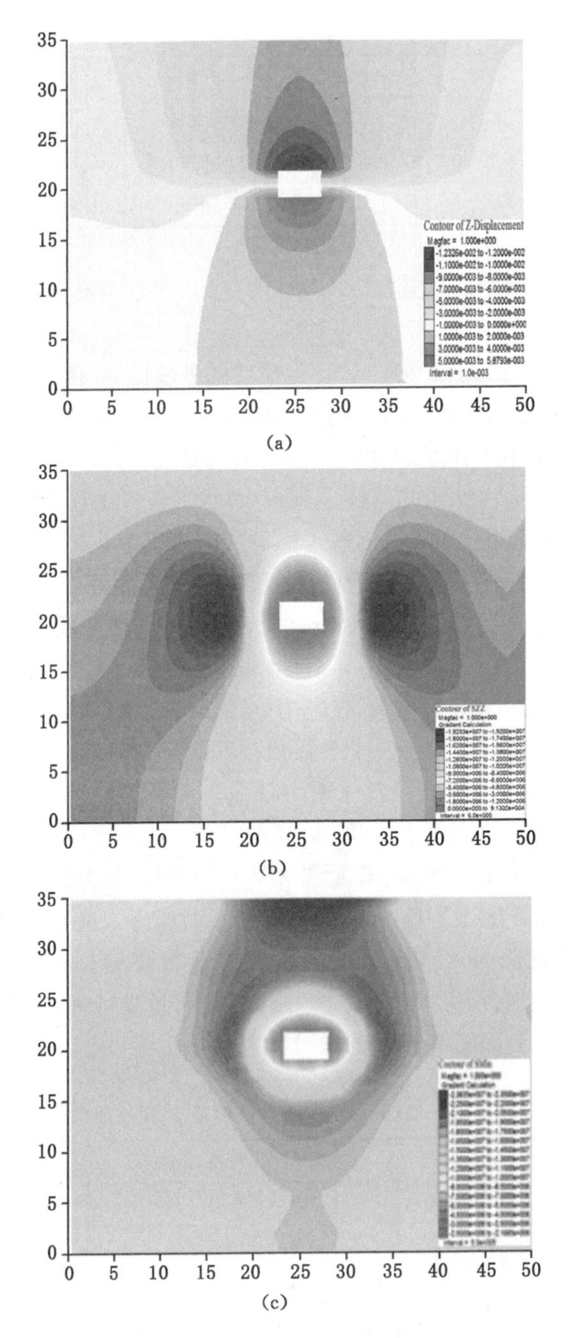

(a)

(b)

(c)

图 2-31　3316 回风巷开挖数值计算云图

(a) 垂直位移分布;(b) 垂直应力分布;(c) 最大主应力分布

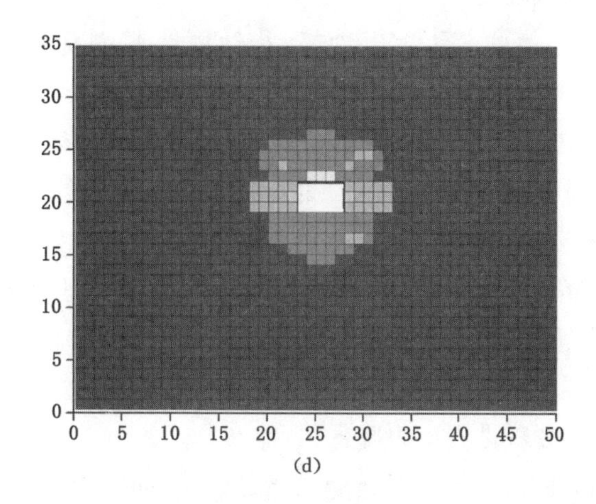

(d)

图 2-31 (续)

(d) 塑性变形分布

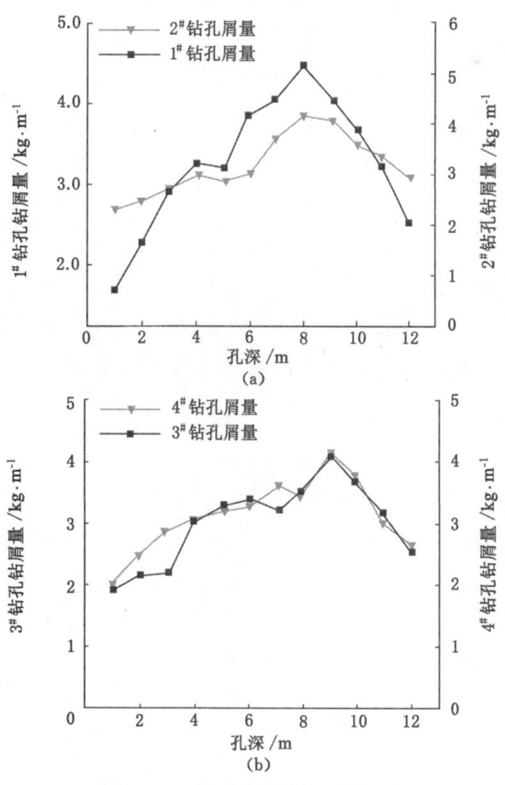

(a)

(b)

图 2-32 钻孔钻屑量和孔深关系

(a) 1# 钻孔、2# 钻孔;(b) 3# 钻孔、4# 钻孔

从图 2-32 可以看出，1# 钻孔、2# 钻孔钻屑量 S 变化趋势相近，3# 钻孔、4# 钻孔钻屑量 S 变化趋势相近。由于打钻速度不稳定，移动钻杆过程中带出的钻屑量不同导致钻屑量出现一定波动，但并不影响整体趋势。所有钻孔在孔深为 0～8 m 时钻屑量随钻孔深度的增加总体呈上升趋势；1# 钻孔、2# 钻孔孔深 8 m 时钻屑量达到峰值，孔深超过 8 m 时钻屑量迅速下降；3# 钻孔、4# 钻孔孔深9 m时钻屑量达到峰值，孔深超过 9 m 时钻屑量迅速下降。可见，由于煤壁赋存条件不同，不同钻孔的应力峰值大小也不同，但总体变化趋势符合巷道开挖后应力分布规律。排除测试误差原因，从安全角度考虑，认为 0～9 m 为应力升高区域，之后进入应力降低区。

在进行 3# 钻孔和 4# 孔的钻屑量收集过程中，同时测试了不同时间的解吸指标 Δh_2，其中以 2 min 的解吸指标数据最为稳定，测试结果见表 2-8。

表 2-8 3316 运输巷钻孔解吸指标 Δh_2 测试结果表

孔深/m		1	2	3	4	5	6	7	8	9	10	11	12
解吸指标 Δh_2/mmH$_2$O	3#	0.8	1.0	1.5	2.1	1.9	2.5	2.4	2.9	3.4	3.5	3.0	2.2
	4#	0.7	1.1	1.4	2.2	2.4	2.3	2.6	3.1	3.5	3.7	2.8	2.3

从表 2-8 可以看出，3# 钻孔和 4# 钻孔的初始 Δh_2 都比较小，分别为 0.8 mmH$_2$O和 0.7 mmH$_2$O(1 mmH$_2$O=9.8 Pa)，随着钻孔深度的增加，钻屑解吸指标 Δh_2 开始增大，在 10 m 处达到最大，分别为 3.5 mmH$_2$O 和 3.7 mmH$_2$O，之后钻屑解吸指标 Δh_2 随着钻孔深度的继续增加而逐渐减小，其变化趋势如图 2-33 所示。

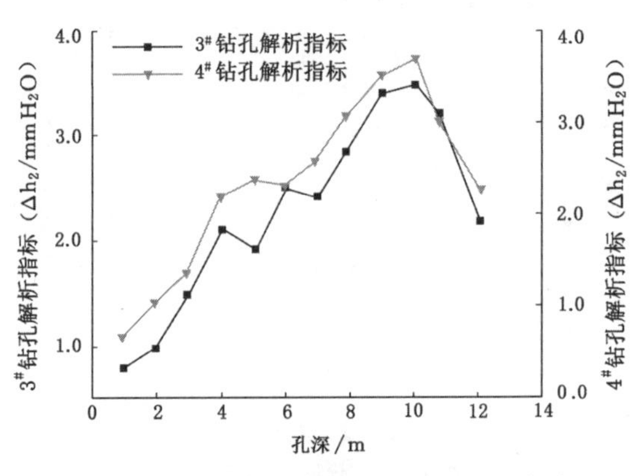

图 2-33 3# 钻孔、4# 钻孔 Δh_2 和孔深关系

从图 2-33 可以看出，解吸时间为 2 min 时，3# 钻孔和 4# 钻孔的瓦斯解吸指标 Δh_2 随钻孔深度的增加逐渐增大，到 10 m 处达到最大，随后再减小，因此认为0～10 m处巷道围岩处于应力增高区。

根据钻屑量 S 和瓦斯解吸指标 Δh_2 的测试结果，综合判定 3316 运输巷松动圈范围为 0～10 m。

根据上述两种不同研究方法，通过数值模拟确定的 3316 工作面巷道松动圈范围为 7～10 m，而采用钻屑指标法测定的该巷道松动圈范围为 0～10 m，综合分析确定该试验工作面松动圈范围为 0～10 m(7～10 m 径向裂隙发育)。考虑到本煤层钻孔封孔深度应大于松动圈裂隙比较大的范围，因此 3316 工作面预抽钻孔的合理封孔深度应在 10 m 以上。

(2) 径向压注式注浆封孔工艺及装备应用

王坡煤矿目前采用袋装高分子材料封孔工艺，该工艺采用封孔材料发泡膨胀的方法封孔，即在抽放管上按规定位置捆绑高分子封孔袋，送入钻孔前先将封孔材料混合均匀，待材料在孔内膨胀后对钻孔进行有效封堵。王坡煤矿钻孔孔径为 115 mm，设计封孔长度为 8 m，封孔管均采用 ϕ75 mm 抗静电 PVC 管，连孔装置均采用配套的蛇形管连接到 ϕ457 mm(ϕ377 mm)抽放支管上。

试验钻孔与对比钻孔封孔工艺如图 2-34 所示。

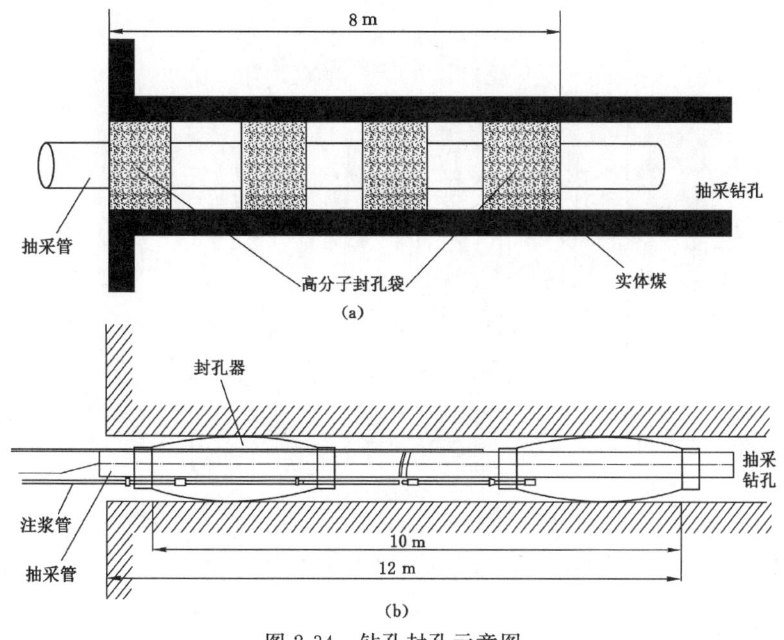

图 2-34　钻孔封孔示意图

(a) 对比钻孔封孔示意图；(b) 试验钻孔封孔示意图

在3316运输巷A组、B组对比钻孔采用现有封孔工艺进行封孔，C组、D组试验钻孔采用径向压注式封孔工艺进行封孔。

① A组

该组共4个钻孔，分别为248#、249#、250#、252#，封孔总长度为8 m，接抽时间为6月22号，钻孔总进尺为297 m，平均单孔深度为74.25 m。A组钻孔瓦斯抽采浓度检测数据统计结果见表2-9，抽采浓度随时间变化趋势如图2-35所示。

表2-9　A组钻孔数据检测统计表

孔号	最低～最高 平均浓度/%	孔深/m	初始浓度/%	抽采时间/d	总平均抽采浓度/%
248#	17.23～88.71 35.60	77	60	83	41.2
249#	13.16～84.6 40.43	72	84.6	83	
250#	9.1～64.89 29.74	66	42.2	83	
252#	6.39～87.8 58.91	82	60	83	

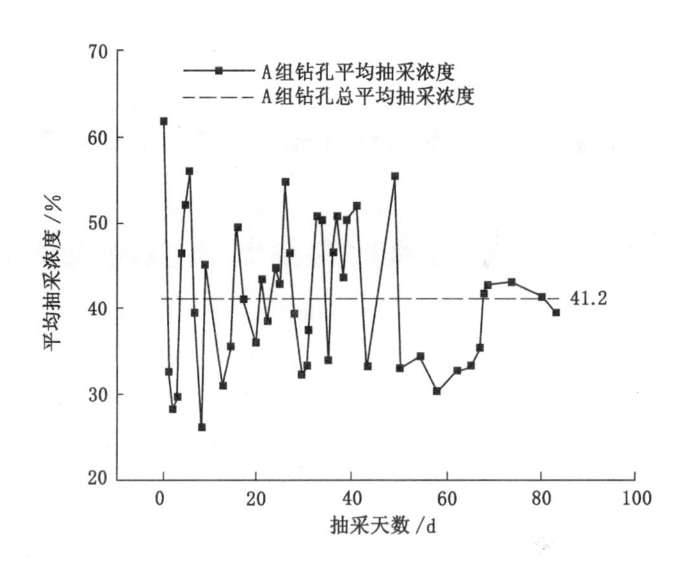

图2-35　A组钻孔抽采浓度随时间变化趋势图

② B组

该组共4个钻孔，分别为253#、254#、255#、256#，封孔总长度为8 m，接抽时间为 6 月 22 号，钻孔总进尺为 405 m，平均单孔深度为 101.25 m，B 组钻孔瓦斯抽采浓度检测数据统计结果见表 2-10，抽采浓度随时间变化趋势如图 2-36 所示。

表 2-10　B 组钻孔数据检测统计表

孔号	最低～最高 平均浓度/%	孔深/m	初始浓度/%	抽采时间/d	总平均抽采浓度/%
253#	15.5～95.07 45.81	112	47.9	83	37.7
254#	9.21～91.29 41.10	115	67.3	83	
255#	5.4～83.7 32.91	102	78	83	
256#	1.32～94.23 31.12	76	62.4	83	

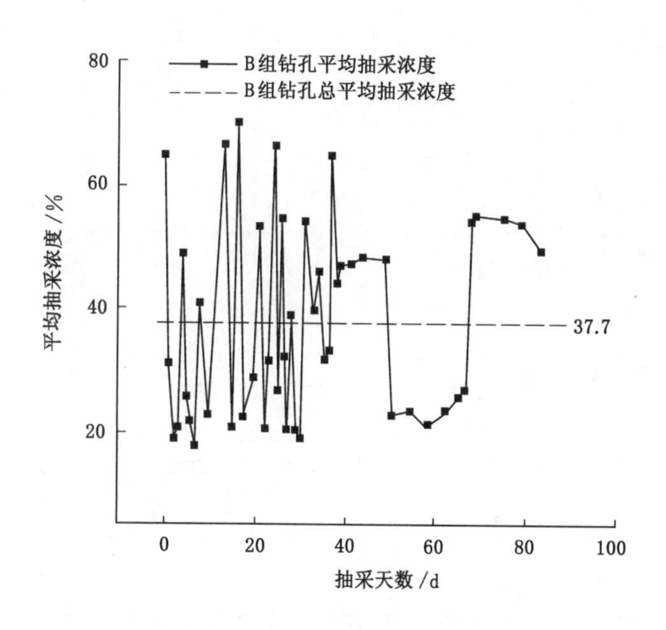

图 2-36　B 组孔抽采浓度随时间变化趋势图

③ C 组

该组共 12 个钻孔，分别为 258# ～267# 、269# 、278#)，封孔总长度为 12 m，

有效封孔长度约 10 m，注浆段长度为 8 m，258# ～265# 钻孔接抽日期为 6 月 29 日，266# ～267# 、269# 、278# 钻孔接抽时间为 7 月 2 号。C 组钻孔总进尺为 1 204 m，平均单孔深度约为 100.3 m。C 组钻孔瓦斯抽采浓度检测数据统计结果见表 2-11，抽采浓度随时间变化趋势如图 2-37 所示。

表 2-11　C 组钻孔数据检测统计表

孔号	最低～最高 平均浓度/%	孔深/m	初始浓度/%	抽采时间/d	总平均抽采浓度/%
258#	1.8～94.7 51.58	103	89.3	76	51.7
259#	0.61～60.39 30.77	110	58.2	76	
260#	0.32～80.56 41.00	134	49.5	76	
261#	27.6～90.47 66.54	135	73.3	76	
262#	17.3～82.87 39.83	40	65.4	76	
263#	18.49～95.57 42.82	70	77.1	76	
264#	0.19～82.73 31.91	73	60.3	76	
265#	0.26～89.98 47.36	119	58.4	76	
266#	9.6～95.93 65.57	80	71.2	76	
267#	2～96.21 68.95	86	78.9	76	
269#	22.5～90.12 69.20	137	82.4	76	
278#	20.47～90.2 64.84	117	83	61	

④ D 组

该组共 8 个钻孔，分别为 268# 、270# ～273# 、276# ～277# 、279# ，封孔总长度为 11～13 m，有效封孔长度约为 10 m，注浆段长度为 8 m，268# 、270# ～273# 钻孔

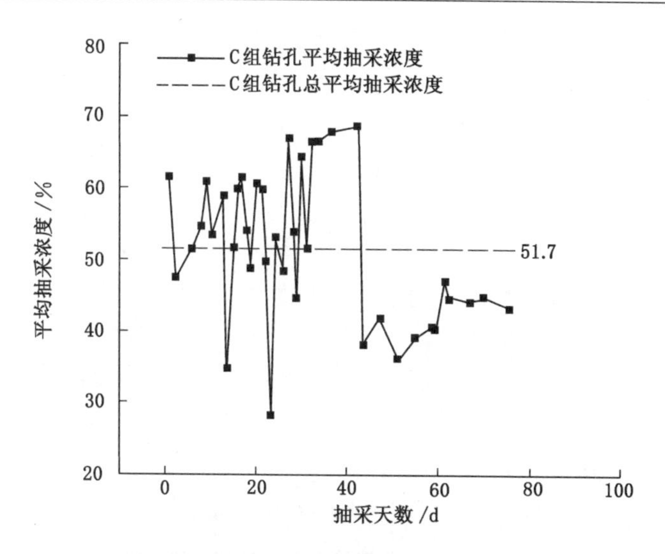

图 2-37 C组钻孔抽采浓度随时间变化趋势

接抽时间为 7 月 2 号,276# ~277# 钻孔接抽时间为 7 月 7 号,279# 钻孔接抽时间为 7 月 8 号。钻孔总进尺为 799 m,平均单孔深度约为 99.9 m。D组钻孔抽采浓度检测数据统计结果见表 2-12,抽采浓度随时间变化趋势如图2-38所示。

表 2-12 D组钻孔数据检测统计表

孔号	最低～最高 平均浓度/%	孔深/m	初始浓度/%	抽采时间/d	总平均抽采浓度/%
268#	12.85～94.49 53.96	44	85.1	76	56.1
270#	22.78～94.98 72.30	137	94.2	76	
271#	9.19～87.29 48.27	99	75.6	76	
272#	22.4～96.38 70.54	100	67.8	76	
273#	9.36～90.23 51.04	120	82.7	76	
276#	0.28～93.09 54.89	100	0	76	
277#	8.2～94.18 41.76	63	90	76	
279#	12.7～84.5 56.18	136	15	61	

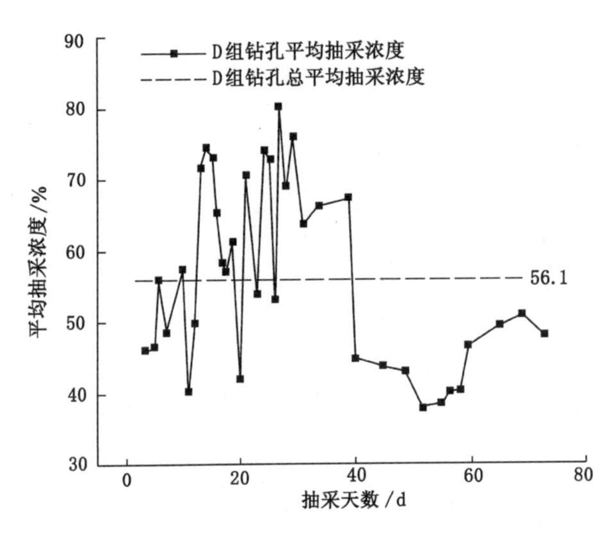

图 2-38　D组钻孔抽采浓度随时间变化趋势

两组对比钻孔平均瓦斯抽采浓度分别为41.2%和37.7%，两组试验钻孔平均抽采浓度达到51.7%和56.1%，瓦斯抽采浓度相较于原有封孔工艺，提高了30%以上，很好地保障了瓦斯抽采达标时间和采掘衔接。

(3) 封孔质量现场测定

试验选择在3316运输巷进行，分别测试了55# 钻孔和64# 钻孔的单孔瓦斯浓度和负压分布情况，测试结果如图2-39所示。

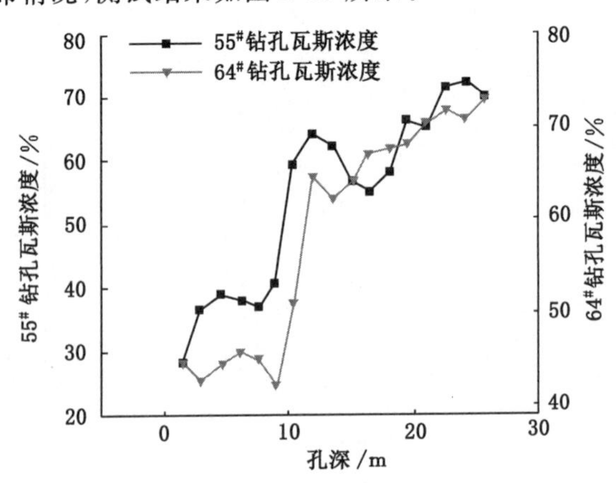

图 2-39　瓦斯浓度随孔深变化关系

从图2-39可以看出，55# 钻孔在孔深9～10.5 m以及18～19.5 m处，瓦斯浓度发生了突变；64# 钻孔在孔深9～12 m处，瓦斯浓度发生了突变。分析

图 2-40可知，55# 钻孔在孔深 9～10.5 m 处，负压发生了突变，而 18～19.5 m 处负压未见明显变化；64# 钻孔在孔深 9～12 m 处，负压发生了突变。

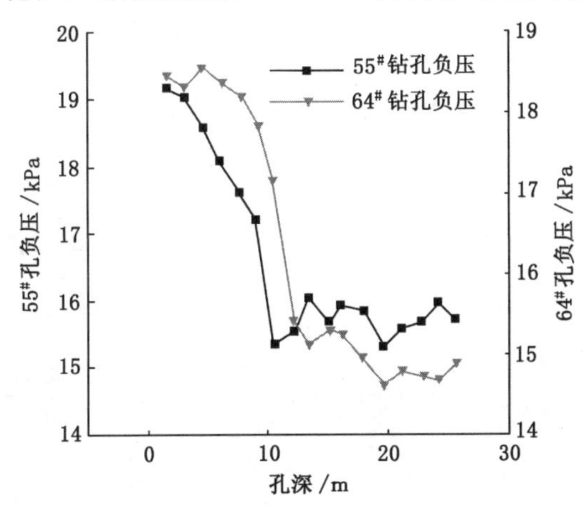

图 2-40 抽采负压随孔深变化关系

综合 55# 钻孔瓦斯浓度和负压分布情况认为，55# 钻孔在 9～10.5 m 处存在漏气点；而 18～19.5 m 处瓦斯浓度虽然有变化，但相比 9～10.5 m 处变化幅度明显要小，且此段负压没有明显变化，因此不能判定此段为漏气点。综合 64# 钻孔瓦斯浓度和负压分布情况认为，64# 钻孔在 9～12 m 处瓦斯浓度和负压都发生了突变，该深度范围存在漏气点。

根据以上分析，推断由于钻孔周边煤壁裂隙导通混入空气或该深度封孔材料对裂隙封堵不严密导致王坡煤矿在钻孔深度 9～10.5 m 或 9～12 m 处易产生漏气。

2.5.2 阳煤五矿现场应用

阳煤五矿位于阳泉市区以南的平定县冶西镇境内，本井田含煤地层为二叠系下统山西组及石炭系上统太原组，含煤 15 层，煤层总厚度为 15 m 左右。主要可采煤层有 8 号、15 号煤层，局部可采煤层有 $3_{上}$、6、$9_{上}$、$9_{下}$、12 号煤层。15 号煤层为复杂结构煤层，一般含矸 2～4 层，岩性为泥岩，该煤层煤岩类型为半亮型～光亮型，煤层总厚度为 6.25 m，煤层倾角为 4°～10°，平均倾角为 8°。15 号煤层瓦斯含量为 1.05～11.4 m^3/t，瓦斯压力为 0.05～0.2 MPa。2008 年，矿井相对瓦斯涌出量为 72 m^3/t，绝对瓦斯涌出量达 190 m^3/min，其中 90%以上的瓦斯来自临近煤层及围岩层。

试验地点位于阳煤五矿西北翼 8117 回风巷，设计钻孔 180 个，钻孔间距为

5 m，孔深为 140 m，为近水平钻孔。

(1) 封孔质量检测

在 8117 回风巷共检测 6 个钻孔，封孔质量检测结果见表 2-13。

表 2-13　封孔质量检测结果表

测试时间：2017 年 12 月 21 日早班			地点：8117 回风巷		
钻孔号：$7^{\#}$		钻孔号：$8^{\#}$		钻孔号：$9^{\#}$	
深度/m	浓度/%	深度/m	浓度/%	深度/m	浓度/%
2	81.8	2	34	2	87.5
钻孔号：$3^{\#}$		钻孔号：$4^{\#}$		钻孔号：$5^{\#}$	
深度/m	浓度/%	深度/m	浓度/%	深度/m	浓度/%
孔口	28.7	孔口	56.4	孔口	11.6
2	35.3	2	63.2	2	14.1
5	43	5	68.5	5	25.2
10.5	71.3	10.5	74.4	6	封孔管堵死
12	封孔管堵死	12	封孔管堵死	—	—

注：$7^{\#}$ 钻孔、$8^{\#}$ 钻孔、$9^{\#}$ 钻孔距孔口 5 m 左右封孔管堵死。

从表 2-13 可知，检测钻孔普遍存在封孔管浅部堵死现象，建议后期加强封孔质量监管，确保封孔管数目和封孔段长度达到设计标准。同时考虑到该巷施工过程中钻孔内煤渣较多或存在塌孔现象，影响封孔质量，建议封孔前及时进行压风排渣。

检测钻孔中，$3^{\#}$ 钻孔、$4^{\#}$ 钻孔探测杆伸入 10.5 m 位置时瓦斯浓度在 70%以上，可根据两组钻孔不同测点试验数据对 10.5 m 范围内瓦斯抽采钻孔封孔质量进行分析。

由测试数据可知，$4^{\#}$ 钻孔 0～10.5 m 范围内不同孔深瓦斯浓度波动范围较小，未出现明显衰减，且均在 50%以上，说明该钻孔封孔质量较理想。$3^{\#}$ 钻孔瓦斯浓度随孔深变化关系图如图 2-41 所示，0～10.5 m 范围内不同孔深瓦斯浓度由孔深 10.5 m 处的 71.3%变化为孔口位置的 28.7%，不同孔深瓦斯浓度衰减较大，说明该钻孔 10.5 m 范围内存在钻孔漏气现象，封孔工艺需要进一步优化，并加强封孔质量监督，保证封孔深度及封孔段长度达到设计标准。

(2) 高效封孔技术应用

为了考察本次瓦斯抽采钻孔高效封孔提浓工艺的试验效果，结合阳煤五矿瓦斯抽采的实际情况，选取试验钻孔各单孔抽采浓度作为现场试验考察标准进行对比分析，钻孔瓦斯抽采浓度曲线图如图 2-42 所示。

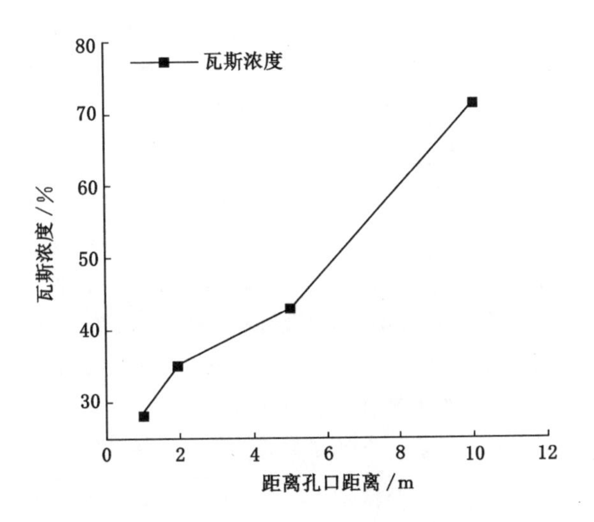

图 2-41 8117 回风巷 3# 钻孔瓦斯浓度随孔深变化关系

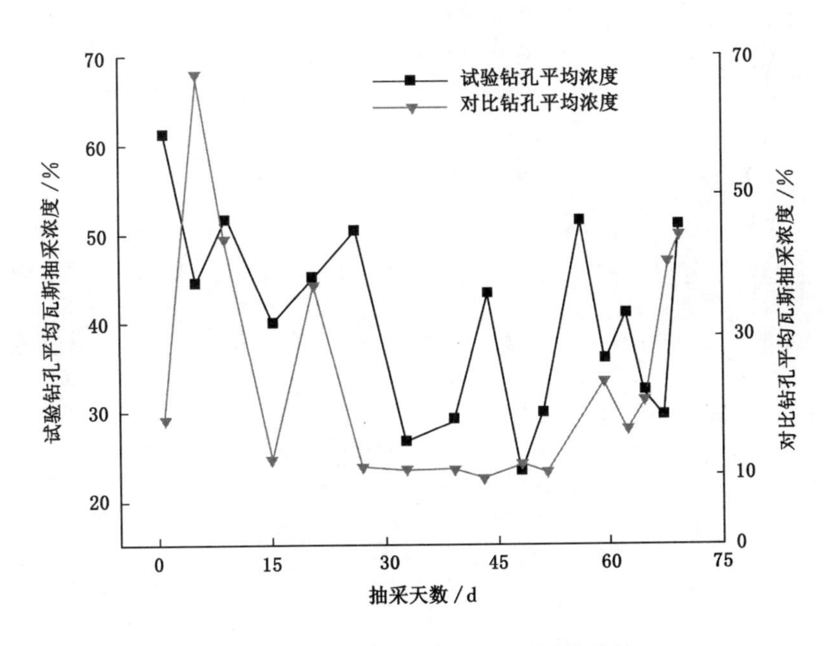

图 2-42 封孔试验钻孔瓦斯抽采浓度曲线

封孔试验从 2016 年 11 月初至 12 月 2 日在阳煤五矿 8117 进风巷进行，共完成有效试验钻孔 17 个，包括 17#、18#、20#、22#、24#～36# 钻孔。至 12 月 2 日完成全部试验钻孔封孔工作，由于抽放管路安装、接抽工作延后，瓦斯抽采钻孔分段逐步接抽，17#、18#试验钻孔先进行接抽，后期逐步接抽其他试验钻孔。

2017年1月16日至3月15日，试验钻孔日平均瓦斯抽采浓度最大为61.44%，最小为23.36%；试验组瓦斯抽采钻孔单孔浓度最大为90%；截止到2017年1月26日，单孔平均瓦斯抽采浓度为50.05%，截止到3月15日单孔平均瓦斯抽采浓度为52.13%，接抽时间段内试验组瓦斯抽采浓度基本能维持在40%以上，且距完成封孔日期(2016年12月2日)约100 d，试验钻孔瓦斯抽采浓度衰减幅度较小。2017年3月15日试验钻孔日瓦斯抽采浓度平均值为51.91%。对比而言，阳煤五矿目前使用的封孔方式下65#～74#钻孔接抽时间段内钻孔单孔平均瓦斯抽采浓度仅为24.34%，明显小于试验钻孔单孔平均瓦斯抽采浓度，可见此次封孔试验取得了较好的效果。

第 3 章 “检-修一体化”瓦斯抽采钻孔状态评价及修复技术

由于煤层赋存条件的复杂性，瓦斯抽采钻孔在几个月甚至更长时间的抽采过程中，受外界环境、围岩应力状态变化、煤体变形、地下水汇聚等因素的影响，部分钻孔处于故障运行状态。根据影响因素不同，钻孔的故障运行状态包括钻孔或抽采管路漏气、钻孔变形堵塞、孔内积水及负压不合理等。钻孔处于故障运行状态的直接表现就是瓦斯抽采效果的显著降低，矿井为提高抽采系统的运行经济性，通常将这些钻孔停抽关闭，即提前终止抽采钻孔的“寿命”。实际上，采取针对性措施对故障状态钻孔进行修复，可以有效延长钻孔的生命周期，从而提高抽采系统的整体抽采效果。因此，研究抽采钻孔运行状态评价方法及故障状态钻孔修复技术对提高钻孔抽采效果意义重大。

3.1 瓦斯抽采钻孔运行状态评价方法

瓦斯抽采钻孔的运行状态分为正常运行状态和故障运行状态，其直接体现为瓦斯抽采流量或瓦斯浓度的变化。受煤层赋存不均质性的影响，正常运行的瓦斯抽采钻孔的抽采效果也处于变化中，仅凭抽采效果是否发生变化无法有效判断钻孔的运行状态。鉴于此，基于瓦斯抽采钻孔抽采效果变化趋势，建立了一种瓦斯抽采钻孔运行状态模糊综合评价模型[67]。

3.1.1 模糊综合评判法

模糊综合评判法是对受多种因素影响的事物作出全面评价的一种有效方法。评判者对影响事物功能的因素集 $U=\{u_1,u_1,\cdots,u_n\}$ 的评判往往是模糊的，由 m 种评判构成模糊评价集 $V=\{v_1,v_2,\cdots,v_m\}$，其综合评判是 V 上的一个模糊子集：

$$B=(b_1,b_2,\cdots,b_n)\in\mu_B(V) \tag{3-1}$$

式中 b_k——v_k 对 B 的隶属度，即 $\mu_B(v_k)=b_k$，$k=1,2,\cdots,m$，反映了第 j 种 v_k 在综合判断中所占的地位。

判断综合评判 B 依赖于各因素 $u_i(1,2,\cdots,n)$ 的权重。给定权重 $\boldsymbol{W}=(w_1, w_2,\cdots,w_n)$，$\sum_{i=1}^{n} w_i=1$ 则可确定一个综合评判 B。

模糊综合评判法的建模步骤是：

(1) 确定因素集 $U=\{u_1,u_1,\cdots,u_n\}$；

(2) 确定评价集 $V=\{v_1,v_2,\cdots,v_m\}$；

(3) 确定单因素评价矩阵 $\boldsymbol{R}=(r_{ij})_{n\times m}$；

(4) 确定综合评价向量 $\boldsymbol{B}=W\times\boldsymbol{R}$，其中，$b_j=\bigvee_{i=1}^{n}(w_i\wedge r_{ij})$，$j=1,2,\cdots,m$；$\wedge$ 和 $\vee$ 为 Zadeh 算子，分别表示取小、取大运算。

为反映瓦斯抽采流量动态变化情况，以实测流量与理论值的偏离量和实测瓦斯流量变化特征为判定依据，应用模糊综合评判法建立瓦斯抽采钻孔运行状态模糊综合评价模型，得到以实测流量与理论值的偏离量指数 I_{d} 和瓦斯抽采流量变化特征指数 I_{q} 为主要变量的函数表达式，定量判断瓦斯抽采钻孔是否处于故障运行状态，故障运行状态可能性指数 I 可以表示为：

$$I=f(I_{\mathrm{d}},I_{\mathrm{q}}) \tag{3-2}$$

3.1.2 实测流量与理论流量的偏离量指数 I_{d}

根据前述建立的井下钻孔内瓦斯流动模型可知，钻孔的瓦斯抽采流量理论值随着抽采时间逐渐衰减，其变化趋势可以用指数函数近似描述。从大量的钻孔抽采量实测情况来看，尽管实测的瓦斯抽采流量受煤体赋存的不均质性、测量仪器及测量方法的影响其波动性较强，但整体趋势仍可用指数函数表示。因此，当抽采钻孔处于故障运行状态时，实测流量将与理论值产生较大偏离，偏离量可以作为判断钻孔运行状态的指数。

实测流量与理论流量的偏离量指数 I_{d} 确定步骤如下：

设钻孔瓦斯抽采流量在 t 时刻对应的理论值为 Q_t，实测流量为 q_t，偏离量预警值为 δ。以 t 时刻的抽采流量理论值 Q_t 为分母，实测流量 q_t 为分子，得到 t 时刻的偏离量 x，进而通过偏离量 x 得到实测流量与理论流量的偏离量指数 $I_{\mathrm{d}}(x)$：

$$\left.\begin{aligned} x&=\left|1-\frac{q_t}{Q_t}\right| \\ I_{\mathrm{d}}(x)&=\begin{cases}\dfrac{x}{\delta}(0\leqslant x<\delta)\\ 1(x\geqslant\delta)\end{cases}\end{aligned}\right\} \tag{3-3}$$

偏离量预警值 δ 可以根据瓦斯赋存的稳定性以及现场实测的瓦斯抽采流量波动程度进行确定与修正。

3.1.3 瓦斯抽采流量变化特征指数 I_q

通过连续监测不同时间对应的钻孔瓦斯流量，按照时间先后顺序构成一个瓦斯流量信号的时间序列，该序列蕴含了瓦斯抽采钻孔状态变化及影响其变化的各因素相互关系的信息。鉴于此，提出利用瓦斯流量信号的时间序列判断钻孔运行状态的瓦斯抽采流量变化特征指数法。

为正确反映钻孔运行状态由正常转为故障时刻的钻孔抽采流量变化异常情况，利用瓦斯流量信号时间序列的滑动平均线、偏离率和离散率对瓦斯抽采流量变化特征指数 I_q 进行赋值。

(1) 瓦斯抽采流量滑动平均线

滑动平均线能反映瓦斯抽采流量信号的变化趋势，表明瓦斯抽采流量在一定时期内的变化状态，通过研判滑动平均线的滑动轨迹，可以确定瓦斯抽采流量变化异常区。滑动平均值表达式为：

$$A(n_t)_t = \frac{1}{n_t}\sum_{i=1}^{n} x_{t-i+1} \tag{3-4}$$

式中 n_t——时间长度；

$A(n_t)_t$——最近 t 时刻内的瓦斯抽采流量滑动平均值。

(2) 偏离率

偏离率反映实时瓦斯抽采流量偏离该钻孔瓦斯抽采流量滑动平均值的量，偏离率考虑了该区域由于钻孔变形、积水情况、负压变化等因素所表现出的瓦斯抽采流量变化情况。

t 时刻的偏离率的表达式为：

$$Y(n_t)_t = \frac{x_t - A(n_t)_t}{A(n_t)_t} \tag{3-5}$$

式中 x_t——t 时刻的瓦斯抽采流量。

(3) 离散率

离散率反映了瓦斯抽采流量信号序列的离散程度。离散率越大，瓦斯抽采流量变化幅度越大；反之则越小。一定时长的瓦斯抽采流量值的离散率表明了瓦斯涌出的变化程度，其表达式为：

$$\left.\begin{aligned} \mu &= \frac{1}{m}\sum_{t=1}^{m} x_t \\ V(m)_t &= \frac{1}{m-1}\sum_{t=1}^{m}(x_t - \mu_0)^2 \end{aligned}\right\} \tag{3-6}$$

式中 μ_0——序列的样本均值；

$V(m)_t$——t 时刻的离散率；

m——时间长度，选取 $m=1$ h。

正常运行状态下的钻孔瓦斯抽采流量会在一定范围内波动，瓦斯抽采流量滑动平均线是一条平稳的斜线，瓦斯抽采流量偏离率和离散率曲线表现也较为平稳。当瓦斯抽采流量突然变化时，瓦斯抽采流量滑动平均线、偏离率和离散率随之出现异常变动情况。

根据滑动平均线、偏离率和离散率的变化情况，分别对同一评价指标的不同表现形式赋予不同值，初步赋值为：滑动平均线异常波动赋值为1，未出现异常波动赋值为0；偏离率出现异常波动赋值为1，未出现异常波动赋值为0；离散率出现异常波动赋值为1，未出现异常波动赋值为0。根据上述原则，分别对瓦斯浓度信号时间序列的滑动平均线、偏离率和离散率赋值 α、β 和 γ_{m}，并令 $y=\alpha+\beta+\gamma_{\mathrm{m}}$，得到瓦斯抽采流量变化特征指数 $I_{\mathrm{q}}(y)$，其表达式为：

$$I_{\mathrm{q}}(y)=\frac{y}{3} \tag{3-7}$$

根据 α，β 和 γ_{m} 的不同取值，自变量 $y=\{0,1,2,3\}$。经大量现场数据分析认为，滑动平均线、偏离率和离散率三个指标在判定瓦斯抽采流量变化特征时具有同等的重要性。

实测流量与理论值的偏离量指数 I_{d} 和瓦斯抽采流量变化特征指数 I_{q} 确定之后，建立以流量与理论值的偏离量、瓦斯抽采流量时间序列变化特征为判定指标的瓦斯抽采钻孔运行状态模糊综合评价模型。

3.1.4 模糊综合评价模型的建立

模糊综合评判涉及三个要素：因数集、评判集、单因素评判。在单因素评判的基础上，再进行多因素模糊综合评判。其基本方法和步骤如下：

(1) 建立因素集

因素集 U 为影响评判对象的各个因素组成的集合，可表示为 $U=\{u_1,u_2,u_3,\cdots,u_n\}$。其中，元素 $u_i(i=1,2,\cdots,n)$ 是若干影响因素。

取评判因素指标集为实测流量与理论值的偏离量和瓦斯抽采流量变化特征 2 个评判因素构成的集合，即 $U=\{u_1,u_2\}$。

(2) 建立评价集

评价集是对评判对象可能做出的评判结果所构成的集合，可表示为 $V=\{v_1,v_2,v_3,\cdots,v_m\}$，其中元素 $v_i(i=1,2,\cdots,m)$ 为若干可能做出的评判结果。取 $V=\{$钻孔故障运行，钻孔正常运行$\}$，并用Ⅰ，Ⅱ分别代表以上两种情况，即 $V=\{$Ⅰ，Ⅱ$\}$。

(3) 建立权重集

因素集U中的各个元素在评判中重要度不同,因而必须对各个元素u,按其重要程度给出不同的权重集W,W为因素集U上的模糊子集,可表示为$W=\{w_1,w_2,w_3,\cdots,w_n\}$。

由于因素集由两个因素组成,因此,权重集可以表达为:

$$W=\{w_1,w_2\} \tag{3-8}$$

其中,$w_1+w_2=1$。

(4) 单因素模糊评判

首先单独从一个因素出发进行评判,确定评判对象对评判集元素的隶属程度。

设对评价集第j个元素v_j的隶属程度为r_{ij},则对第i个因素u_i,评判结果可表示为:

$$R_i=\{r_{i1},r_{i2},r_{i3},\cdots,r_{im}\} \tag{3-9}$$

式中 R_i——单因素评判集。

由于评价集由两个因素组成,因此$R_i=(r_{i1},r_{i2})$,$i=(1,2)$。

建立因素集U的各因素对评价集V的隶属函数关系,采用公式法表示。

由式(3-3),对于$u_1=\{$实测流量与理论值的偏离量$\}$,其对评价集的隶属函数为:

$$\begin{aligned}
U_{\mathrm{I}}(x)=I_{\mathrm{d}}(x)&=\begin{cases}\dfrac{x}{\delta} & (0\leqslant x<\delta)\\ 1 & (x\geqslant\delta)\end{cases}\\
U_{\mathrm{II}}(x)=1-I_{\mathrm{d}}(x)&=\begin{cases}1-\dfrac{x}{\delta} & (0\leqslant x<\delta)\\ 0 & (x\geqslant\delta)\end{cases}
\end{aligned} \tag{3-10}$$

对于$u_2=\{$瓦斯抽采流量变化特征$\}$,其对评价集的隶属函数为:

$$U_{\mathrm{I}}(y)=I_{\mathrm{q}}(y)=\frac{y}{3},(y=0,1,2,3) \tag{3-11}$$

$$U_{\mathrm{II}}(y)=1-I_{\mathrm{q}}(y)=1-\frac{y}{3},(y=0,1,2,3) \tag{3-12}$$

由式(3-7)~式(3-11)可知:

$$R_1=[I_{\mathrm{d}}(x),1-I_{\mathrm{d}}(x)] \tag{3-13}$$

$$R_2=[I_{\mathrm{q}}(y),1-I_{\mathrm{q}}(y)] \tag{3-14}$$

(5) 模糊综合评判

由单因素评判集构成多因素综合评判(**R**评判矩阵),即:

$$\boldsymbol{R}=\{R_1,R_2\}^{\mathrm{T}} \tag{3-15}$$

当因素权重集 W 和评判矩阵 $\boldsymbol{R}$ 为已知时，采用加权平均型模型，按照模糊矩阵的乘法运算，得到模糊综合评判集 B：

$$B=\boldsymbol{W}\boldsymbol{R}=\{b_1,b_2,b_3,\cdots,b_m\} \tag{3-16}$$

式中　$b_i(i=1,2,3,\cdots,m)$——模糊综合评判指标，表示在综合考虑所有影响因素的情况下，评判对象对评价集 V 中的第 i 个元素的隶属度。

将式(3-8)和式(3-15)代入上式可得：

$$B=\{b_1,b_2\}=\{w_1,w_2\}\{R_1,R_2\}^{\mathrm{T}} \tag{3-17}$$

将式(3-13)和式(3-14)代入式(3-17)中可得：

$$B=\begin{Bmatrix} w_1I_{\mathrm{d}}(x)+w_2I_{\mathrm{q}}(y) \\ w_1[1-I_{\mathrm{d}}(x)]+w_2[1-I_{\mathrm{q}}(y)] \end{Bmatrix}^{\mathrm{T}} \tag{3-18}$$

由式(3-18)得到以实测流量与理论值的偏离量指数 I_{d} 和瓦斯抽采流量变化特征指数 I_{q} 为自变量，瓦斯抽采钻孔故障运行状态可能性指数 I 为因变量的函数表达式：

$$I(x,y)=w_1I_{\mathrm{d}}(x)+w_2I_{\mathrm{q}}(y) \tag{3-19}$$

式(3-19)中，当利用实测流量与理论值的偏离量对钻孔运行状态进行评价时，$w_1=0$，$w_2=1$；当通过瓦斯流量变化特征进行预测时，$w_1=1$，$w_2=0$；当采用两个指标同时评价时，则分别赋予 w_1，w_2 不同的权重值，即根据不同煤层开采条件，赋予 w_1，w_2 不同的权重值。

依据瓦斯抽采钻孔故障运行状态可能性指数 I 判定抽采钻孔存在故障状态可能性，将钻孔故障运行状态划分为“无故障”“有可能故障”“故障”三个等级，见表 3-1。

表 3-1　模糊综合评价模型评价抽采钻孔故障运行状态可能性指标

序号	存在故障的等级	故障运行状态可能性指数 I
1	无故障	$0.0\leqslant I<0.5$
2	有可能故障	$0.5\leqslant I<0.8$
3	故障	$0.8\leqslant I\leqslant 1.0$

当瓦斯抽采钻孔存在故障等级为“无故障”时，抽采钻孔正常作业；当瓦斯抽采钻孔存在故障等级为“有可能故障”时，根据抽采钻孔的实测抽采效果及抽采时间长短确定是否对钻孔做进一步检查；当瓦斯抽采钻孔存在故障等级为“故障”时，抽采钻孔停抽，检查钻孔的故障状态类型并实施相应的修复措施，修复完

成后检验抽采效果并重新抽采。

3.2 抽采钻孔“射流疏通-筛管护孔”协同修护技术及装备

瓦斯抽采作为治理煤矿瓦斯灾害的根本措施，其抽采效果与矿井的安全生产密切相关。瓦斯抽采钻孔成孔的效果及抽采的有效性不仅受制于钻孔施工工艺，更取决煤体结构、力学性质及所受应力状态。目前我国煤矿瓦斯抽采钻孔尚处于重视生产但不重视维护阶段，花费较高成本施工完成钻孔并联抽后就任凭钻孔自动衰竭，缺乏有效的抽采钻孔维护管理技术，造成了抽采钻孔数目众多、抽采瓦斯纯量有限的局面。通过钻孔失稳受力及岩水化学作用等方面分析了钻孔塌孔、堵孔机理，提出了钻孔水力修复技术，研发了瓦斯抽采失效钻孔修复装备，形成了一套较为完整的瓦斯抽采钻孔修复技术及装备。

3.2.1 抽采钻孔塌、堵孔机理及影响因素研究

(1) 抽采钻孔失稳影响因素

煤层在漫长的地质演化过程中形成了各种各样的地质构造，与孔壁稳定有密切联系的地质构造有破碎带、断层、向斜或背斜和陷落柱等。

① 破碎带

破碎带是一个低强度、易变形、透水性大、抗水性差的软弱带，与其周围岩体的物理力学性质有显著差异。破碎带的概念在岩土工程和巷道工程中的应用非常广泛，但在煤层钻孔稳定中的应用较少。在煤层多分支水平钻孔中，时常发现某些局部地带的煤岩强度极低，只要钻开就坍塌，被这类区域地层称为破碎带。破碎带主要分为高应力破碎带和断层破碎带，高应力破碎带有较高的地应力，主要是由构造地应力造成煤岩的强度破坏而形成；断层破碎带由形成断层过程中断层附近的岩石破碎而形成。高应力破碎带的分布范围通常大于断层破碎带的分布范围。

② 断层

断层对钻孔稳定性影响主要有两方面的作用：

一是形成断层破碎带。断层是在地层板块构造作用下形成的，即在外力作用下造成某些层位的错断。在地层错断过程中往往会造成断层附近的岩层破碎形成断层破碎带。该类破碎带的范围往往较小，主要在断层附近。

二是造成岩性突变。断层是一种破坏性地质构造，其内通常发育有破碎岩体、泥或地下水等，导致原始煤(岩)层岩性发生突变。在这种软硬交接区域钻进时，孔壁容易失稳，造成钻具卡死。

③ 向斜、背斜及陷落柱

向斜和背斜对井壁稳定的影响主要表现为会产生高应力区，产生张应力和压应力两个应力。在背斜和向斜的顶部裂缝处于张应力状态，容易破坏，钻孔容易坍塌；而在背斜和向斜的两翼裂缝处于压应力状态，地层较稳定。

陷落柱是在地下溶洞坍塌的情况下，由上覆非可溶性岩层坍塌充填形成的。煤层的上覆岩层多为泥页岩，因此陷落柱会造成岩性突变，从煤岩瞬间过渡到泥页岩。因此，在这种软硬交接区域钻进时，孔壁容易失稳，容易造成钻具卡死。

④ 煤层的力学环境

力学环境主要包括地应力和地层压力。影响地应力和地层压力的因素主要是煤层埋深和地质构造。地应力和地层压力对钻孔稳定性的影响主要在于其会影响煤层的破裂压力和坍塌压力。

由于煤层中地应力具有很强的各向异性，会影响水平钻孔孔眼轨迹。此外，最大水平主应力方向往往平行于面割理，垂直于端割理，当沿着最大水平主应力方向即面割理方向钻进时，钻孔易坍塌。

(2) 瓦斯抽采钻孔坍塌失效线弹性分析

煤层瓦斯抽采钻孔周围的应力状态影响钻孔施工和瓦斯抽采。钻孔的形成打破了原始煤层地应力平衡的状态，煤层应力在钻孔周围重新分布，达到二次平衡。松软煤层钻孔周围的应力状态受到埋深、煤体基本力学特性、瓦斯含量、钻孔几何特征、应力场以及地质构造等因素的综合影响。随着这些因素的变化，瓦斯抽采钻孔可能发生变形、缩径现象。

① 瓦斯抽采钻孔周围弹性应力分布

煤层中有效应力为煤体骨架应力减去孔隙压力，其表达式为：

$$\sigma_{eff}=\sigma-a_{eff}p_p \tag{3-20}$$

式中 σ_{eff}——有效应力，MPa；

p_p——孔隙压力，MPa；

σ——煤体骨架应力，MPa；

a_{eff}——软煤有效应力系数，主要由体积压缩系数变化引起，a_{eff}取值范围为0.12～0.56。

地下煤体原始应力分为垂直分量、水平最大主应力分量和水平最小主应力分量。水平瓦斯抽采钻孔受力状态如图3-1所示。

假设钻孔轴线轨迹与水平最小主应力(σ_h)方向一致，并且$\sigma_H>\sigma_h>\sigma_V$，孔壁围岩应力可采用平面分析法进行简化计算。在孔壁为可渗透的情况下(煤体中的孔隙流体可以渗透到钻孔内)，根据线性弹性理论，假设地层是各向均质、线弹性多孔材料，并认为孔壁围岩处于平面应变状态。在垂直地应力、水平最大主应力和孔

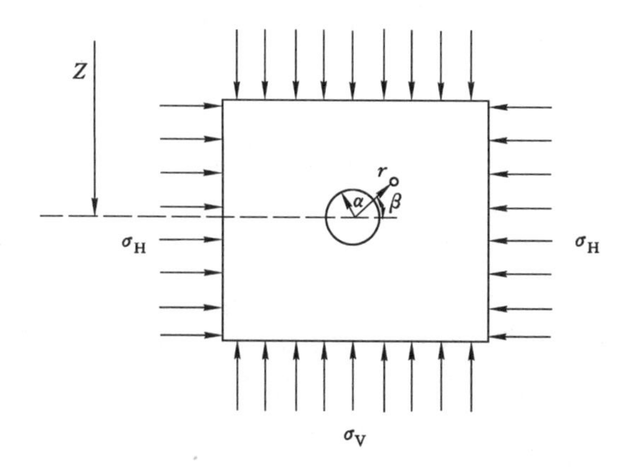

图 3-1 瓦斯抽采钻孔受力分析

隙压力共同作用下孔壁周围煤体有效应力分布可由式(3-21)～式(3-23)计算：

$$\sigma_r=\frac{\sigma_V+\sigma_H}{2}\left(1-\frac{r_0^2}{r^2}\right)+\frac{\sigma_V-\sigma_H}{2}\left(1-\frac{4r_0^2}{r^2}+\frac{3r_0^4}{r^4}\right)\cos2\theta+\frac{r_0^2}{r^2}p_m-a_{eff}p(r)+\delta\left[\frac{\xi}{2}\left(1-\frac{r_0^2}{r^2}\right)-f\right](p_m-p_p) \tag{3-21}$$

$$\sigma_\theta=\frac{\sigma_V+\sigma_H}{2}\left(1-\frac{r_0^2}{r^2}\right)+\frac{\sigma_V-\sigma_H}{2}\left(1+\frac{3r_0^4}{r^4}\right)\cos2\theta+\frac{r_0^2}{r^2}p_m-a_{eff}p(r)+\delta\left[\frac{\xi}{2}\left(1-\frac{r_0^2}{r^2}\right)-f\right](p_m-p_p) \tag{3-22}$$

$$\xi=a_{eff}\frac{1-2\mu_0}{1-\mu_0} \tag{3-23}$$

式中 σ_r——距离钻孔中心线 r 处煤体的有效正应力，MPa；

σ_θ——距离钻孔中心线 r 处煤体的有效剪切应力，MPa；

σ_H——水平向最大主应力，MPa；

σ_V——垂直地应力，MPa；

p_p——煤体原始孔隙压力，MPa；

p_m——钻孔维持稳定所需的最小壁面支撑压力(松软煤层钻进大都采用风力排渣，可取为孔内气体压力)，MPa；

f——煤层的孔隙度，%；

μ_0——煤体的泊松比；

δ——常数，孔壁有渗流时为 1，无渗流时为 0；

θ——孔壁上点的矢径与最大地应力方向的夹角，(°)；

$p(r)$——距离钻孔中心线 r 处的孔隙压力，MPa。

流体渗流到钻孔中符合达西平面径向渗流，当 $r_0 \leqslant r \leqslant 10r_0$ 时，$p(r)$ 可近似表达为：

$$p(r) = p_m - (p_m - p_p)\lg\frac{r}{r_0} \tag{3-24}$$

② 瓦斯渗流对孔壁坍塌失效的影响

不考虑不同地质构造对瓦斯抽采钻孔稳定性的影响，把抽采孔周围煤体看成均质的单一介质体，钻孔周围煤体所受应力超过煤体本身的强度而产生剪切破坏时就会发生坍塌。当煤体中孔隙压力为 p_p 时，基于库伦-摩尔准则的有效应力可用主应力 σ_1 和 σ_3 表示为[62]：

$$(\sigma_1 - \alpha p_p) = (\sigma_3 - \alpha p_p)\cot^2\left(45° - \frac{\varphi}{2}\right) + 2C\cot\left(45° - \frac{\varphi}{2}\right) \tag{3-25}$$

式中　C——煤体的固有剪切强度(黏聚力)，MPa。

从式(3-25)可以看出，煤体是否发生剪切破坏主要受最大、最小主应力控制。σ_3 与 σ_1 的差值越大，孔壁越容易坍塌失效。$\theta=90°$ 和 $\theta=270°$ 处 $\sigma_\theta-\sigma_r$ 的值最大(σ_θ 值最大，σ_r 与 θ 无关)，是孔壁发生坍塌失效的位置。此时，孔壁坍塌处的有效应力为[62-63]：

$$\sigma_r(r=r_0) = p_m - \alpha p_m - f(p_m - p_p) \tag{3-26}$$

$$\sigma_\theta(r=r_0) = \eta(3\sigma_V - \sigma_H - p_m)(\xi - f)(p_m - p_p) - \alpha p_m \tag{3-27}$$

式中　η——应力非线性修正系数。

把式(3-26)、式(3-27)代入式(3-25)，得出孔壁坍塌压力为[63-64]：

$$p_m = \frac{[3\sigma_V - \sigma_H - (\xi - f)p_p]\eta + K^2 p_p f - 2CK}{(f - \alpha + 1)K^2 - \eta(\xi - f - 1 - \alpha)} \tag{3-28}$$

煤体中施工钻孔后，钻孔周围煤体内的瓦斯会向钻孔低压空间涌出，钻孔周围煤体孔隙压力会发生动态变化。由式(3-28)可知，钻孔周围煤体孔隙瓦斯压力对钻孔坍塌压力影响很大，因此，研究瓦斯抽采孔周围煤体孔隙高瓦斯压力的动态变化过程，对掌握钻孔坍塌失效机理意义重大。

如图 3-2 所示，在钻孔孔壁单位长度 dx 宽度的煤层区域分析瓦斯流动情况，从钻孔中心线到煤层边界的长度为 L_2(L_2 为在钻孔内部压力为 p_3 条件下的有效抽采半径)。假设单元体内瓦斯含量均匀分布，压力值为 p_4，$p_3 > p_4$，则单元体内瓦斯在压力梯度 dp/dr 的作用下向钻孔内流动，导致煤体的孔隙压力随时间发生变化。

将孔内压力看成定值，则瓦斯渗流以径向流动为主，该过程符合达西渗流规律。煤体为多孔介质，流体在煤层中的流动可以看作单向流动时，$\frac{\partial p}{\partial x} = \frac{\partial p}{\partial z}$，在

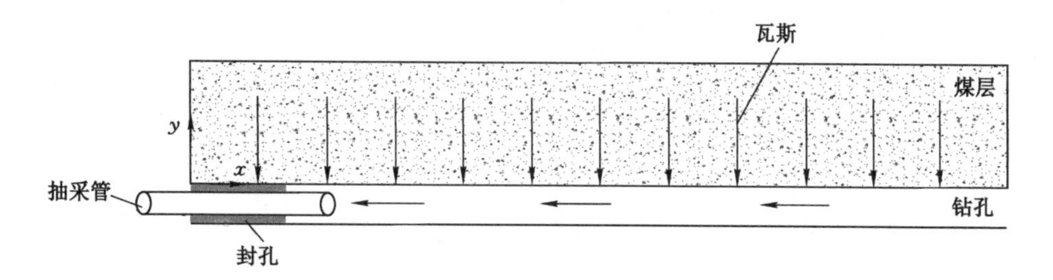

图 3-2 钻孔周围瓦斯流动模型

流动场内，任意一点的单位面积上，在 dx 长度内有：

$$\frac{\partial p^2}{\partial t}=a_6\frac{\partial^2 p^2}{\partial z^2} \tag{3-29}$$

$$a_6=\frac{4\lambda p_3^{1.5}}{c_n} \tag{3-30}$$

式中 c_n——瓦斯含量系数。

有限煤层的单向不稳定流动边界条件为：

$$\begin{cases} y=0, p^2=p_4^2 \\ y=L_2, \dfrac{\partial p}{\partial y}=0 \end{cases} \tag{3-31}$$

初始条件为 $t=0$ 时，有：

$$p^2\big|_{t=0}=p_4^2 \tag{3-32}$$

式中 L_2——钻孔有效抽采半径，m；

p_4——抽采时孔内压力，MPa。

为便于计算，利用拉氏变换求解方程(3-29)可得：

$$p^2=(p_3^2-p_4^2)\sum_{n=1}^{\infty}A_n\cos\left(u_n\frac{L_2-y}{L_2}\right)e^{-u_n^2F_0}+p_4^2 \tag{3-33}$$

其中，$A_n=\dfrac{2}{u_n}(-1)^{n+1}$，$u_n=\dfrac{\pi}{2}(2n-1)$，$F_0=\dfrac{a_6 t}{L_2^2}=\dfrac{4\lambda p_3^{3/2}}{cL_2^2}$，称为时间准数。

考虑到瓦斯抽采半径的影响，钻孔坍塌的孔隙压力 $p_p=p(y=L_2)$，其表达式为：

$$p_p=p(y=L_2)=\left[(p_3^2-p_4^2)\sum_{n=1}^{\infty}A_n c\,e^{-u_n^2F_0}+p_4^2\right]^{1/2} \tag{3-34}$$

则由式(3-28)和式(3-34)可以得出钻孔孔壁上 dx 范围内的坍塌压力随时间的变化函数：

$$p_{\mathrm{m}}=\frac{(3\sigma_{\mathrm{V}}-\sigma_{\mathrm{H}})\eta-2CK+(K^{2}f+\alpha K^{2}-\xi+f-\alpha)\left[(p_{3}^{2}-p_{4}^{2})\sum_{n=1}^{\infty}A_{\mathrm{n}}c\mathrm{e}^{-u_{n}^{2}F_{0}}+p_{4}^{2}\right]^{1/2}}{(f-\alpha+1)K^{2}+\eta-\xi+f} \tag{3-35}$$

③ 采动应力对钻孔失稳的作用

采动应力主要是指煤层巷道在掘进过程中引起的巷道围岩应力场变化及钻孔钻进过程中对周围煤体的二次采动应力变化。钻孔不同部分的采动应力受巷道采掘应力的影响不同。

(a) 煤层巷道掘进采动应力作用

巷道的掘进必然造成围岩应力场变化及应力二次分布。假设侧压系数 $\lambda=1$,当煤壁的二次应力超出煤层的屈服极限时,煤岩进入塑性区,此时可认为切向应力为最大主应力,而径向应力为最小主应力。因此,塑性区半径为:

$$R_{\mathrm{p}}=\gamma_{\mathrm{a}}\left[\frac{2p_{0}(\xi-1)+2\sigma_{\mathrm{c}}}{\sigma_{\mathrm{c}}}\right]^{\frac{1}{\xi-1}} \tag{3-36}$$

塑性区的位移为:

$$u=\gamma_{\mathrm{a}}\frac{\psi(1+\mu_{0})}{E}(\sigma_{\theta\mathrm{p}}-\sigma_{\mathrm{rp}})=\frac{p_{0}(\xi-1)+\sigma_{\mathrm{c}}}{\xi+1}\cdot\frac{2R_{\mathrm{p}}^{2}(1+\mu_{0})}{\gamma_{\mathrm{a}}E} \tag{3-37}$$

其中:$\xi=\dfrac{1+\sin\varphi}{1-\sin\varphi}$,$\sigma_{\mathrm{c}}=\dfrac{2C\cos\varphi}{1-\sin\varphi}$。

式中 $\sigma_{\theta\mathrm{p}}$——切向塑性应力,MPa;

σ_{rp}——径向塑性应力,MPa;

R_{p}——塑性区半径,m;

γ_{a}——巷道半径,m;

u——塑性区内的径向位移,m;

ψ——塑性模量,Pa;

E——塑性区内煤体弹性模量,Pa。

从式(3-36)、式(3-37)可看出,煤层巷道塑性区半径主要与煤体自身强度参数 ξ,即煤层自身内聚力 C 及内摩擦角 φ、初始压力 p_0、巷道采掘半径 γ_{a} 和煤体所处位置相关;塑性区煤体内某一点的径向位移还与塑性区内变形参数 E 和煤体泊松比 μ_0 有关。当煤层某点径向距离 $r>R_{\mathrm{p}}$ 时,煤体处于弹性状态,则弹性区内煤体位移表达式为:

$$u=\frac{p_{0}(1+\mu_{0})}{E}\left[(1-2\mu_{0})\gamma+\frac{R_{\mathrm{p}}^{2}}{\gamma}\right]-\frac{(1+\mu_{0})}{E}\sigma\frac{R_{\mathrm{p}}^{2}}{\gamma} \tag{3-38}$$

从式(3-38)可以看出,弹性区内煤体的径向位移除受初始压力 p_0、弹性区

内煤体变形参数 E 和煤体泊松比 μ_0 及径向距离 r 外，还受塑性区半径 R_p 的影响。与原生煤相比，塑性范围越大，同一径向距离具有更大的位移形变，增加了处于该区域内瓦斯钻孔失稳的可能性。

(b) 钻孔钻进采动二次应力作用

钻孔的二次应力场规律可近似参考上述圆形巷道弹塑性二次采动应力状态，但值得注意的是，钻孔周围煤体的二次弹塑性区处于巷道周围煤体的弹塑性区时，从巷道采动应力状态中的塑性区、弹性区到原始应力区，钻孔的失稳概率依次递增，这是多次采动应力耦合导致的必然结果。同时，由式(3-38)可知，钻孔半径越大，弹塑变形影响范围越大，钻孔周围煤体径向位移也相对较大，更增加了钻孔坍塌、缩径的可能性。因此，无论是煤层巷道掘进还是钻孔钻进过程中，都应该尽量避免对巷道及钻孔周围煤体的扰动，特别是在巷道塑性变形影响范围内，钻孔钻进时应该尽量采取低压慢进的方式。同时煤层的瓦斯抽采钻孔半径可适当减小，避免过大的采动影响导致钻孔失稳失效。

(3) 泥岩水化学作用导致钻孔坍塌堵孔机理

我国绝大部分煤层的伪顶或直接顶为泥岩，在穿层钻孔施工过程中，存在泥岩水化膨胀现象，其实质是黏土矿物的水化膨胀。瓦斯抽采钻孔泥岩段水化膨胀的内在因素是在积水压差与化学势差的作用下，水分子侵入到黏土矿物微裂缝及颗粒之间的宏观孔隙，再进一步进入岩石亚微观与微观孔隙，发生表面水化和渗透水化。水化作用的外在影响因素很多，包括岩石压实程度、温度、孔隙流体种类、浓度、pH 值、作用时间、水力压差与化学势差、岩石孔道结构与尺寸等，各种外因的叠加作用导致了水化膨胀机理的复杂性。瓦斯抽采钻孔泥岩段水化后，黏土颗粒吸水产生水化应力，导致岩石内部应力重新分布，引起孔隙压力变化；同时，黏土颗粒水化膨胀，破坏岩石颗粒间原有胶结状态，导致钻孔围岩强度降低及力学性能参数发生变化。泥岩黏土矿物遇水膨胀后体积增大，由于泥岩本身较为致密，空隙有限，造成岩石内部产生较大的膨胀力，从而产生较大的塑性变形，造成钻孔的失稳破坏，使钻孔孔径变小或局部堵孔，严重的会造成大面积钻孔堵塞和瓦斯抽采浓度呈断崖式下降。

3.2.2 抽采钻孔“射流疏通-筛管护孔”协同修护技术

(1) 高压水射流破岩(煤)疏通作用机理

水力疏通与水力破煤的力学作用机理相同，前者的作用对象为失稳钻孔内的闭合煤体或者坍塌后被压实的煤渣，后者的作用对象为孔壁周围煤体，其实质是水射流的冲击动能、煤体的地应力和瓦斯压力相互作用，并由此引起作用范围内煤体发生破坏。煤体破坏的形式主要是在压应力和剪应力作用下发生脆性破坏和塑性破坏，根据其破坏前的变形量、微观机理和作用力性质可划分为塑流、压碎、剪破和弯曲。结合煤体自身的结构力学特点、破坏形式以及外施载荷的作用条件，可认为水力疏通的破煤过程主要包括冲击破坏和刮削刚度或韧性降低，最终导致煤体破碎。

① 冲击破坏

水射流对煤体的冲击力是造成煤体破碎的直接原因，经高压水泵升压后的水体通过细小的喷嘴获得巨大的动能直接对煤体进行冲击，当冲击力超过煤体的极限强度时，该部分煤体损伤破坏。同时，煤体内部的原始瓦斯潜能在射流的动压诱导作用下逐渐向自由空间释放，有时以喷出的方式直接向钻孔卸压，破坏原有的瓦斯、地应力、煤体力学系统的平衡。冲击过程的破坏作用可以从裂缝的生成和发展两个方面进行分析。

(a) 裂缝的生成。水射流破坏煤体主要是以高压水柱的形式冲击煤体表面，这种大能量的形式在煤体冲击区内部产生剪应力集中，在其周围产生拉应力，虽然冲击产生的压应力不足以使煤体破坏，但是压应力和剪应力分别超过了煤体的极限抗压和抗剪强度后，会在煤体内部形成裂缝。此外，煤体内强度较弱单元的原生裂缝、微孔洞和微裂纹将会迅速扩展延伸，使煤体的整体结构性能劣化，造成煤体的强度、刚度或韧性降低，最终导致煤体破碎。

(b) 裂缝的发展。在煤体中原生裂缝和水射流冲击力作用产生裂缝的情况下，伴随着水射流的冲击作用，大量的压力水进入这些裂缝，形成破坏煤体的水楔作用，使裂缝迅速延伸，致使煤体破坏。此外，水射流对煤体的穿透性能也是决定煤体破坏与否的一个重要因素。液体的不断渗入，一方面降低了煤体的物理力学强度，加速了煤体的破坏过程；另一方面在微观裂缝中瞬时产生极大应力，使煤颗粒从大块煤体上脱离，造成煤体破碎。

② 刮削过程

煤体经过高压水的冲击破坏后，表面形成坑洞。高压水持续冲击煤体表面，对孔洞表面凸起部分进行刮削，使凸起部分被剪切破坏并被水流带走。但随着沿程阻力的增加，射流有效喷射长度减小，沿程压力急剧减小并伴随着水垫作用的出现，破碎过程逐渐结束。

煤体的破坏形式主要是在拉应力作用下的脆性破坏，具体表现为径向裂纹、锥状裂纹和横向裂纹的扩展。煤岩在射流的冲击下同样在冲击区正下方某一处将产生最大剪应力，冲击区边界周围产生拉应力。当拉应力和剪应力超过了煤岩的抗拉和抗剪的极限强度，则会在煤岩中形成裂隙。裂隙形成和汇交后，水射流将进入裂隙空间，在水楔作用下，裂隙尖端产生拉应力集中，使裂隙迅速发展和扩大，致使煤岩破碎。在射流持续打击作用下，煤体内部以及延伸到表面的裂纹数量会逐渐增加，这些裂纹的生成与扩展，最终导致煤体局部破坏，实现对煤体的切割。

假设射流作用于煤体表面，反射后速度大小不变，根据动量定理，可得到射流对物体表面的总打击力：

$$F_s = \rho_1 q_1 v_1 (1 - \cos\alpha_2) \tag{3-39}$$

式中 F_s——射流作用在物体上的打击力，N；

ρ_1——流体密度，kg/m^3；

q_1——射流体积流量，m^3/s；

v_1——射流流速，m/s；

α_2——射流方向变化的角度，(°)。

射流对物体表面的打击力中，真正起决定作用的是射流作用于物体表面时单位面积上的作用力，即打击压力。连续射流冲击物体时总存在一定的作用范围，对垂直冲击而言，其作用范围是一个圆形区域。在这一作用区域的中心处，打击压力为滞止压力，即射流的轴心动压 P_D。轴心动压经验公式为：

$$\frac{P_D}{P_S} = \left(\frac{l_2}{x}\right)^{c_5 + c_6\left(\frac{l_2}{x}\right)^2} \tag{3-40}$$

式中 l_2——射流起始段长度，mm；

P_D——射流的轴心动压，MPa；

P_S——射流出口压力，MPa：

x——射流作用靶距，m；

c_5——试验常数，取0.27；

c_6——试验常数，取7.5×10^{-3}。

只有高压水射流的打击动压超过高压水射流的门槛压力 P_m 时，煤体方能被冲击破碎。因此，令 $P_D = P_m$，可得到高压水射流的作用靶距(水射流的破煤长度)表达式为：

$$\left(\frac{l}{x}\right)^2 \ln\left(\frac{l}{x}\right) = \frac{1}{c_5 + c_6} \ln\frac{P_m}{P_s} \tag{3-41}$$

如前所述，当高压水射流产生的拉应力和剪应力超过了岩石的极限抗拉和抗剪强度，在煤体中形成裂隙，水射流进入裂隙空间，在水楔作用下，裂隙尖端产生拉应力集中，使裂隙迅速扩展延伸，致使煤体破碎。此外，流体渗入微小裂隙、细小通道、细小孔隙及其他缺陷处，降低了煤体强度，有效地参与了煤体的失效过程。同时，在煤体内部造成了瞬时的强大压力，使煤颗粒从大块煤体上脱离。由于所有的煤体都是从不同程度的微观裂纹开始破坏的，这些微观裂纹对煤体的强度和失效特性有明显的影响。在射流连续不断的打击作用下，煤体内部以及延伸到表面的裂纹数量会逐渐增加，这些裂纹的生成与扩展，最终导致煤体破坏，实现对煤体的破碎。

（2）钻孔合理修复参数设计

① 临界流速

煤体破碎后的煤渣与水流混合流出钻孔，为避免在输送过程中出现淤积造成二次堵孔，需要对煤渣输送的临界不淤流速展开研究。煤渣水力输送临界流速的影响因素较多，如钻孔直径、浆体浓度等。近年来，众多学者针对不同试验条件下临界流速进行了大量研究，但相关计算公式结构形式和涉及参数均有较大的区别，至今没有统一。丁宏达教授提出的全浓度区临界流速计算公式能有效解决煤渣颗粒在一定浓度煤水混合物中的输送问题，并通过大量试验确定相应的系数，其表达式为[64]：

$$V_C = 12.4\left(\frac{\rho_s - \rho_{sc}}{\rho_{sc}}\right)^{0.1881} D_z^{0.4908} \cdot d_a^{0.2083} \cdot \lambda_3^{0.3495} \cdot \exp(-0.8761\lambda_3) + 0.512\left[\lambda_3 - \left(0.4 + 0.11\frac{\rho_s}{\rho_{sc}}\right)\right] \tag{3-42}$$

$$\lambda_3 = \frac{C_V}{C_m - C_V} \tag{3-43}$$

式中 V_C——临界流速，m/s；

ρ_s——固体颗粒的密度，kg/m³；

ρ_{sc}——浆体的浓度，%；

d_a——颗粒的加权平均直径，mm；

λ_3——浓度修正系数；

$d_{正}$——系数，约为 3；

C_m——矿浆极限压缩浓度，%；

C_V——矿浆平均浓度，%。

② 射流破渣压力

喷嘴出口射流流速计算式为[65]：

$$v = 4.47\sqrt{p_6} \times 10^2 \tag{3-44}$$

式中 p_6——射流工作压力，Pa。

由 $q = vA$，进一步得到：

$$p_t = 0.227\frac{q_3^2}{\mu_c^2 d_2^4} \tag{3-45}$$

式中 p_t——射流破渣水压，MPa；

q_3——射流体积流量，L/min；

μ_c——喷嘴流量系数；

d_2——喷嘴孔出口截面直径,mm。

高压水射流的工作压力根据喷嘴所建立的破渣水压减去破渣系统的压力损失得到,即 $p_6=p_t-\Delta p$,其中,系统压力损失 Δp 可由下式计算得到[66]:

$$\Delta p=\frac{59.7q_3^2}{d_3^5 Re^{0.25}} \tag{3-46}$$

式中 d_3——高压输水软管直径,mm;

Re——雷诺数,取 11 $165q_3/d_3$。

钻头所用锥直型喷嘴流量系数为 0.95。试验发现,当射流打击压力达到 2 MPa时,能较好地完成破渣工作,则破渣水压为 2.9 MPa。考虑现场操作等因素的影响,为确保钻头畅通无阻,现场破渣水压应在 10～15 MPa。

(3) 自进式旋转喷头技术参数研究

自进式旋转钻头作为整套修复装置的关键组件,利用反向喷嘴的反冲力使钻头产生自进力,协同完成钻孔修复杆件在钻孔内部的推进。如图 3-3 所示,对于系统来说,由于正反两个方向的径向、切向力必须保持平衡,因此正向切割喷嘴反冲力的轴向分量是阻力,反向喷嘴反冲力的轴向分量是动力,自进力就是这两组喷嘴轴向力的合力,在实际使用中,还应考虑摩擦力的影响,则:

$$F_Z=F_1+F_2-F_3-f_Z \tag{3-47}$$

式中 F_Z——喷嘴自进力;

F_1——反向喷嘴轴向反冲合力;

F_2——轴向推送力;

F_3——正向喷嘴轴向反冲合力;

f_Z——系统总摩擦阻力。

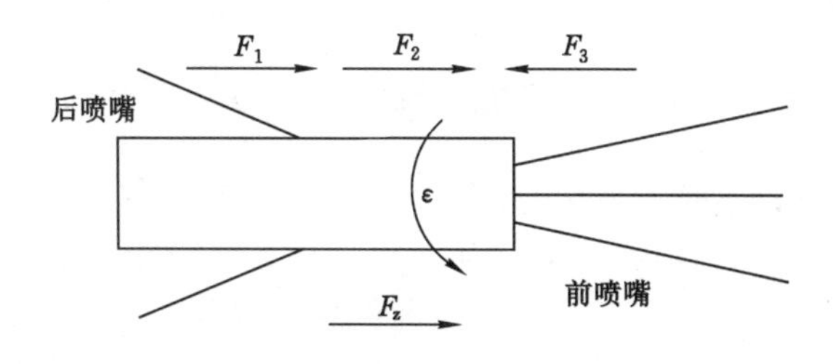

图 3-3 自进式旋转喷头工作原理

钻孔修复系统依靠人工协同钻头喷嘴射流反冲力克服摩擦阻力向前推进,但随着推进深度的增加,参与推进的高压输水胶管长度也逐渐增加,系统所受的摩擦阻力会越来越大。

设 $l_3=l_4+M_Z/m_Z=l_4+l_5$，则：

$$f_Z=(\mu_a M_Z g+\mu_a l_4 m_Z g+\eta_1 l_3)=k_Z l_3 \tag{3-48}$$

式中 μ_a——钻孔摩擦系数，N/m；

η_1——自进式旋转钻头和高压胶管与反向喷嘴射流间的摩擦系数，N/m；

l_3——参与运动的钻头与高压胶管整体的长度，m；

k_Z——综合摩擦系数，N/m；

l_4——参与运动的高压输水软管长度，m；

M_Z——钻头质量，kg；

m_Z——单位长度充满水的高压输水软管质量，kg。

喷头在钻孔中运动，由牛顿第二定律可得：

$$\frac{\mathrm{d}}{\mathrm{d}t}[(M_Z+l_4)v_Z]=F_1+F_2-F_3-f_Z \tag{3-49}$$

式中 v_Z——钻头在钻孔中的推进速度，m/s。

当钻头速度为零时钻进停止，此时钻头修复的深度达到最大值，得到最大修复深度表达式为：

$$l_{\max}=\frac{3}{2k_Z}(F_1+F_2-F_3) \tag{3-50}$$

喷嘴作为破渣疏孔的关键执行元件，其结构合理性直接关系到破渣疏孔效果，好的喷嘴设计不但能提高工作效率，还能有效避免射流设备功率的浪费。正向喷嘴的个数直接关系到钻头水道速度场、压力场的分布，是射流完成破渣工作的关键。反向喷嘴除了提供反冲力拖动胶管使钻头向前推进外，还能进一步破碎返流的大粒径煤渣。

3.2.3 抽采钻孔“射流疏通-筛管护孔”协同修护装备及修护流程

针对以往瓦斯抽采钻孔无法维护、无法再次利用的情况，依据高压水射流破煤机理，提出一种利用高压水射流对瓦斯抽采量衰减的瓦斯抽采钻孔进行修复解堵技术。使用高压水射流对抽采钻孔进行修复的实质是将堵塌孔的煤岩块粒排出孔外，保证钻孔的畅通；对钻孔疏通时同步进行筛管护孔，使失稳闭合钻孔得到有效支撑，保证钻孔瓦斯通道的畅通，有利于瓦斯抽采。

(1) 钻孔修复装备结构

抽采钻孔“射流疏通-筛管护孔”修护技术装备包括轻型气动高压水泵、钻孔修复喷头、高压钢管，高压管盘卷装置、水箱、仪表开关等，如图 3-4 所示。

① 轻型气动高压水泵

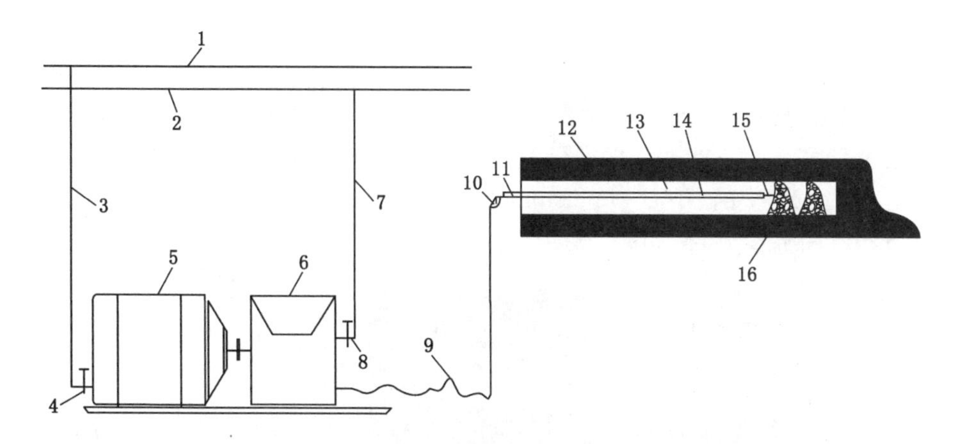

1—井下压风管路；2—井下供水管路；3—泵压风管路；4—压风阀；5—矿用气动马达；6—高压水泵头；7—泵供水管路；8—供水阀；9—高压水管路；10—钻孔修复手持装置；11—筛管；12—煤层；13—瓦斯抽采钻孔；14—高压修复管路；15—钻孔修复喷头；16—钻孔塌孔堵孔处。

图 3-4　瓦斯抽采失效钻孔协同修护装备

轻型气动高压水泵是瓦斯抽采钻孔修复技术的动力装备，主要由高压水泵头和气动马达组成。其中，气动马达作为高压水泵头动力输出，满足煤矿井下压风和高压水泵头动力要求；高压水泵头提供满足钻孔水力化修复清堵排渣所需水压、流量等要求。

轻型气动高压水泵作为钻孔修复装备主要组成部分，结构紧凑、操作简便，在煤矿井下易于搬运，满足快速进行钻孔修复使用需求，其结构如图 3-5 所示。

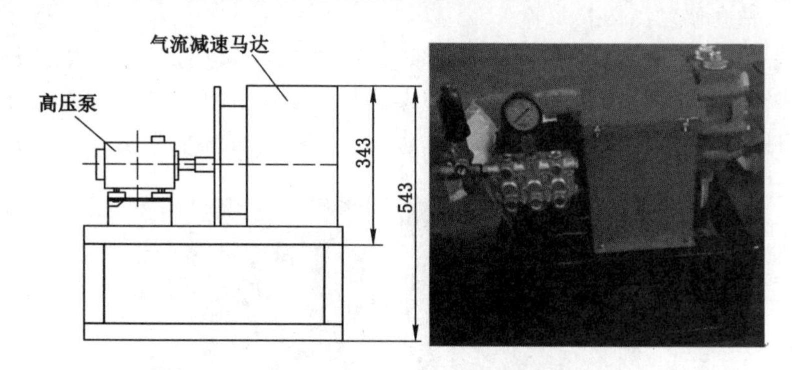

图 3-5　轻型气动高压水泵

轻型气动高压泵以压风为动力源，工作气压为 0.4～0.7 MPa，转速为 1 500 r/min，耗气量为 12 m^3/min，体积为 550 mm×400 mm×543 mm，额定压力为 20 MPa，额定流量为 15 L/min。该泵输出压力满足煤矿井下现场破渣水压要求。

② 钻孔修复喷头

瓦斯抽采失效钻孔修复喷头作为关键部件，采用专用喷头如图 3-6 所示。实验研究发现，喷头上喷嘴的数量不能过多，否则射流在较大流量比下性能逐渐变差。设计采用正向中心 ϕ0.4 mm 喷嘴 1 个，斜前 ϕ0.4 mm 喷嘴 2 个和反向 ϕ0.6 mm 喷嘴 2 个，各喷嘴参数见表 3-2。

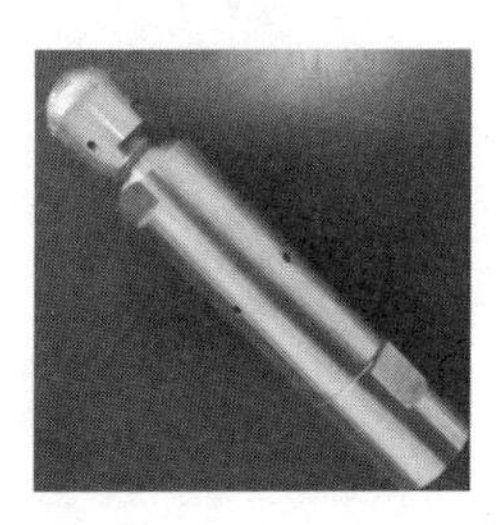

图 3-6　钻孔修复自进式旋转喷头实物图

表 3-2　自进式旋转喷头喷嘴布置参数

喷嘴	喷嘴个数	喷嘴直径/mm	张角/(°)
正向中心喷嘴	1	0.4	0
斜前喷嘴	2	0.4	30.6
反向喷嘴	2	0.6	45

③ 钻孔修复高压管及筛管

高压连接管路以及协同修护筛管部分管路按照已定的水力参数，如压力、流量等进行选型。如图 3-7 所示，为实现煤矿井下操作简便、快速修复的使用要求，高压管缠绕在盘卷装置上；为便于运输和使用，协同修护筛管采用 PVC 材质。

(a)

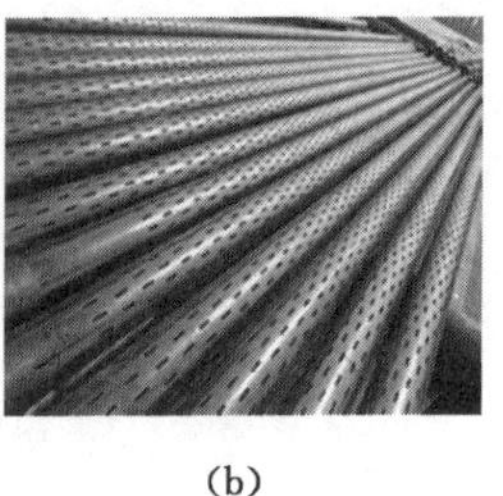

(b)

图 3-7　高压软管盘管装置和 PVC 筛管

(a) 盘管装置；(b) PVC 筛管

(2) 钻孔协同修护工艺流程

瓦斯抽采钻孔协同修护工艺流程如图 3-8 所示。

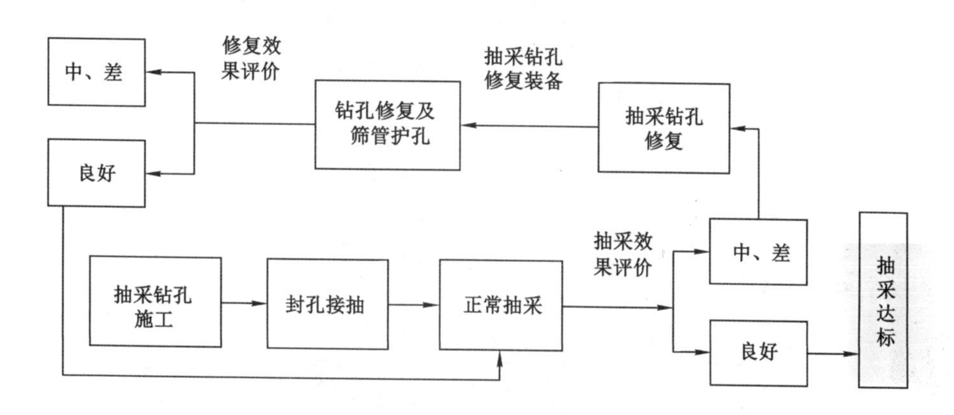

图 3-8 瓦斯抽采钻孔协同修护工艺流程

① 观测已有抽采钻孔瓦斯抽采流量和浓度，在考虑抽采钻孔衰减及区域瓦斯含量的基础上，在有条件的情况下可以进行钻孔窥视或探测，观察钻孔形貌，判断其是否塌堵。

② 打开压风阀和供水阀，调节高压水泵头出水压力、流量；然后开启开关，查看高压修复管路、钻孔修复喷头是否正常工作；检查完毕后，启动高压注水泵站，调整水路压力和流量。

③ 将高压修复管路放入筛管内同步下入瓦斯抽采钻孔，逐渐提高泵压和流量，利用高压水从钻孔开口处冲洗浮煤，缓慢匀速推进不锈钢管，若冲孔出煤量大，则停止前进，持续修复；待出煤量减少后继续推进，若推进不动，可提高水压破煤，压力不超过 20 MPa，持续时间不超过 1 min。

④ 不断增加高压修复管路和筛管的长度，直至达到钻孔最大修复深度，可多次循环修复直至解堵顺畅。

⑤ 钻孔修复完成后进行修复效果评价，效果良好的进入联抽阶段，否则重复操作步骤②～④，最终实现钻孔修复和钻孔护孔的目的。

3.2.4 现场试验与效果考察

瓦斯抽采钻孔协同修护工艺选择在王坡煤矿 3316 工作面开展现场试验。试验过程中，选择抽采效果较差的钻孔首先进行运行状态评价，对评价为故障状态且经进一步验证为孔内变形严重或者塌孔的钻孔再进行工艺修复。为了验证钻孔修复效果，对采取自进式旋转钻头修复技术和未采用修复技术的瓦斯抽采情况进行对比分析(表 3-3)。

表 3-3 试验前后抽采参数对比

钻孔编号	试验前		试验后	
	瓦斯流量/($m^3 \cdot min^{-1}$)	瓦斯浓度/%	瓦斯流量/($m^3 \cdot min^{-1}$)	瓦斯浓度/%
2-1#	0.044	11.6	0.053	16.8
2-2#	0.046	2.7	0.083	4.6
2-3#	0.05	3.3	0.115	12.1
2-4#	0.065	10	0.335	20.7
2-5#	0.063	19.1	0.122	19.1
2-6#	0.052	18.2	0.094	40
2-7#	0.067	9.2	0.12	21.1
2-8#	0.065	14	0.078	19
2-9#	0.044	36.4	0.076	41.7
2-10#	0.076	24.3	0.075	15
2-11#	0.06	25.6	0.069	24
2-12#	0.044	32.6	0.074	18.5
2-13#	0.07	26.9	0.07	24.8
2-14#	0.071	15.3	0.09	12.5
2-15#	0.044	20	0.123	40.2
2-16#	0.057	12	0.069	26.8
2-17#	0.035	23.5	0.048	21.7
2-18#	0.045	4.2	0.103	1.3
2-19#	0.036	8.5	0.072	13.2

从表 3-3 中可以看出,经过修复后,17 个钻孔瓦斯抽采流量提高,占修复钻孔数量的 89.5%,其中 5 个钻孔流量提升 100%以上。同时,修复后钻孔浓度也有相应的提升,有 11 个钻孔的瓦斯浓度显著提升,占全部钻孔数的57.9%,其中 6 个钻孔瓦斯浓度提升 100%以上。

图 3-9 为不同抽采时间内抽采数据变化曲线。从图 3-9 中可以看出,在抽采时间 52 d 内,从单孔的抽采纯量上分析,老孔修复前平均单孔抽采流量为 0.056 m^3/min,修复后平均单孔抽采纯流量为 0.097 m^3/min,提高了 73%;单孔的抽采瓦斯浓度方面,修复后单孔平均浓度达到了 21.5%,提高了近一半。从实

验中也可以看出，老孔修复达到了冲刷煤粉、疏通钻孔的目的，对提升瓦斯抽采孔的流量和浓度指标的提升具有明显的效果，大大提高了抽采效率。

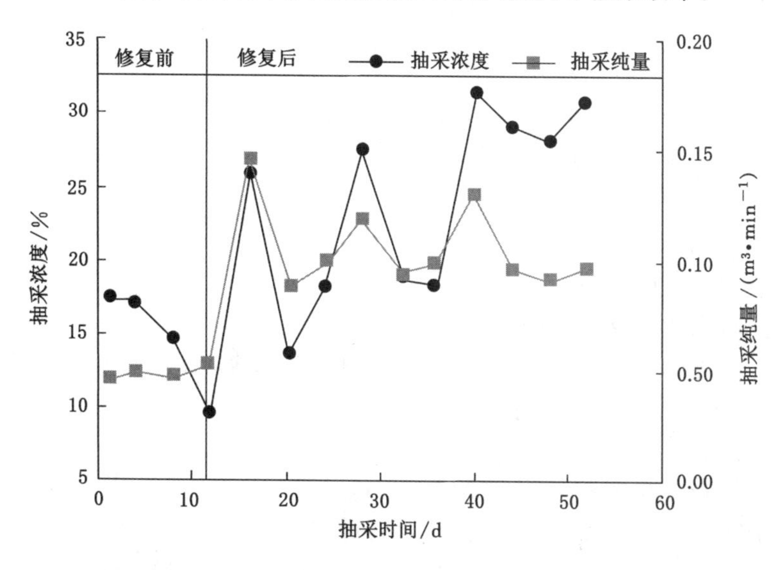

图 3-9 不同抽采时间内抽采数据变化曲线

3.3 井下抽采钻孔智能化排水技术与装备

瓦斯抽采下向钻孔时，由于受施工工艺、煤层水文地质条件及含水率等自然因素影响，钻孔内一般会积存大量的水和煤渣，很难将孔中积存的水渣完全排出。积水和煤渣填充在钻孔中，降低了有效气流断面，直接减小或阻塞钻孔内部瓦斯运移产出通道，同时增大抽采负压损耗。此外，钻孔中积水长时间浸泡孔壁煤体将会进一步造成钻孔坍塌，严重影响瓦斯抽采效果。

目前大多数煤矿下向钻孔的排水排渣方式是利用巷道内静压风管通过钻杆压风、封孔后压风、射流装置进行排水排渣，但排水排渣效果有限，只能暂时排出一定量的积水和煤渣，无法有效解决煤层涌水量较大情况时下向钻孔排水问题。因此，如何有效地排出下向钻孔内积存的水和煤渣成为矿井瓦斯抽采工作中亟待解决的难题。

3.3.1 下向钻孔积水煤渣对抽采效果影响及输送特性研究

(1) 水对煤体瓦斯解吸影响分析

煤属于一种多孔介质，在有水侵入的条件下，会对煤中的瓦斯解吸产生负面影响。根据石油天然气开采领域的研究经验，水侵入煤体后，会在煤体内部产生水锁效应，即水侵入时会在孔隙通道的端部产生毛细管阻力，限制了孔内气体的解吸与运移，致使气体产出率降低。

为了考证钻孔积水侵入后对煤层瓦斯解吸影响，张国华等[68]利用外液侵入条件下瓦斯解吸试验装置，在环境温度20℃条件下，开展无水侵入和有水侵入后水对含瓦斯煤中瓦斯解吸影响对比试验，瓦斯吸附平衡压力与所处的环境压力之差均为0.5 MPa。

① 试验原理及装置

对于含瓦斯煤层而言，钻孔内积水的侵入相比原有瓦斯属于后置侵入，在该条件下进行瓦斯解吸试验需要满足三个条件：一是含瓦斯煤体必须是处于吸附平衡状态的煤体；二是相对于煤体中所含的瓦斯而言，水侵入煤体属于后置侵入；三是由于瓦斯抽采不可能将煤层抽至真空状态，因此瓦斯解吸处于正压环境之中。

试验装置系统构成如图3-10所示。利用试验装置，参照《煤的高压等温吸附试验方法》(GB/T 19560—2008)中高压容量法的试验方法，即可满足第一个条件。对于第二个条件，通过内置外液联动装置实现。内置外液联动装置由装液缸、均布扩散器、托架组成，利用水的自重并通过倾斜来实现自动水侵入。对于第三个条件，可将样品缸内的瓦斯压力降到设定的环境压力值。

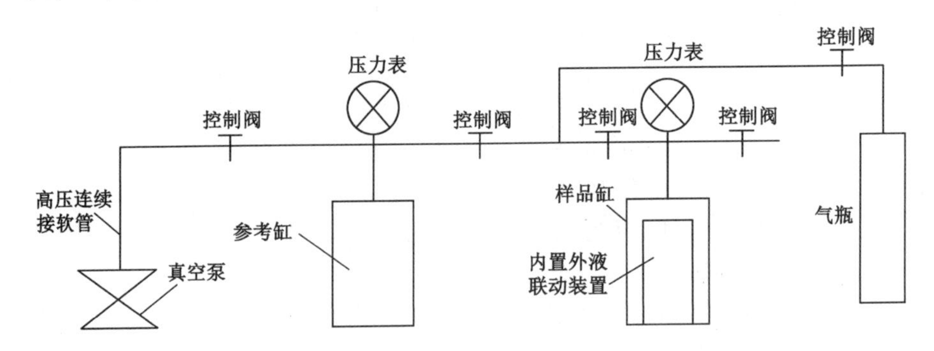

图3-10 试验装置

② 试验方法

为了研究水侵入后瓦斯解吸情况，需进行无水侵入条件下瓦斯解吸试验与水侵入后瓦斯解吸试验，操作过程如下：

(a) 试验样品制备。试验样品主要包括煤样和水两部分，试验煤样取自王坡煤矿3307运输平巷，煤样选用粒径为20～30 mm的小型煤块，煤样质量为

2 kg;水采用矿化度为 0 mg/L 的纯水,在试验过程中用量为 500 mL,环境温度为 20 ℃。

(b) 将整个内置外液联动装置连接好,将水、煤样等装入相应的容器内,通过真空泵对系统进行真空脱气,并求取样品缸内自由空间体积 V_f,注入甲烷使样品缸内瓦斯吸附达到平衡压力 P_c。

(c) 无水侵入条件下含瓦斯煤体正压瓦斯解吸试验测定。将样品缸中的瓦斯压力降到某设定的环境压力 P_z,记录不同时刻压力值 P_{ti},解吸时间为 12 h,然后按下式计算各时间点瓦斯解吸量 Δm_{ti}。

$$\Delta m_{ti} = \frac{V_m V_f}{MRT}\left(\frac{P_{ti}}{Z_{ti}} - \frac{P_z}{Z_z}\right) \tag{3-51}$$

式中 Δm_{ti}——无外液侵入条件下单位质量煤解吸瓦斯量,cm^3/g;

V_m——甲烷摩尔体积,$22.4\times10^3\ cm^3/mol$;

V_f——样品缸内自由空间体积,cm^3;

R——气体常数,$R=8.75$;

Z_{ti}——P_{ti}压力下甲烷气体压缩因子;

Z_z——P_z 压力下甲烷气体压缩因子。

(d) 水侵入后的含瓦斯煤体正压瓦斯解吸试验。利用同一煤样,重新注入甲烷使样品缸内瓦斯吸附达到平衡压力 P_c。然后将样品缸倾斜一个角度,并使水淋洒到煤样上。使样品缸中的瓦斯压力降到设定的环境压力 P_z,按式(3-51)计算出水侵入后各时间点瓦斯解吸量。

③ 水对瓦斯解吸影响效果分析

共开展 4 组对比试验,试验压力见表 3-4,在不同压力区间瓦斯在矿化度为 0 mg/L 且环境温度为 20 ℃的水中溶解度情况见表 3-5。试验结果如图 3-11 所示。

表 3-4 不同试验压力条件

组别	1	2	3	4
瓦斯平衡压力 P_c/MPa	2.5	2.0	1.5	1.0
环境压力 P_z/MPa	2.0	1.5	1.0	0.5

表 3-5 不同试验压力区间水对瓦斯溶解度

瓦斯平衡压力 P_c/MPa	2.5	2.0	1.5	1.0	0.5
溶解度/($m^3\cdot m^{-3}$)	0.725	0.510	0.470	0.430	0.215

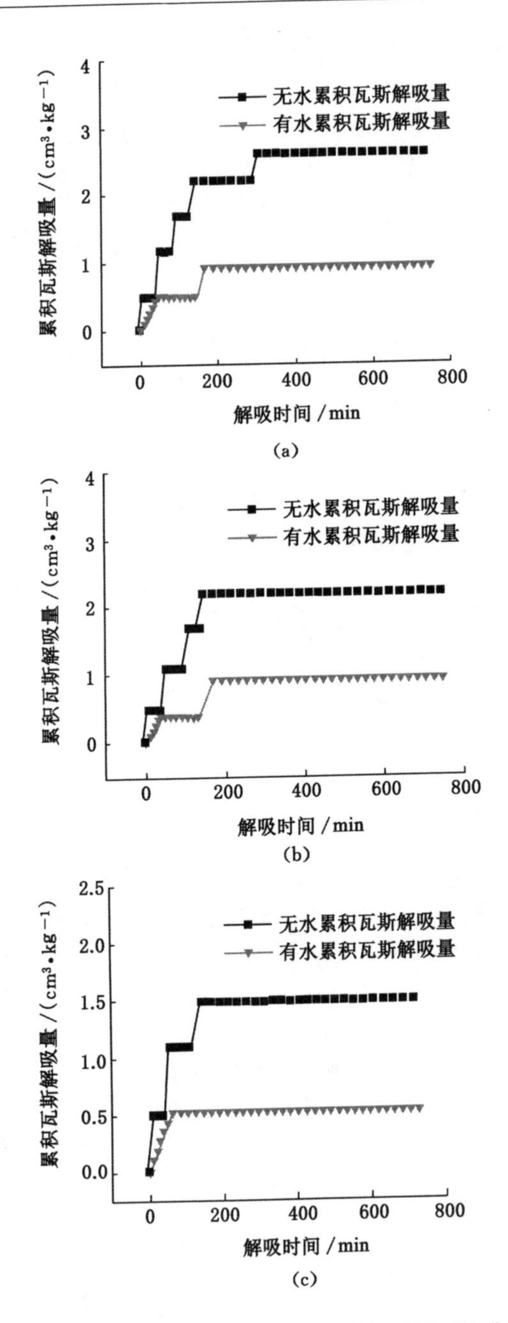

图 3-11　不同压力水平时瓦斯解吸量对比曲线

(a) 瓦斯平衡压力为 2.5 MPa,环境平衡压力为 2.0 MPa;(b) 瓦斯平衡压力 2.0 MPa,环境平衡压力 1.5 MPa;
(c) 瓦斯平衡压力为 1.5 MPa,环境平衡压力为 1.0 MPa

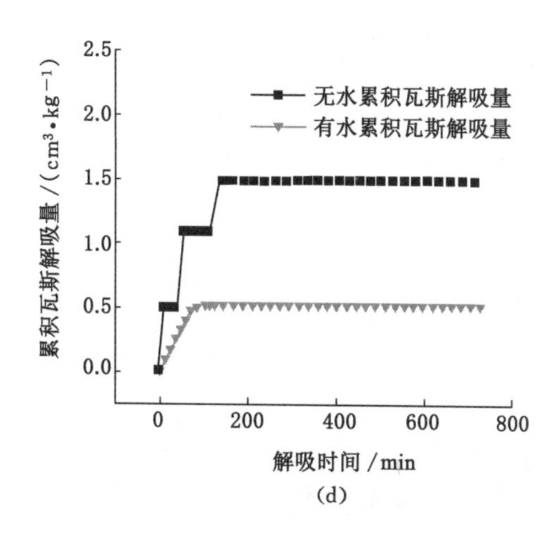

(d)

图 3-11 （续）

(d) 瓦斯平衡压力为 2.5 MPa，环境平衡压力为 0.5 MPa

试验结果表明，水的后置侵入确实对含瓦斯煤中瓦斯解吸具有损害作用。无论有无水的侵入，含瓦斯煤在正压环境状态下解吸时，瓦斯解吸量均随原始瓦斯压力的增加而增大，并在一定时间后瓦斯解吸终止，瓦斯解吸曲线呈水平直线状态。在煤层有水侵入时，含瓦斯煤的瓦斯解吸能力大大降低，使瓦斯解吸量平均降低 65.5%，于是会出现在一定时间后抽不出瓦斯的现象。

(2) 钻孔内积水煤渣特性及对抽采影响分析

下向钻孔内积存的细粒煤和岩粉沉淀、附着在钻孔壁面进一步造成堵孔，致使瓦斯抽采失效。细粒煤、岩粉的产生是多种因素综合作用的结果，煤岩自身的物理力学性质是煤粉产出的基础，工程扰动是煤粉产出的诱因，煤粉的形成不仅来自煤层本身，钻孔施工过程中的机械破坏也对其产生影响。

通过实验室进行不同含水率软煤力学强度测试，剪切强度与含水率的关系如图 3-12 所示。

从图 3-12 可以看出，随含水率的增加，软煤强度有三个不同的阶段特征：

第一阶段为“润滑”：含水率较低时，粉体强度整体呈下降趋势。

第二阶段为“黏结”：随含水率增加，毛细管起主导作用，表面张力对粉体强度的影响较摩擦力影响大，软煤整体的剪切强度增加。从图中可以看出，当含水率为 9%时，软煤剪切强度达到最大值。

第三阶段为“悬浮”：煤体含水率接近饱和后，煤体颗粒之间充满水，导致表面张力消失，剪切强度开始减小，造成钻孔底部煤体长期浸泡在水中，因此煤体的含水饱和度很高，不管是硬煤还是软煤煤体强度必然很低，这是造成下向积水

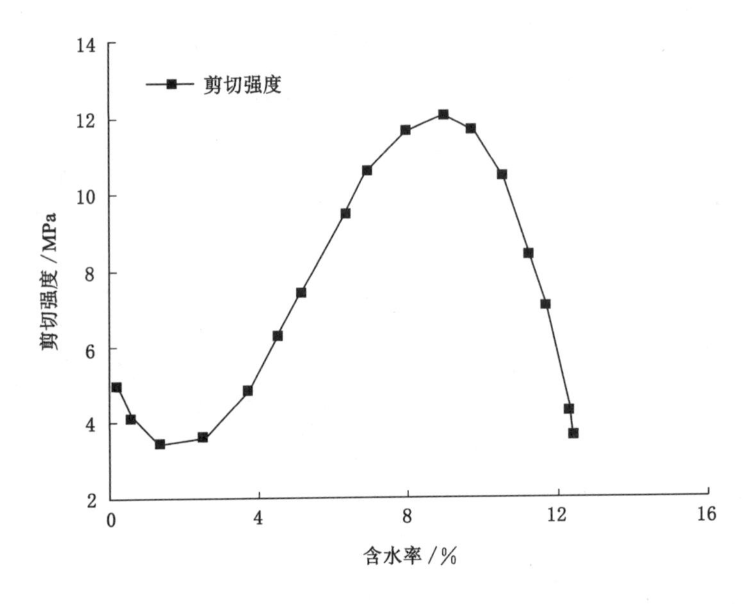

图 3-12　剪切强度与含水率的关系

钻孔比上向钻孔更容易失稳的重要原因。

此外，煤层顶底板大多含有泥岩，穿层抽采钻孔泥岩段在积水压差与化学势差的作用下，水分子会侵入到黏土矿物微裂缝和颗粒之间的宏观孔隙以及岩石亚微观与微观孔隙，发生水化作用。黏土水化大致包括表面水化和渗透水化两个阶段，会形成一个致密的煤泥粉堵塞柱，造成堵孔，进一步增加瓦斯抽采的难度。根据含水下向及近水平钻孔抽采效果评价，如抽采纯量下降至标准钻孔同期抽采纯量60%以下或泥岩封堵段已封堵可抽钻孔段50%以上时，就需对钻孔进行排水增产。

(3) 下向抽采钻孔水-渣混合输送特性研究

下向钻孔内积水和煤渣是混合状态存在，属于固液两相流体运动，在输送过程中水和煤渣相互混合并进行能量交换和能量损失。在此过程中，造成水-渣固液两相流体输送压力损失的原因是两相流在运动过程中的能量耗散，在管道输送过程中表现为沿程压力的降低。为寻找能量耗散的主要途径，常采取叠加的模式综合表达压力损失。一般来说，固液两相流在垂直管中运动时压力损失主要包括：载体与管壁的摩擦损失，以 I_f 表示；提升物料位能损失，以 I_s 表示；附加压力损失，以 I_c 表示，主要包括颗粒间碰撞以及颗粒与边界的碰撞冲量及摩擦损失。

① 水-渣摩擦阻力损失

在水-渣运移中，摩擦阻力损失是压力损失的主要部分。影响摩阻损失的因素很多，主要包括管径、粗糙度、流体的密度和黏度、流体速度、颗粒的密度及表征尺寸等，其中粗糙度是主要影响因素。因此，采用 Fanning 公式计算摩阻损失：

$$I_f = \lambda_f \frac{v_w^2}{2gD_3} \tag{3-52}$$

式中　v_w——水流速度，由于排渣机具的动力为负压，所以需要将其换算为相应的水流速度；

λ_f——流体摩擦阻力系数；

D_3——管道直径。

由阿里特苏里公式计算得出：

$$\lambda_f = 0.11\left(\frac{\Delta}{D_3} + \frac{68}{Re}\right)^{0.25} \tag{3-53}$$

式中　Re——水流雷诺数；

Δ/D_3——管道相对粗糙度，约为 46.78×10^{-6}。

② 水-渣位能损失

水-渣位能损失 I_s 是由清水与提升混合物的密度差造成的，与颗粒密度和颗粒浓度有关。假定钻渣和清水的密度分别为 ρ_s 和 ρ_w，则有：

$$I_s = C_{v1}\left(\frac{\rho_s}{\rho_w} - 1\right) \tag{3-54}$$

式中　C_{v1}——管道中的浓度，即钻渣在排出过程中管段内的颗粒浓度。

③ 水-渣附加压力损失

除了摩擦阻力和位能损失外，引起钻渣固液两相流体输送压力损失的还有颗粒碰撞能量损耗。颗粒碰撞对两相流动的影响与颗粒尺寸有着密切关系，但不同颗粒尺寸条件下颗粒碰撞对能耗的影响机理十分复杂，考虑到颗粒碰撞能量损耗与摩擦阻力损失和位能损失相比所占比重较小，因此不做具体分析。

④ 水-渣总压力损失

忽略较小且不易计算的附加压力损失，由叠加原理可知，水-渣在垂直管道输送过程中的总压力损失为：

$$I_t = \lambda_f \frac{v^2}{2gD_3} + C_{v1}\left(\frac{\rho_s}{\rho_w} - 1\right) \tag{3-55}$$

图 3-13 为实测水渣在垂直管道输送过程中，管道内不同位置压力分布特征。从图 3-13 可知，排渣通道向上运动时存在压力损失，并且由数据可知水渣混合物出口位置相对钻孔底部位置压力损失了 0.81 MPa，造成了部分的能量损失。由此可知，在下向钻孔水-渣输送过程中的能量损失主要是摩擦阻力损失和位能损失，同时也存在一定的附加压力损失。

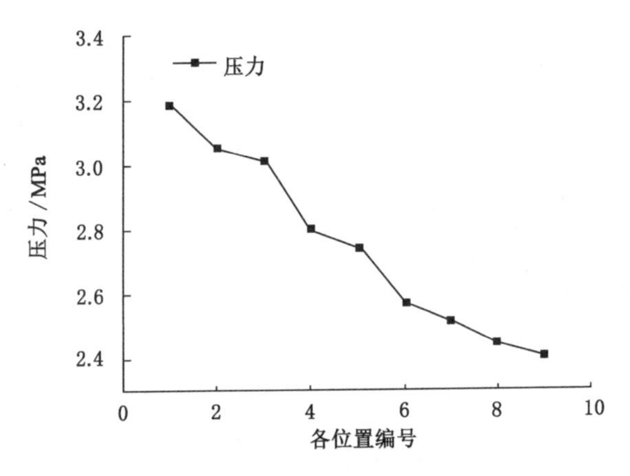

图 3-13　水-渣输送管道不同位置的压力

3.3.2　下向钻孔自动排水技术

王坡煤矿下向钻孔排水技术采用多孔并联自动化排水模式，在下向钻孔内下放抽排水管到预定位置，利用 KXJ660 矿用隔爆兼本安型可编程控制箱（以下简称 PLC 控制箱）和电动阀控制气动排水泵进行下向钻孔抽排水工作。下向钻孔抽排水工艺克服了压风排水工艺对钻孔孔壁失稳破坏和积水煤渣堵塞抽采单元汇流管路问题，且在抽排水过程中不影响钻孔的日常抽采，从根本上解决下向钻孔由于积水问题导致的抽采浓度低的问题。

(1) 下向钻孔排水系统构成

排水系统构成如图 3-14 所示，通过矿用隔爆兼本安型 PLC 控制箱和矿用隔爆型电磁阀控制气动排水泵进行下向孔抽排水工作，该系统具有以下显著的特点和优势：

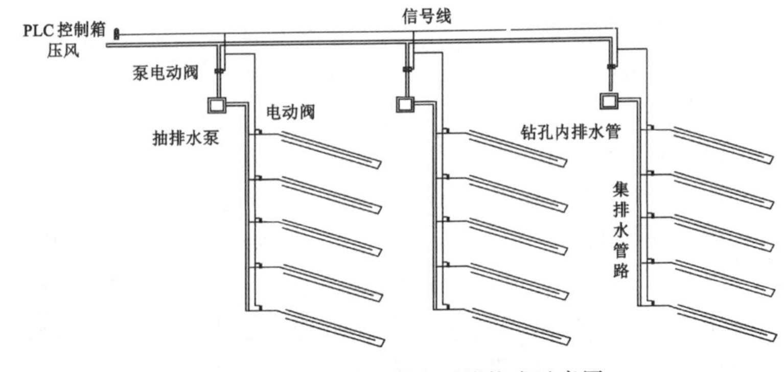

图 3-14　下向钻孔排水系统构成示意图

① 系统操作简便、工作效率高、工艺流程时间短，采用的矿用气动抽排水泵体积小，便于井下安放。

② 单个控制系统可控制多个电动阀协调工作，每个电动阀控制 1 个下向钻孔的排水操作，排水时间可自行进行设定。

③ 有全自动、半自动和手动控制三种模式，操作方便、灵活切换，排水时间自由设定，有利于提高下向钻孔排水高效化、集约化、自动化程度。

(2) 系统控制程序及运行模式

王坡煤矿下向钻孔排水系统的 PLC 控制箱具有三种控制模式，并且可以根据现场条件实时修改、设定单次排水、循环排水的时间。PLC 控制箱控制程序及运行模式如图 3-15 所示。

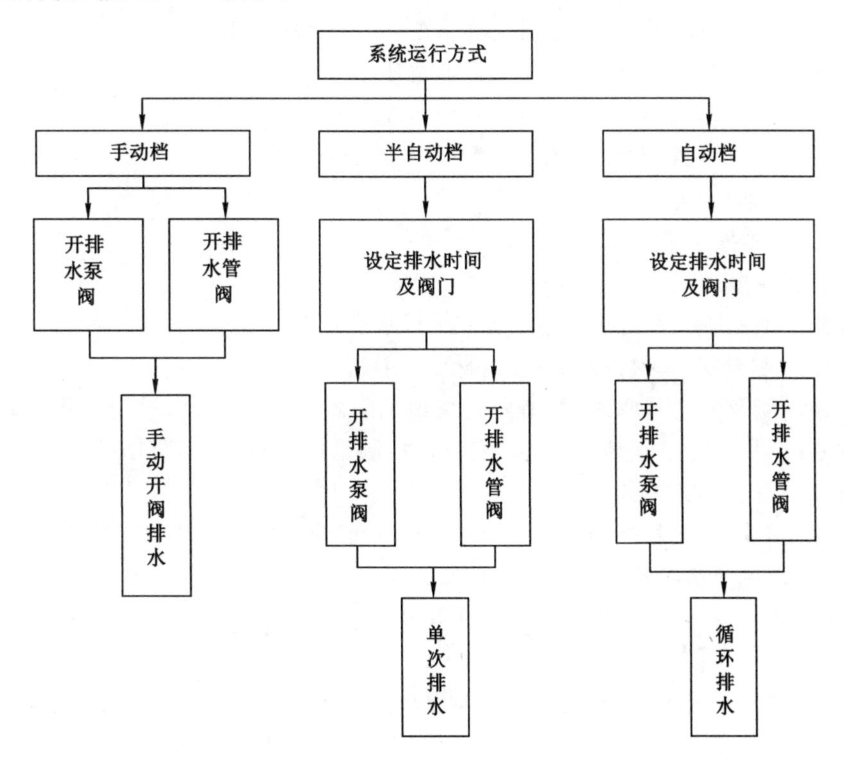

图 3-15 系统控制程序的运行方式

① 全自动方式：系统根据时间设定的要求自动循环实现所选钻孔的排水。

② 半自动方式：对所选钻孔阀门依次排放，一次排水完成后系统自动停止。

③ 手动方式：可以对每个阀门单独进行操作。

（3）下向钻孔排水系统主要装备

① 矿用隔爆兼本安型 PLC 控制箱及程序

王坡煤矿下向钻孔排水控制系统主要采用 KXJ660 矿用隔爆兼本安型可编程控制箱，PLC 控制箱主要用于煤矿井下的排水自动化控制、皮带运输自动化控制等，采用 PLC 可编程控制箱作为核心设备，具有较强的适用性、可扩展性以及较高的可靠性和强大的通讯能力。

a. 控制箱适用环境条件：温度在 0～40 ℃；平均相对湿度≤95％RH（＋25 ℃）；大气压力在 80～106 kPa；机械环境应无显著振动和冲击的场合，周围介质无腐蚀性气体，适用于有瓦斯和煤尘爆炸危险环境中。

b. 控制箱主要参数：供电电压为 AC660 V/127 V；容许最大供电电流为 32 A(660 V)/5 A(127 V)；本安参数，$U_{o}=18.5$ V，$I_{o}=1\ 000$ mA，$C_{o}=2.1$ uF，$L_{o}=0.1$ mH；重量为 30kg；矿用隔爆兼本质安全型“[Exdib] Ⅰ”。

c. 产品结构及外形尺寸：控制箱由本安电源、PLC、网络设备、继电器、接触器、外壳等组成，外形尺寸为 760 mm×665 mm×925 mm（长×宽×高），如图 3-16所示。

② PLC 控制箱主要技术参数

a. 控制电动阀：单台控制系统可控制 1～30 个电动阀协调工作，每个电动球阀控制一个瓦斯抽采钻孔管路或者一个排水泵工作。

b. 控制时间：单次排水和循环排水时间可任意设定。

c. 功能及电气原理：控制箱外壳采用了隔爆型结构设计，本安电源安装于隔爆腔内；非本质安全型器件全部安装于控制箱内，均进行了防爆处理，与其关联设备采用了本安或隔爆连接。

（a）采集功能：控制箱具有模拟量采集功能，将 200～1 000 Hz 的频率信号、4～20 mA 电流信号转换成实际测量值。

（b）开关量采集功能：控制箱具有开关量采集功能，采集无源开关量的状态。

（c）控制功能：控制箱具有控制输出功能，将控制逻辑运算的结果通过继电器进行输出。控制箱前面板封装有手动操作按钮，为 PLC 控制器输出的冗余设计，其控制接点不连接 PLC 控制器，直接接入继电器的控制端，即使在 PLC 控制器出现故障时，仍可以使用手动按钮控制执行部件。

（d）显示功能：控制箱能够将采集的模拟量、开关量的状态以及控制输出的状态在液晶显示屏上显示出来。

③ 矿用抽排水泵

王坡煤矿下向钻孔排水技术采用矿用气动隔膜泵作为主要抽排水设备。气

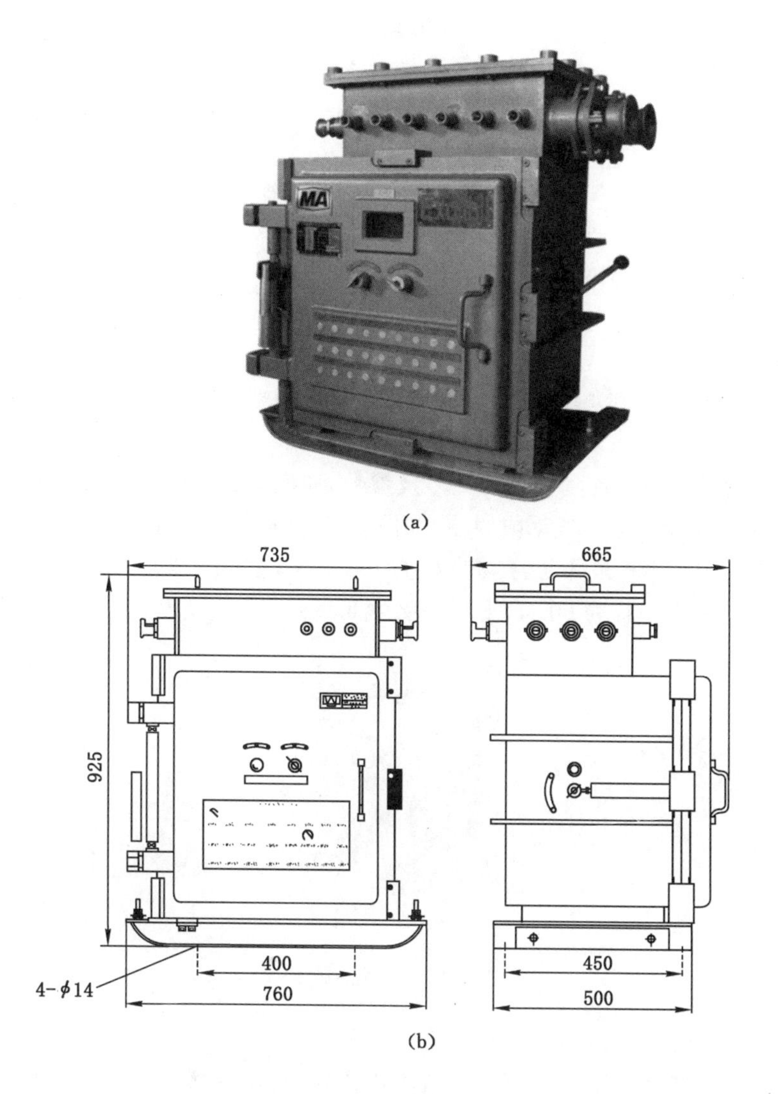

(a)

(b)

图 3-16 PLC 控制箱

(a) 实物图;(b) 外部结构及尺寸

动隔膜泵以压缩空气为动力,驱动腔体内的两片柔性隔膜来输送流体,无齿轮结构,工作不旋转。气动泵具有强劲的虹吸能力,无须灌水直接启动,容许输送含有一定大小颗粒的流体,被广泛应用于掘进工作面及各类设备周边的排污、采掘现场混水排放、水仓稀泥浆排放、高瓦斯矿井等。

气动隔膜泵采用模块化设计,体积小、重量轻、可移动、维修方便,并以其优良的质量和可靠的性能，在煤矿行业得到广泛应用。矿用气动隔膜泵主要型号及性能参数见表 3-6。

表 3-6　气动隔膜泵参数表

型号	最大流量/（$L\cdot min^{-1}$）	最大工作压力/bar	最大悬浮物直径/mm	干吸高度/m	重量/kg
BQG-70/0.2	150	8.3	3.2	6.1	8.6
BQG-150/0.2	340	8.3	6.4	5.8	23.4
BQG-350/0.2	651	8.3	6.4	8.3	29.6
BQG-450/0.2	897	8.3	9.5	8.3	49.8

综合各种矿用气动隔膜泵的型号及参数，如流量、悬浮物直径、干吸高度等，选用 BQG-350/0.2 型号气动隔膜泵，如图 3-17 所示，其接口孔径 2 寸，最大工作压力为 8.3×10^{5} Pa，最大悬浮物直径为 6.4 mm，重量为 29.6 kg，最大流量为 651 L/min，最大扬程为 60 m，干吸高度为 8.3 m。

图 3-17　气动隔膜泵

④ 矿用电动球阀

矿用电动球阀适用的供水压力范围广，是一种由球体旋转开闭水路的电动阀门，工作过程中通电时间短、工作稳定可靠，是一种用途广、使用寿命长、输水能力高、抗干扰能力强的理想的水控制阀门。主要适用于煤矿井下具有瓦斯、煤尘爆炸危险及水质差、水压范围广的自动化防尘、防灭火自动控制喷雾，用作水路自动控制开关，其结构及现场使用情况如图 3-18 所示。

a. 型号表示方法

型号示例：QMB9-0.7G(127)表示矿用隔爆型小型阀门电动装置，额定输出转矩为 9 kgf・m(90 N・m)，输出转速为 0.7 r/min，带功率控制器，电源电压 127 V。

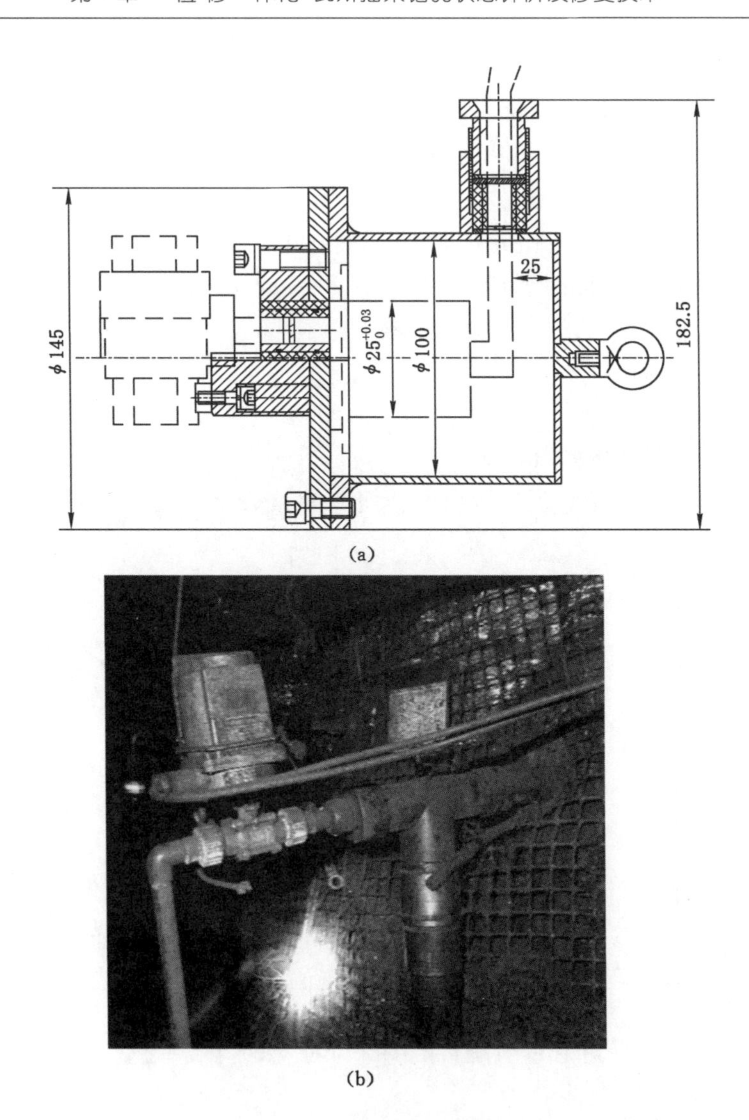

图 3-18 矿用电动小型球阀

(a) 结构图;(b) 现场安装效果

b. 工作环境和主要技术参数

(a) 电源:127 V、380/660 V,小型阀门电动装置电源一般为 127 V。

(b) 工作环境:大气压力为 80～110 kPa;环境温度为－20～＋40 ℃;周围空气相对湿度不大于 95%(25 ℃时)。适用于含有甲烷、煤尘等爆炸混合物的煤矿井下(采掘工作面除外)。

⑤ 下向钻孔排水管路布置

王坡煤矿瓦斯抽采下向钻孔管路布置分为两部分：一是钻孔内抽排水管路布置，二是多孔并联的集排水管路布置。钻孔内排水管路采用 25 mm 硬质 PVC 管，集排水管路采用 50 mm 硬质 PVC 管。

a. 钻孔内抽排水管路

王坡煤矿预抽钻孔孔径为 113 mm，封孔用瓦斯抽采管为 63 mm，钻孔内抽排水管拟采用 25 mm 硬质 PVC 管，根据试验地点钻孔条件（图 3-19），抽排水管布置在钻孔中的长度 L_3 可由下式求解：

$$L_3=\frac{h_{\max}}{\sin\alpha_3} \tag{3-56}$$

式中 α_3——钻孔的倾角，(°)；

$h_{\max}$——矿用气动抽排水泵最大干吸高度，m。

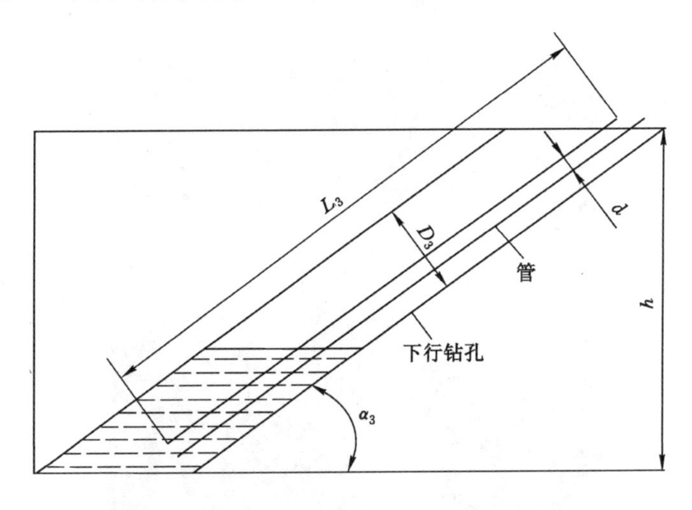

图 3-19 下向钻孔的几何尺寸及排水管路布置

b. 孔口抽排水管路连接方式

根据王坡煤矿封孔工艺及抽采管材料使用情况，钻孔内排水管路在抽采管内通过三通装置与抽采管和连接管路密封连接，如图 3-20 所示。

c. 多孔并联的集排水管路布置

瓦斯抽采下向钻孔集排水管路布置如图 3-21 所示，通过 PLC 控制箱程序协调控制多个抽排水泵和电动阀，1 台抽排水泵连接 1～9 个钻孔协调工作，集水管路采用管径为 50 mm 的硬质 PVC 管。

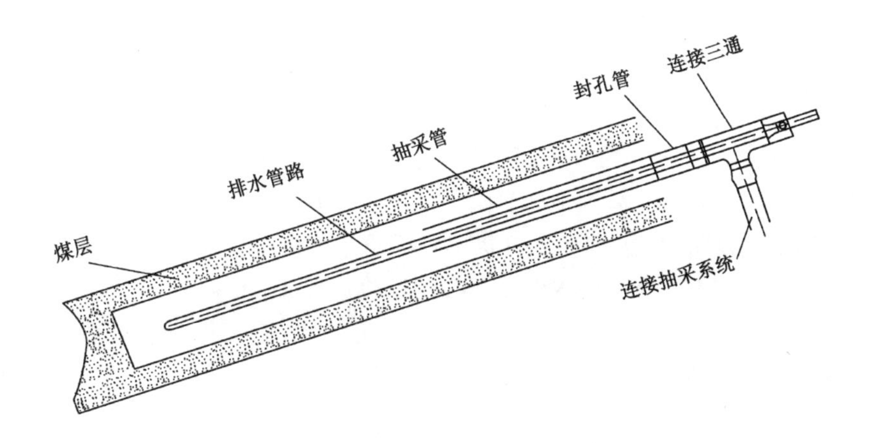

图 3-20 下向钻孔内排水工艺示意图

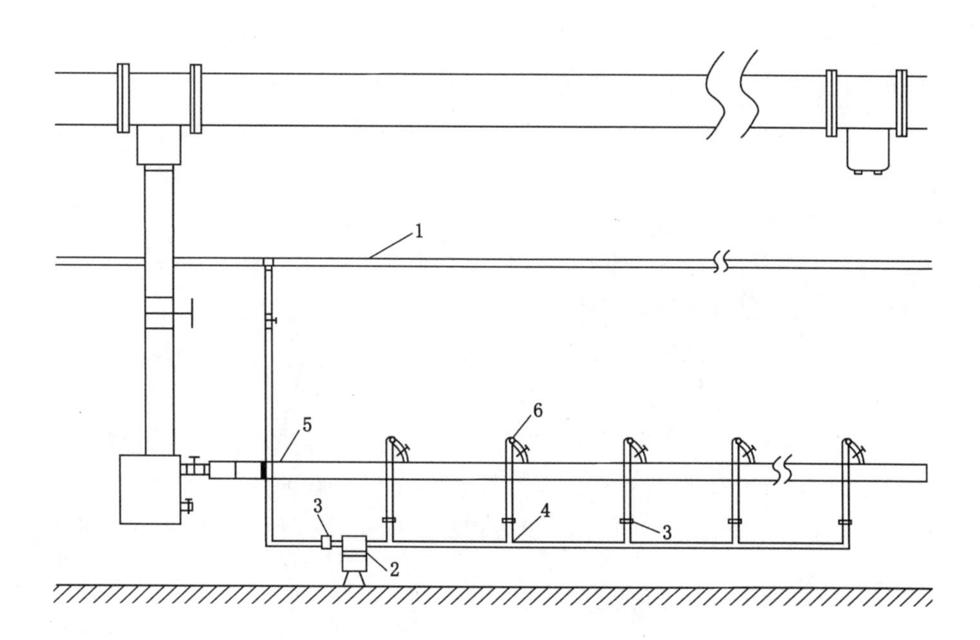

1—压风总管;2—气动抽排水泵;3—矿用隔爆型电动阀;4—集水管路;5—汇流管;6—抽采钻孔。

图 3-21 下向钻孔排水管路布置图

3.3.3 下向钻孔排水试验

(1) 下向钻孔排水试验流程及注意事项

下向钻孔排水工艺规范操作主要包括两个阶段：设备准备与连接阶段、实施阶段。

① 设备准备与连接阶段

(a) 井下压风系统准备：主要包括压风在施工过程中连续供给、风压能否达到所需压力要求，保证压风系统与施工系统连接的完好性。

(b) 供电系统准备：要连接好供电系统相关设备，保证在施工过程中供电不间断，确保在施工地点瓦斯浓度超限时能自动切断设备电源。

(c) 连接操作：抽排水泵、PLC 控制箱、电动阀、连接管线等运到施工地点后，安装、支撑牢固，连接好管线。

② 实施阶段

在抽采管路中增设 1 趟排水管，利用抽排水泵定时自动将钻孔内积水煤渣通过排水管路排出，具体的工艺流程如下：

(a) 无排水操作时：PLC 控制箱控制钻孔排水管路电动阀和压风管路电动阀关闭，压风管路关闭，钻孔内的瓦斯由抽采管路进入抽采系统。

(b) 进行排水操作时：PLC 控制箱工作，控制钻孔排水管路电动阀和压风管路电动阀开启，压风管压风→气动抽排水泵→钻孔→排水管→积水煤渣抽排出钻孔，此时，钻孔内的瓦斯由抽采管路自行进入抽采系统，抽排水工作不影响正常瓦斯抽采工作。抽排水一段时间后，PLC 控制钻孔排水管路电动阀和压风管路电动阀关闭，抽排水泵停止工作。

(2) 下向钻孔排水试验效果考察

① 试验钻孔设备安装效果

王坡煤矿 3316 工作面回风巷下向钻孔排水试验设备的安装，包括 PLC 控制箱安装、电动球阀安装、排水管路布置及电缆线、信号线的敷设等，并对安装完成后下向孔排水试验设备进行调试，王坡煤矿下向钻孔排水试验设备安装效果如图 3-22 所示。

② 试验钻孔抽采参数测定

根据试验钻孔试验前后抽采瓦斯浓度变化考察王坡煤矿下向钻孔排水试验效果。现场设计 1 组试验钻孔，布置 6 个下向钻孔，试验开始前进行试验钻孔抽采参数测定并记录。试验开始后，测定单孔及抽采单元浓度、瓦斯纯流量等参数，对所记录的数据进行统计分析。

③ 试验钻孔排水前后数据分析

王坡煤矿下向钻孔排水试验，记录试验前 5 天试验钻孔瓦斯浓度、瓦斯纯流

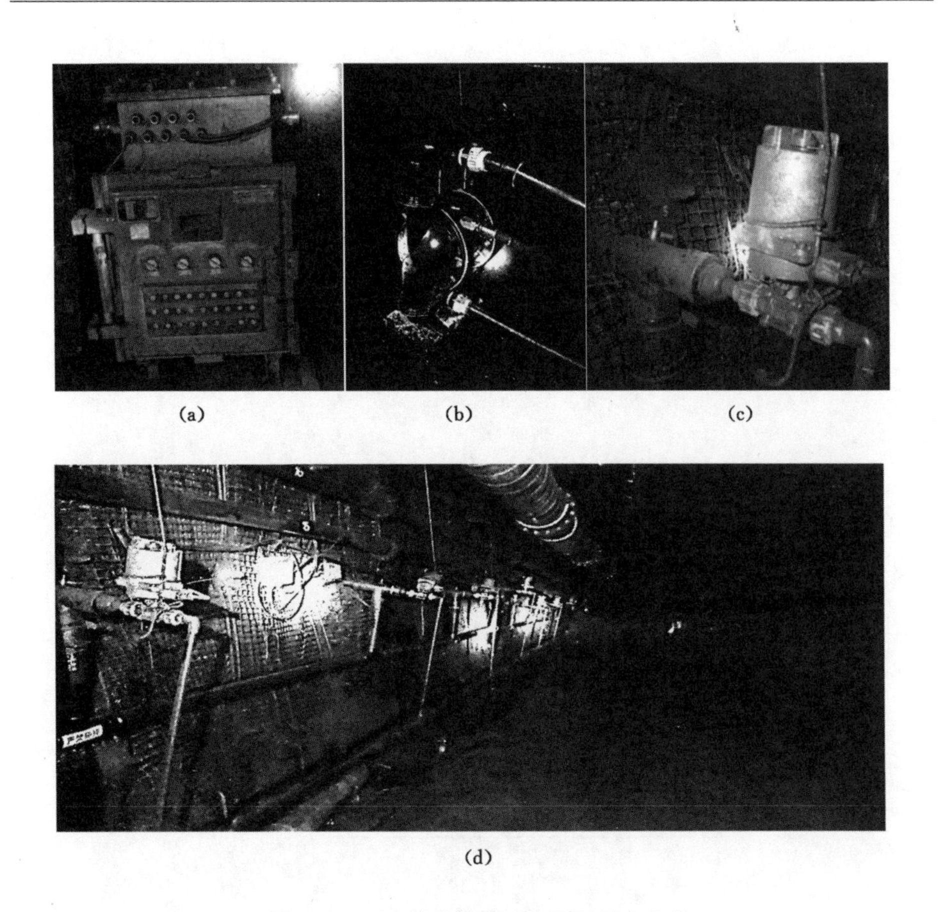

图 3-22 下向钻孔排水试验现场设备安装

(a) PLC 控制箱;(b) 管路连接;(c) 电动球阀;(d) 整体安装效果

量等抽采参数,第 6 天开始对试验钻孔进行排水操作,并及时考察钻孔排水后抽采效果,记录瓦斯浓度、瓦斯纯流量等参数,试验钻孔排水前后瓦斯抽采浓度、纯量变化趋势如图 3-23 所示。

从图 3-23 中可以看出,下向钻孔实施排水后,钻孔瓦斯抽采浓度和纯流量显著提升,单孔抽采纯量稳定在 0.04 m^3/min 左右,并且保持较高的抽采浓度。说明在下向钻孔运用排水技术,保持了钻孔瓦斯抽采通道畅通,钻孔抽采量得到有效的提高。下向钻孔排水技术很好地解决了下向钻孔积水不易排出问题,显著提高了钻孔抽采效果。

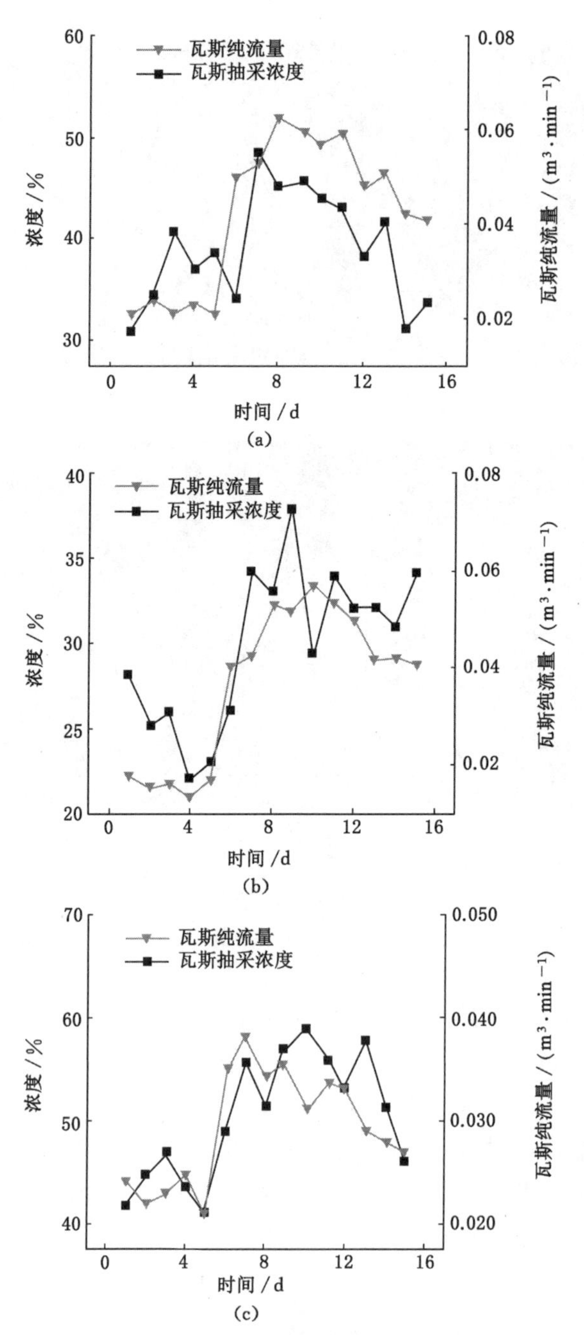

图 3-23 试验钻孔排水前后瓦斯抽采浓度及瓦斯纯量变化趋势

(a) 1-1# 钻孔;(b) 1-2# 钻孔;(c) 1-3# 钻孔

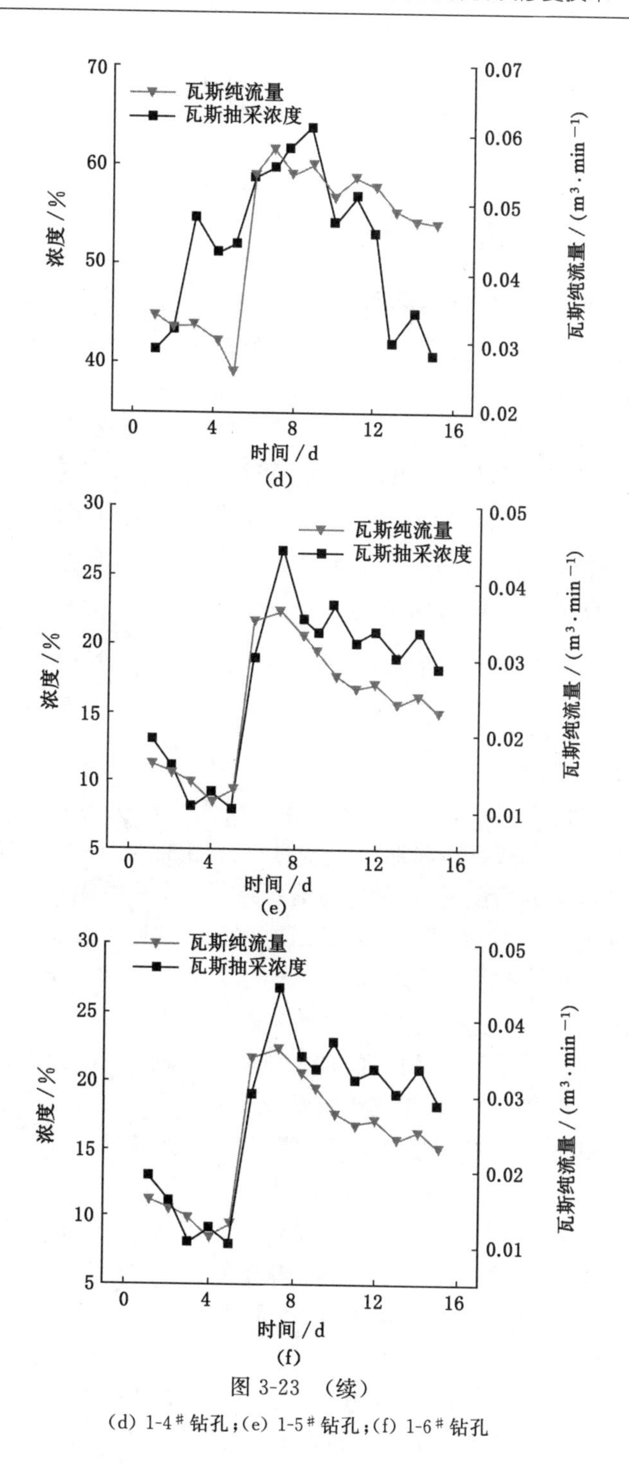

图 3-23 (续)

(d) 1-4# 钻孔;(e) 1-5# 钻孔;(f) 1-6# 钻孔

3.4 瓦斯抽采管路负压超声波检漏与带压快速堵漏技术

煤矿井下瓦斯抽采管网在煤矿瓦斯抽采系统中主要起两方面作用:一是连接抽采泵和井下抽采钻孔,将地面瓦斯抽采泵运行形成的抽采负压传递至井下各抽采钻孔内;二是将抽采的煤层瓦斯集中输送至地面进行排空或利用。可见,井下瓦斯抽采管网是煤矿瓦斯治理、开采和利用的一个重要部分。然而,由于瓦斯抽采管道不可避免地存在老化、腐蚀及其他自然或人为的损坏,管道泄漏时有发生。当泄漏发生后,外部空气被负压吸入管道内,使管道内瓦斯气体浓度降低。一方面,造成瓦斯输送安全隐患,当管道瓦斯浓度处在爆炸范围内,一旦出现事故,将产生严重后果;另一方面,造成管道内瓦斯浓度大幅降低,将导致瓦斯不能直接利用或利用成本增加。因此,准确地判断和定位瓦斯抽采管网泄漏位置并实施快速堵漏,对保障瓦斯输送管道的安全、提高瓦斯利用率和抽采效率、降低抽采系统能耗等具有重大意义。

3.4.1 抽采系统超声波在线检漏技术

(1) 超声波检漏原理

对于压力系统,当泄漏孔较小且系统内外的压力差又较大时,泄漏的气体雷诺数一般较大,气体的流速会很大,不会形成层流,而是形成湍流。对于湍流,其流动空间内分布着无数大小和形状各异的漩涡,由此激发出向空间辐射的超声波。在雷诺数较大的情况下,在紧靠泄漏孔处即会出现漩涡,由于泄漏孔的气流较周围气体速度大得多,周围气体会不断地被卷吸进流动区域,使得流动空间不断扩大,并形成新的漩涡,这些漩涡不断地发展、破裂并产生新的漩涡。根据涡动力学理论,涡流就是流体的声音。

当容器内部压强小于外部压强,即系统为负压时,一旦容器有漏孔,气体就会发生泄漏。泄漏发生时,大量气体由系统外部向系统内部涌入,漏孔附近的气体将由系统外部的层流状态变为系统内部的湍流状态,于是产生超声波。负压系统气体泄漏时产生的超声波示意图如图 3-24 所示。

同理,负压管道发生泄漏时,由于内外压差较大,漏孔尺寸较小,雷诺数较大,此时就会有气体穿过漏孔形成湍流,湍流在漏孔附近产生一定频率的声波。声波振动的频率与漏孔尺寸有关,漏孔较大时人耳可听到漏气声;泄漏孔较小时,将产生频率大于 20 kHz 的超声波。

由此可见,正压系统与负压系统在发生气体泄漏时的主要区别在于:负压系统泄漏时的气流由容器外部涌入容器内部,由层流变为湍流;正压气体泄漏时气

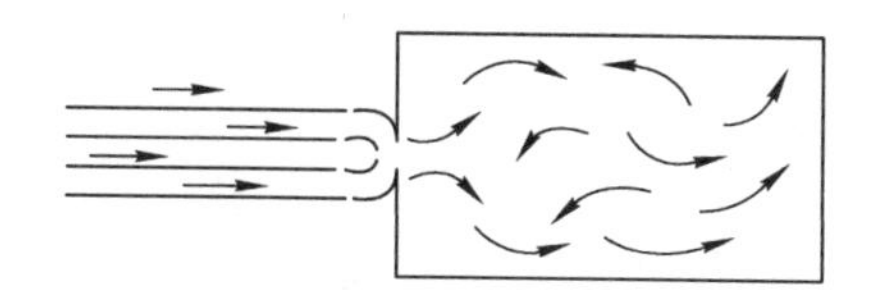

图 3-24 负压系统泄漏流示意图

流由容器内部向容器外部喷出由层流变为湍流。

理论上一般认为产生超声波的气动声源为四极子声源。四极子声源表面声压可表示为：

$$p_{\max}=k_{c}\rho u_{m}^{2}M_{a}^{2}D_{4} \tag{3-57}$$

式中 k_c——常数；

u_m——最大泄漏速度，m/s；

M_a——马赫数；

D_4——泄漏孔直径，m。

从式(3-57)可以看出，四极子声波表面声压受气体密度、马赫数、泄漏孔直径、泄漏速度等影响。正压和负压管道不同泄漏孔径下超声波频率试验结果如图3-25所示。

从图 3-25 可以得出，在相同压差、相同孔径下，正压时产生超声波频率比负压要大，测试距离也比负压时远，说明正压时产生的超声波声能要大于负压。因此，负压泄漏超声波检漏仪在设计时应通过多级放大和滤波电路的设计，使仪器能有效检测负压状态下的泄漏超声波信号。

(2) 负压泄漏超声波传播影响因素分析

① 试验系统与方案

建立集输管网泄漏模拟试验系统(图 3-26)，对抽放流量、抽放负压等主要参数以及泄漏产生的超声波规律进行研究。

调节抽放泵功率形成不同的管道负压，管道选用 DN100 与 DN150 两种直径的钢管，沿管道开 10 个泄漏孔，口径分别为 1～10 mm，通过试验得出负压、泄漏孔径、超声波频率及声波强的关系。

② 不同泄漏孔径对超声波产生的影响规律

如图 3-27 所示，在管道负压和测试距离一定的情况下，泄漏超声波的频谱峰值随泄漏孔孔径的增大呈近似线性减小。

(3)不同管道负压对超声波产生的影响规律

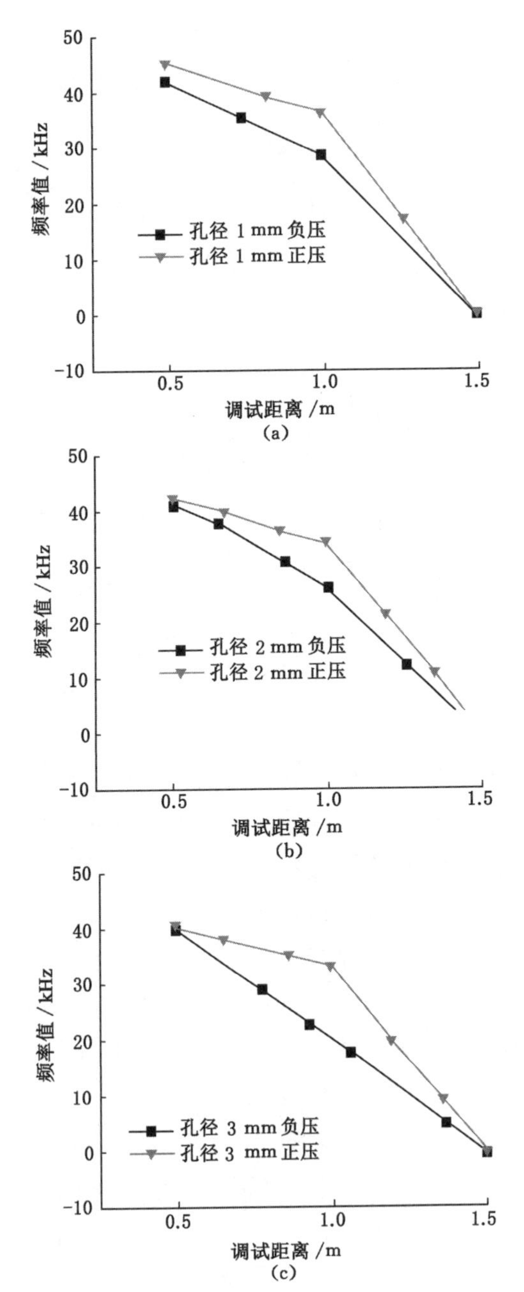

图 3-25　压差 60 kPa 频率衰减与测试距离关系

(a) 泄漏孔直径 1 mm 超声波频率；(b) 泄漏孔直径 2 mm 超声波频率；

(c) 泄漏孔直径 3 mm 超声波频率

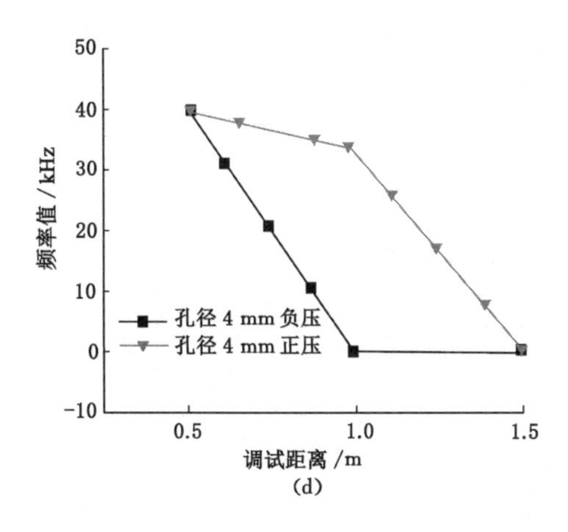

图 3-25 （续）

(d) 泄漏孔直径 4 mm 超声波频率

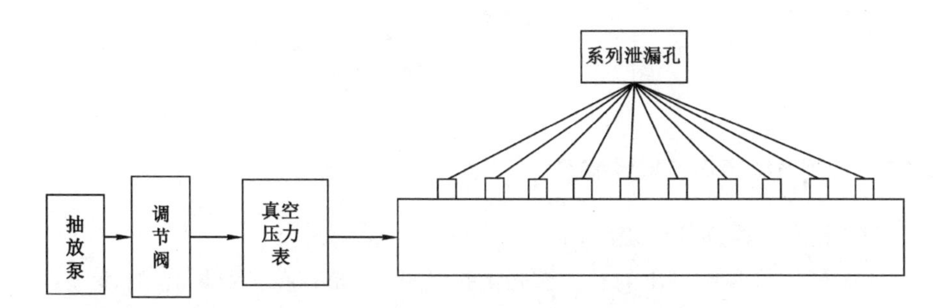

图 3-26 抽放管道超声泄漏试验系统

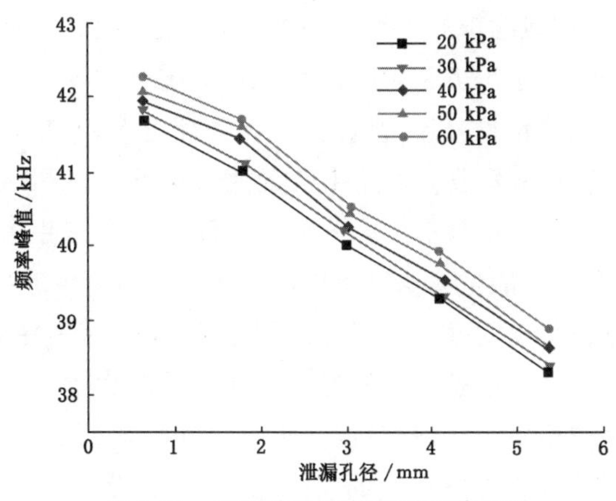

图 3-27 泄漏孔孔径与频谱峰值关系

如图 3-28 所示，在泄漏孔孔径和测试距离一定的情况下，泄漏超声波的频谱峰值随管道负压的增大呈近似线性增大。

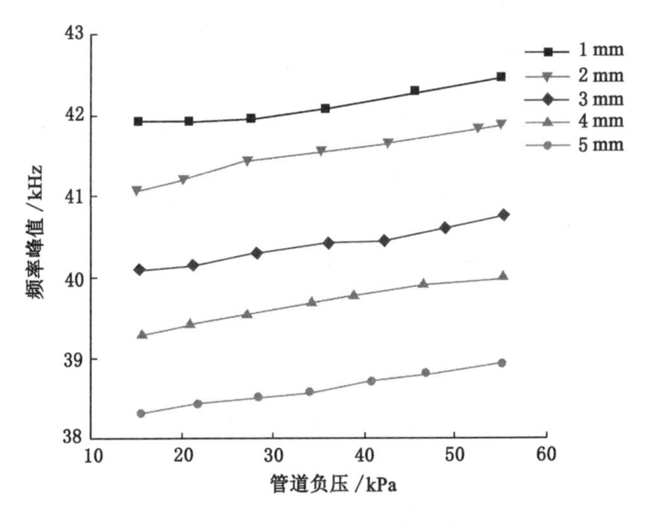

图 3-28　管道负压与频谱峰值关系

3.4.2　负压系统超声波检漏装置

(1) 超声波检漏仪系统组成

小孔气体泄漏所发出的超声波强度极其微弱，尤其在工业场合，环境噪声较大，超声信号检测难度大。因此，要检测出在恶劣环境下的气体泄漏所发出的超声，必须对系统信号放大部分进行精心设计。考虑到 40 kHz 点的泄漏超声波能量较大，该频率对应泄漏声和本底噪声能量差值也最大，因此，超声波检漏仪只检测 40 kHz 点的泄漏超声波的强度，以保证系统灵敏度。

超声波检漏仪主要由信号放大电路、音频处理电路、频率显示电路等组成，如图 3-29 所示。其中，信号放大电路由前置放大电路、有源带通滤波电路和同相放大电路组成，如图 3-30 所示。第一级前置放大电路选用 LM837 低噪音四运算放大器，它的主要功能是将信号源提供的微弱音频信号进行电压放大，并输出一定电平的音频信号至功率放大器等后续电路；第二级有源带通滤波电路选用的是 LF444CN，它是一个超精密的低噪声四运算放大器，具有极低的电压和电流偏移以及很高的增益稳定性，在这一级可以滤掉前面滤波器没有滤掉的大部分背景噪声和由器件或电路产生的噪声，选择的通带为 38～42 kHz；第三级同相放大电路选用的芯片是 HA17324 高性能四运算单电源放大器。

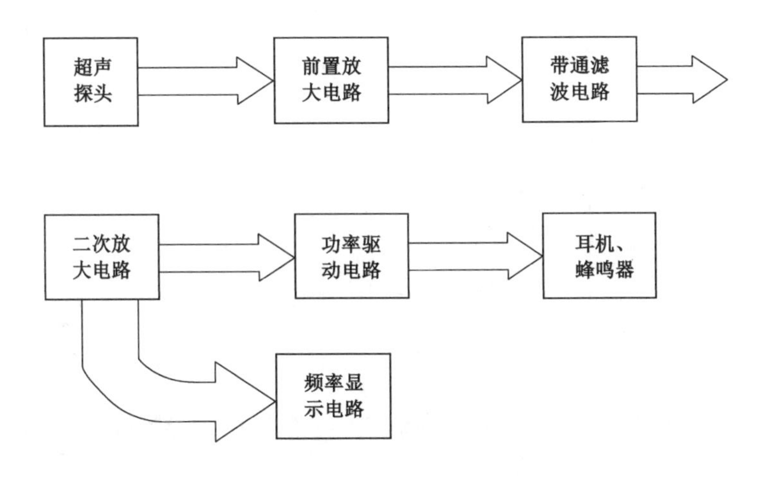

图 3-29 超声波检漏仪系统原理图

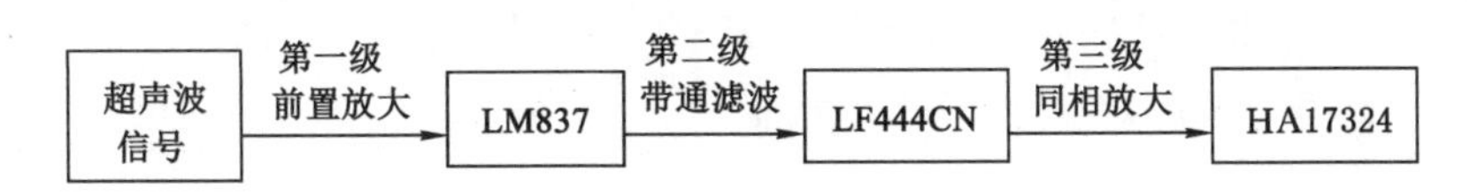

图 3-30 超声波信号放大电路图

尽管选用检测器件都是低噪声的，但对于检测极其微弱的泄漏超声信号来说，还是不能忽略器件本身的噪声。设计音频处理电路的目的是能够比较方便地判断哪里是泄漏点。人耳的听觉范围大约在 1 kHz 到 20 kHz。因此检测到的超声信号必须通过降频才能为人耳所听到。降频的原理是利用差分信号的乘法特性，然后在 U_o 后接上低通滤波器，即可得到差频信号。如选用本振电路的频率为 37 kHz，那么得到的差频信号为 3 kHz 可为人耳听到。音频处理电路由本振电路、混频器、功率驱动电路组成。传感器信号经过放大滤波处理后一路通过降频处理，将高频的超声信号转化为人耳可听的低频信号，另一路则接入频率显示电路(图 3-31)，由常用单片机 AT89C51 对液晶显示模块 1602 进行控制，将超声信号的频率值在液晶屏上实时显示出来。

(2) 主要技术参数

① 工作环境条件

(a) 环境温度：0～40 ℃；

(b) 湿度：≤98%；

(c) 大气压力：80～116 kPa；

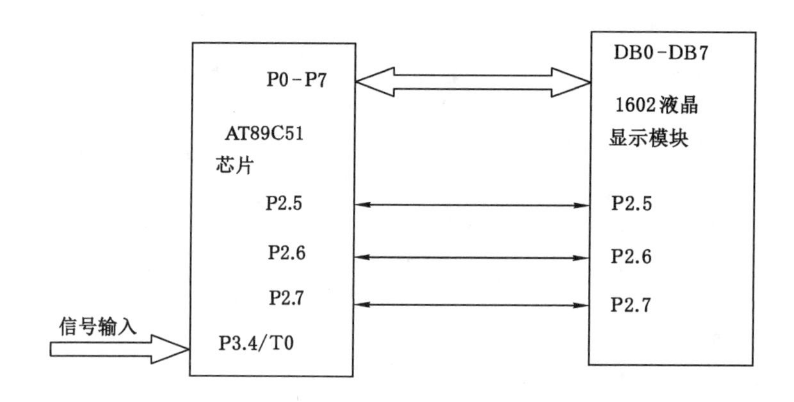

图 3-31　液晶模块与 AT89C51 的硬件接口框图

(d) 无显著振动和冲击的场合；

(e) 具有甲烷混合物及煤尘爆炸危险的煤矿井下。

② 技术参数

(a) 额定工作电压：(7.5±1.5)V.DC。

(b) 工作电流：≤150 mA。

(c) 工作频率：40 kHz。

(d) 误差范围：±1.5 kHz。

(e) 测量距离：正前方 1.5 m(空旷、无遮挡)。

(f) 测量角度：0°～90°。

③ 产品的主要功能

(a) 仪器采用液晶显示，能实时显示测量的参数；

(b) 有专用充电器，具有充电和停止充电指示功能；

(c) 仪器正常充满电后能保证仪器使用时间达 6 h。

3.4.3　在线堵漏成套装备

(1) 堵漏夹具

夹具是注剂式带压堵漏技术中重要组件之一，法兰夹具一般由二等分组成整圆结构，如图 3-32 所示。夹具的主要作用是将泄漏点包容起来，形成必要的密封腔，通过注剂螺栓孔连接注剂枪，提供注剂通道，并能够容纳密封剂，承受系统压力和注剂时的挤压力。

① 夹具强度

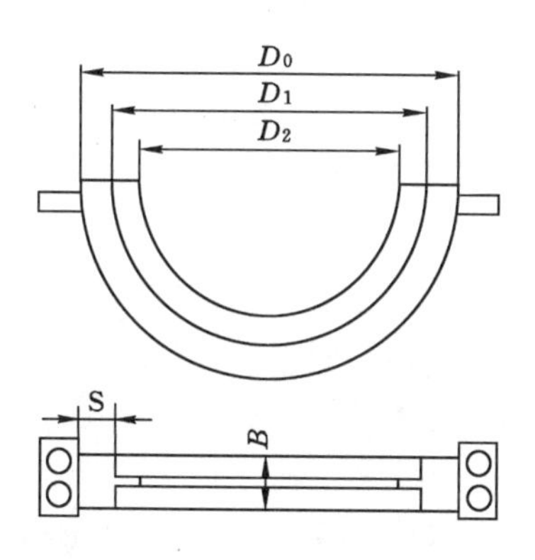

图 3-32 夹具结构示意图

夹具主要承受系统内压力和注剂过程中的挤压力，同时需承受有关金属构件的重量，因此夹具需要有一定的强度和刚度。基于《压力容器》(GB 150.1—2001)中压力容器壁厚设计进行夹具强度设计。考虑到注剂螺栓孔会减小夹具截面，降低夹具强度，对该方法进行修正，夹具厚度 S 计算公式如下：

$$S=\frac{p_e D_{max}\psi}{2[\sigma]^t\Phi-p_e}+C_0 \tag{3-58}$$

式中 p_e——夹具设计压力，MPa；

D_{max}——夹具的最大内径，mm；

$[\sigma]^t$——实际温度下夹具材料的许用应力，MPa；

Φ——焊接接头系数；

ψ——考虑注剂螺量栓孔对夹具强度削弱的修正系数；

C_0——厚度附加量，mm。

由于两法兰间隙一般较小，式(3-58)中未考虑夹具在法兰间隙中的凸台，该凸台可按实测数据加工。

② 夹具厚度计算式中各参数确定

夹具设计压力 p_e：夹具设计时，不能直接按系统压力或取1.1倍系统压力作为夹具强度计算时的设计压力。根据工程实际，当系统压力小于7 MPa时，取7 MPa作为设计压力；当系统压力大于7 MPa时，取密封剂压实的挤压力或系统压力作为设计压力。

焊接接头系数 Φ：管法兰一般较小，夹具可用整张钢板加工，此时焊接接头系数可取1。如果夹具为多张钢板拼接而成，则按《压力容器》(GB 150.1—2001)的规定选取焊接接头系数。

修正系数 ψ：法兰夹具的宽度 B_0 与注剂螺栓孔直径相差不大，注剂螺栓孔对夹具强度的削弱是不可忽视的，因此必须对计算出的夹具宽度进行修正。为提高安全性，按注剂螺栓孔贯穿整个厚度计算，依据等截面膜原理可推出如下计算公式：

$$\psi = B_0/(B_0 - d_4) \tag{3-59}$$

式中　B_0——夹具宽度，一般取法兰间隙加 20 mm，也可根据实际情况选择；

d_4——注剂螺栓孔的最大外径，mm。

夹具厚度附加量 C_0：在夹具设计时，除考虑强度外还必须考虑刚性问题，以防止在注射过程中因挤压力致使夹具变形，导致注剂堵漏失败。在强度计算后，必须以提高刚性为目的增加厚度值，一般取 4～6 mm 的附加厚度。

③ 夹具材质

夹具材质的选择要符合《压力容器》(GB 150.1—2001)中的规定，用于制造夹具的材料可分为三类：碳素钢类、低合金钢类和高合金钢类。夹具材料的选择要以材料允许的最高使用温度和最佳承载性能为依据，常用的有 Q232-C、20R、16MnR 和 1Crl8Ni9Ti。

④ 夹具设计

根据管道和法兰形状，直管道夹具结构设计如图 3-33 所示。夹具采用碳钢进行加工，分两个半圆部分，其上半部分开有一个注剂孔。直管道堵漏时，内部凹槽宽度可根据实际泄漏孔洞的大小进行调整，法兰夹具凹槽宽度根据管道连接标准进行加工，夹具实物如图 3-34 所示。由于井下管道多发生环形裂缝式泄漏孔洞，受夹具加工和井下施工以及泄漏状态处理的影响，所设计的夹具能够封堵间距(沿轴向)小于 60 mm 的泄漏缝隙。

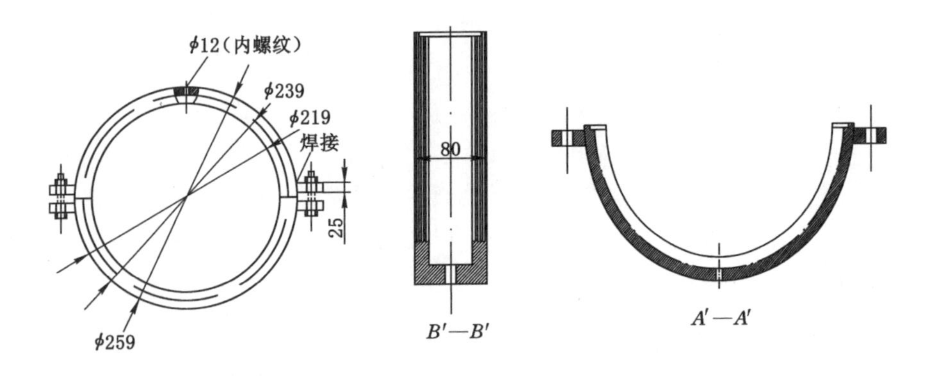

图 3-33　夹具结构设计图

图 3-34 堵漏夹具实物图

(2) 注剂枪

① 工作原理

采用将手动机械能转换为液压能的原理进行设计(图 3-35),具体可分四个过程:

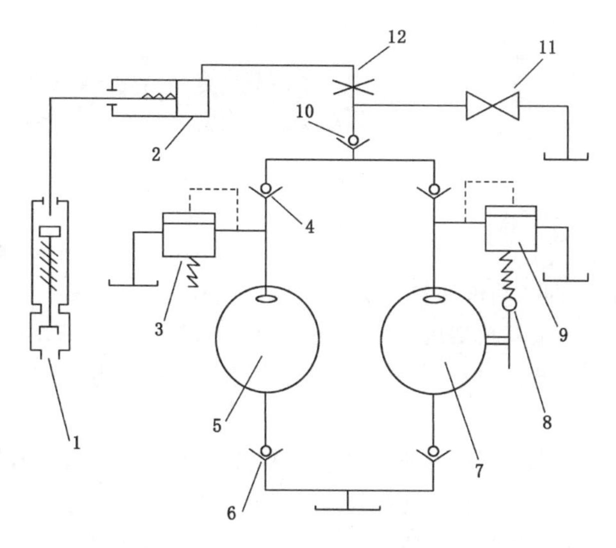

1—注剂枪头;2—油缸;3—高压安全阀;4—高压单向阀;5—高压泵;6—滤油器;
7—低压泵;8—压杆;9—低压安全阀;10—低压单向阀;11—卸载阀;12—高压胶管。

图 3-35 注剂枪工作原理图

充液:油泵在开始工作时,油液被柱塞压入高低压单向阀,通过高低压单向阀进入油缸,当压力升至 1 MPa 时,低压阀打开,低压油溢回储油管。

升压:充液后,高压柱塞继续工作,压力逐渐升高,当压力超过额定压力 63 MPa时,高压阀打开,高压油从高压阀溢回储油管,压力始终保持为 63 MPa。

工作:在工作过程中,由于工作缸做功,能量会减少,所以要随时摇动手柄,保持所需的工作压力,直至工作结束。

卸载:油泵工作完毕,需要将压力减至零,打开卸载阀,油液流回储油管。完成卸载工作。

充油、升压、工作这三个过程实际上是不可分割,只摇动手柄就可完成。

② 主要结构与各部分的作用

注剂枪由泵体部分、手柄部分、胶管部分、储油箱、后座部分等组成,具体结构如图 3-36 所示。

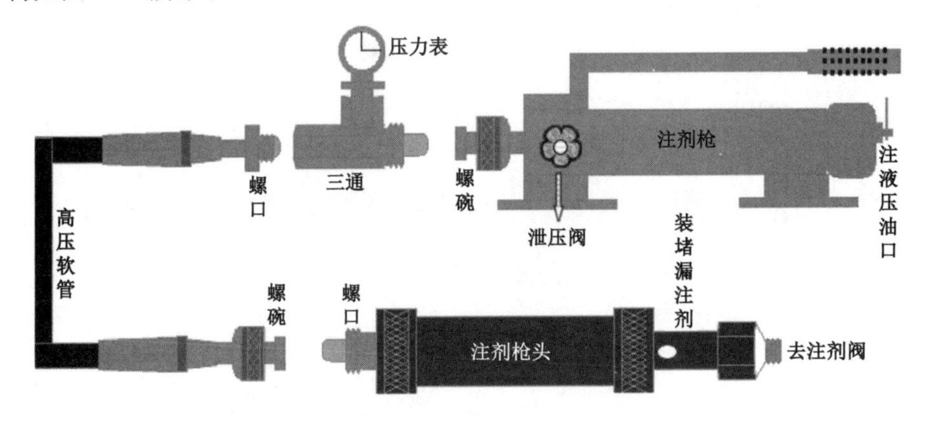

图 3-36　注剂枪结构示意图

泵体部分包括高压工作腔、低压工作腔、两个单向阀、高压阀(安全阀)、低压阀、卸压阀、两个止回阀、进油口等。两个单向阀规格、作用是一样的,都用于防止压力油回流。低压阀和高压阀用于分别将压力控制在 1 MPa 和 63 MPa。进油口处的两个钢球是止回阀,工作完毕后松动卸压阀,压力油流回储油管,完成卸载工作。

手柄部分主要由压杆和压把组成。压杆靠两个销子与泵体和柱塞连接,手动力作用在压杆上,带动柱塞做往复运动,产生油液压力。在压把上面有 M20 mm×1.5 mm 螺孔,供垂直安装压杆,可以根据作业空间和操作人员习惯,选用垂直或水平位置操作。

胶管部分是连接油泵和油缸输送压力油液的部件。不使用时,将胶管与油缸脱开,胶管头部用橡胶帽堵上,油缸接头处用接头堵上,以防污物进入油管和油缸。

在后座或油箱上面装有注油、放气装置,油泵工作时须松开放气螺,以免储油箱内气压过低,影响正常工作,工作完毕后拧紧放气螺。

此外,在泵体部分后端安装有一个挂钩,当手提油泵时用挂钩锁住压杆。

③ 性能技术指标

DLB63 型注剂枪主要技术性能指标见表 3-7,注剂枪实物如图 3-37 所示。

表 3-7　注剂枪性能技术指标

项目	参数
压力[高压]/MPa	63
压力[低压]/MPa	1
流量[高压]/(mL·次$^{-1}$)	2.3
流量[低压]/(mL·次$^{-1}$)	12.5
最大手摇力(约)/N	400
重量/kg	7.5
外形尺寸/mm	610×130×64
贮油量/L	0.7

图 3-37　注剂枪实物图

③ 在线堵漏材料研制

为实现不停泵在线快速堵漏，堵漏时间不超过于 30 min，堵漏剂需具有快速固化、高黏结强度的特性；同时，为了适应煤矿的安全要求，还必须具有阻燃和抗静电性能；配套的堵漏设备能够满足直管段和法兰连接处的堵漏要求。

根据对堵漏材料的技术要求，通过文献分析和多轮的对比试验，确定选用环氧树脂作为在线堵漏材料（注剂）。开发的堵漏材料（图 3-38）具有力学性能高、黏结性能优异、固化收缩率小、化学性质稳定、固化方便等优点。堵漏性能和阻燃抗静电性能测试结果（表 3-8）表明，开发的井下集输管网快速堵漏材料符合快速堵漏材料的性能要求。

图 3-38　线堵漏材料组分

表 3-8 实测数据表

序号	试验项目	技术要求	实测结果	单项结论
1	抗静电性能	表面电阻平均值不得大于 3×10^8	引用检测中心数据	合格
2	阻燃性能	6 块试样有焰燃烧时间平均值不得超过 3 s，每块试样有焰燃烧时间单值不超过 10 s	引用检测中心数据	
		6 块试样无焰燃烧时间平均值不得超过 10 s，每块试样无焰燃烧时间单值不超过 30 s	引用检测中心数据	
3	可操作时间	≥10 min	20 min	
4	固化时间	≤1 h	50 min	

3.4.4 检漏与堵漏一体化工艺流程

根据前述的超声波检漏与带压快速堵漏的技术装备特点，形成检漏与堵漏一体化工艺流程（图 3-39），具体操作如下：

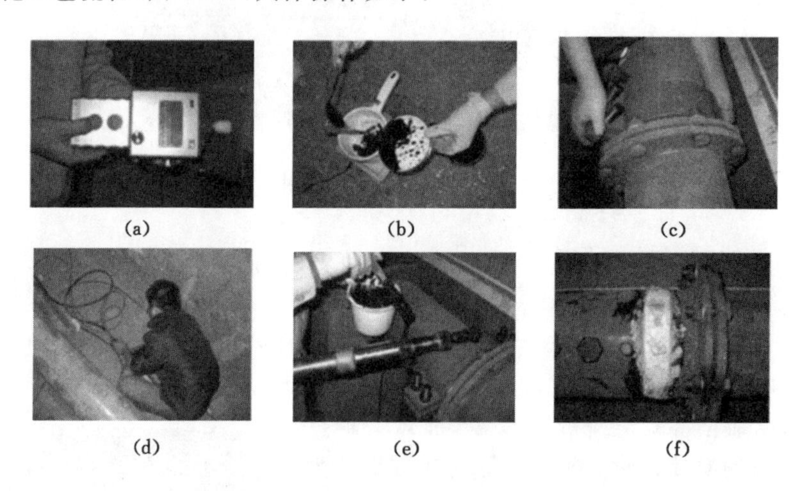

图 3-39 检漏与堵漏一体化工艺流程

(a) 超声检测；(b) 调配注剂；(c) 安装夹具；(d) 准备注胶枪；(e) 注胶；(f) 拆除夹具

第一步：利用便携式超声波检漏仪检测泄漏孔洞位置和大小；

第二步：根据泄漏孔洞大小和形状调配注剂，控制注剂凝固时间和强度；

第三步：用夹具夹持住法兰（或泄漏处）外廓，拧紧固定螺栓，使夹具与法兰（或管壁）空隙之间形成新的密封腔；

第四步:把注胶枪枪头旋拧至丝杆注胶头上,根据管道内介质选用不同密封注剂胶棒装填至枪头的侧填料口内,按动手动高压泵将胶棒注入法兰缝隙里,注胶至法兰夹具和法兰缝隙有纸片类胶飞出时立即停止,按上面程序在另一侧夹具注剂口安装注胶头连接注胶枪,一直注到不漏为止;

第五步:经过 30 min 后注剂固化,形成新的密封结构,拆卸夹具。

第4章 “评-控一体化”钻孔群抽采效果动态评价与监控技术

在当前煤炭高强度开采的条件下，瓦斯抽采已与煤炭开采形成了相互制约的矛盾，在高瓦斯矿井和煤与瓦斯突出矿井该问题尤为突出。我国学者针对瓦斯与煤协调开发问题，从开发模式和抽采工艺方法的衔接配合等方面进行了大量的研究和实践，并取得了一定的应用效果。但高瓦斯和煤与瓦斯突出矿井在实施井下煤层瓦斯抽采及技术管理的过程中，往往会遇到如下问题：① 在进行抽掘采部署规划时如何科学地预测工作面合理的预抽时间，或者在既定的采掘部署下如何保证工作面在预抽时间内实现抽采效果达标；② 在抽采过程中，如何实时掌握工作面预抽钻孔群覆盖区域煤体的抽采效果。矿井在解决上述问题时，由于缺乏相关理论和技术指导，往往依据经验或者盲目确定解决方案，导致瓦斯预抽期紧张或者不足，与采掘作业发生冲突，从而导致先掘、未抽先采或在抽采效果未达标的情况下进行采掘的现象普遍存在。

本书建立了一种涵盖抽采前的钻孔设计、抽采过程中参数监测预测与效果评判、抽采后效果验证的瓦斯抽采全生命周期抽采效果动态评价体系，提出了一种预抽钻孔定量分段设计优化方法用于抽采前的工程优化，研发了钻孔抽采参数分源采集与智能预测在线监控装备，用以指导矿井实时掌握钻孔群覆盖区域煤体的瓦斯抽采效果。建立的瓦斯抽采效果动态评价体系为解决高瓦斯和突出矿井抽掘采平衡关系建立这一难题提供技术支撑，促进矿井真正实现井下瓦斯抽采的精细化、科学化管理。

4.1 预抽钻孔群全生命周期抽采效果动态评价方法

4.1.1 抽采效果动态评价方法的提出

瓦斯抽采效果动态评价方法是以煤层瓦斯流动理论为基础，采用数值计算的方法首先对待评价煤层或区块进行不同抽采设计下不同时期的抽采效果预测，获取最优抽采工程设计方案；然后，对实际抽采过程中的抽采效果进行全周期动态评价，根据瓦斯抽采计量数据，对数值模型中关键的瓦斯参数进行反演与修正，以此为基础提高下一周期的瓦斯抽采效果预评价精度；最后，利用井下实测技术验证实际抽采效果[69]。

在瓦斯与煤炭协调开发时，对瓦斯抽采效果的评价不能仅限于抽采过程中的评价，而是需要贯穿整个抽采工作，在抽采施工前、抽采过程中和抽采末期三个阶段分别进行抽采效果预评价、抽采过程中实时评价和井下实测验证，最终保证抽采效果在预定时间内达到预期效果。如图 4-1 所示，上述三个阶段评价前后衔接、相互关联，以它们为主体结合煤层抽采瓦斯流动理论、抽采达标评判、监测监控、数学反演及井下瓦斯参数测定等技术，最终建立了预抽煤层瓦斯抽采效果动态评价方法。

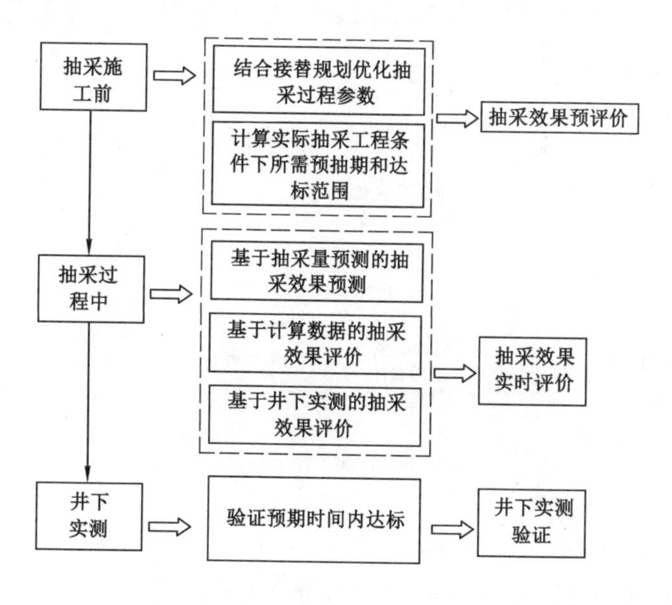

图 4-1 瓦斯抽采效果动态评价方法示意

4.1.2 瓦斯抽采效果预评价方法

在既定的预抽期内，通过施工合理参数的抽采钻孔进行瓦斯预抽，使抽采区域内的煤体瓦斯含量或压力降到临界值以下，这既是矿井本质安全型生产的基本要求，也是实现矿井抽掘采平衡关系的先决条件。在抽采施工前，结合接替规划、瓦斯地质条件、成孔周期以及临界值等因素对抽采工程设计进行优化，是确保抽采区域能够按期达标的有效措施。基于此，结合钻孔预抽煤层瓦斯流动理论、抽采效果预测和抽采工程优化方法提出了针对采前预抽的瓦斯抽采效果预评价方法，流程如图 4-2 所示。

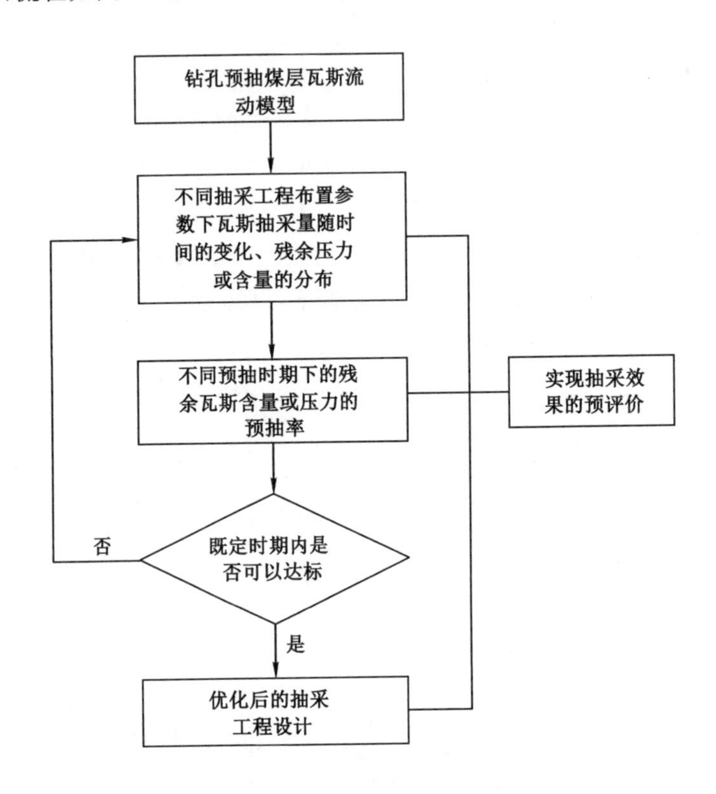

图 4-2　瓦斯抽采效果预评价流程

(1) 钻孔预抽煤层瓦斯流动模型

将煤层视为孔隙-裂隙双重介质，综合考虑瓦斯的渗流与扩散解吸过程，建立钻孔抽采瓦斯流动方程：

$$\begin{cases}\dfrac{\partial(n\rho_0/P_a)}{\partial t}=-\nabla\left[\rho_c\left(-\dfrac{K}{\mu}\nabla p\right)\right]+q_c\\ q_c=A_1B_1\dfrac{\rho_m P_a}{RT}ab\left(\dfrac{p_0}{1+bp_0}-\dfrac{p_t}{1+bp_t}\right)\exp(-A_2t)\\ Q_c=2\pi\alpha_4\rho_m l\displaystyle\int_{r0}^{R0}(\sqrt{p_0}-\sqrt{p_t})r\mathrm{d}r\end{cases}\tag{4-1}$$

式中　n——煤层孔隙率，m^3/m^3；

∇p——瓦斯压力 p 的梯度，$\partial p/\partial r$；

q_c——单位时间单位体积煤体中解吸的瓦斯质量，kg/(m^3 · s)；

Q_c——不同抽采时期的钻孔瓦斯抽采量，m^3；

p_t——t 时刻的煤层瓦斯压力，MPa；

ρ_m——煤的密度，kg/m^3；

A_1、A_2、B_1——试验系数；

α_4——煤层瓦斯含量系数，m^3/(kg · Pa$^{0.5}$)。

根据已有的钻孔预抽煤层瓦斯流动模型，可以得到单个钻孔在不同抽采时间下的瓦斯抽采量，从而为抽采效果的预测提供理论基础。

(2) 抽采效果预测

对于实施瓦斯预抽工作面的所有抽采钻孔来讲，由于成孔时间或接抽时间不同，每个钻孔和钻场在工作面总预抽期 d_0 内的抽采时间也不同，在进行抽采效果预测的时候必须考虑不同钻孔和钻场对应不同的预抽期。

综合考虑巷道的掘进速度、钻孔的钻进速度和一次接抽的钻孔个数等因素，将一次接抽的钻孔视为同一组钻孔，假设相邻接抽的两组钻孔之间的预抽时间差为 Δd，则第 i 组钻孔对应的预抽期 d_i 为：

$$d_i = d_0 - \Delta d \cdot i, i = 1, 2, \cdots, n \tag{4-2}$$

每组钻孔在各自预抽时期的抽采总流量为：

$$Q_i = \int_0^{d_i} Q d_t \tag{4-3}$$

该组钻孔控制范围内的残余可解吸瓦斯含量为：

$$W_i = W_0 - \frac{Q_i}{G} - W_{cc} \tag{4-4}$$

式中 Q_i——第 i 组钻孔的瓦斯抽采总量，m^3；

W_i——第 i 组钻孔控制范围内的残余的可解吸瓦斯含量，m^3/t；

W_0——煤的原始瓦斯含量，m^3/t；

G——参与计算的煤炭储量，t；

W_{cc}——煤在标准大气压力下的残存瓦斯含量，m^3/t。

所有钻孔的抽采总量 Q_z 为：

$$Q_z = \sum_{i=1}^{N} Q_i$$

$$N_z = \frac{L_m}{\Delta L \cdot s_z} \tag{4-5}$$

式中 N_z——总的钻孔组数；

L_m——工作面长度，m；

ΔL——钻孔间距或者终孔点间距，m；

s_z——一次接抽的钻孔个数。

则抽采区域的瓦斯抽采率为：

$$\eta = \frac{Q_z}{Q_{储}} \times 100\% \tag{4-6}$$

根据式(4-4)～式(4-6)的计算结果，即可预测在不同的抽采工程参数，如煤体的渗透率 K、钻孔间距 ΔL、钻孔长度 l_z、孔径 r_0、抽采负压 p_b 等条件下的瓦斯抽采效果随时间的变化以及抽采达标预期时间。

要实现煤层气与煤炭的高效协调开发不但要保证在既定的预抽期内实现抽采达标，而且还要做到抽采工程设计参数的最优化。以抽采钻孔的孔间距为例，如果孔间距过大，则造成相同时间内瓦斯抽采量减少，影响抽掘采的衔接；孔间距过小，虽然可以取得较理想的抽采效果，但也会使钻孔工程量大，造成不必要的人力、财力和时间浪费。因此，这就需要利用瓦斯抽采效果预测结果对抽采工程设计进行优化，从满足抽采达标时间要求的抽采工程参数中优选出适合矿井自身装备水平，同时施工工程量最小的工程设计参数。

4.1.3 抽采效果实时评价方法

(1) 评价流程

在抽采过程中实时掌握当前的抽采效果及下一时期抽采效果的发展趋势，对于保证抽采区域在预期时间内实现达标意义重大。鉴于此，结合煤层瓦斯抽采预测理论、抽采监测监控技术、井下瓦斯测定技术和数学反演等技术建立了抽采效果实时评价方法，具体评价流程如图 4-3 所示。

抽采效果实时评价方法首先根据钻孔组的实际接抽时间，按预抽时间差异系数和钻孔间距要求划分抽采评价单元，并根据每个评价单元预抽期的长短划分实时评价的评价周期。在一个评价周期内，又分为下一周期抽采效果预测、该周期内计量数据统计评价和井下实测含量或压力评价实际抽采效果，其中后两项的评价结果又可以修正预测模型里煤层渗透率和瓦斯压力或含量参数，从而提高下一周期的预测精度，实现预测模型的动态修正，准确把握瓦斯抽采实时状态和效果发展趋势。

(2) 基于抽采预测模型的效果预测

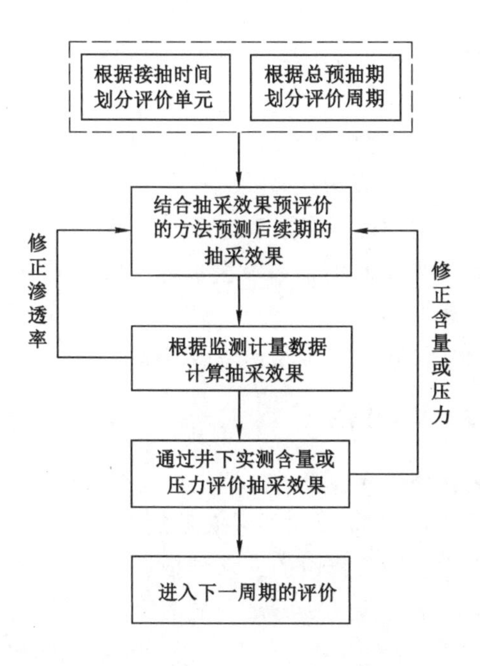

图 4-3 抽采过程中实时效果评价流程

抽采过程中针对每个评价单元的抽采效果进行预测，通过式(4-4)～式(4-6)计算得到该周期内剩余时间和后续周期的抽采效果发展趋势，即评价单元内煤体残余瓦斯含量或压力、抽采量和抽采率随时间的变化。

(3) 基于计量数据和井下实测的抽采效果评价

目前，进行瓦斯抽采矿井大部分已经安装了在线的瓦斯抽采实时监控系统，这为实现抽采效果的实时评价提供了数据基础。井下实测可以采用瓦斯含量和压力直接测定方法对抽采区域内煤体的瓦斯含量和压力进行快速准确测定。

《煤矿瓦斯抽采达标暂行规定》中明确给出了根据抽采计量数据计算抽采效果的具体方法，黄磊[57]详细论述了根据在线监控系统监测的实时数据进行抽采效果评价的方法，在此不再赘述。

(4) 抽采预测模型动态自适应性的实现

从用于抽采预测的钻孔抽采瓦斯的流动方程[式(4-1)]可以看出，煤层的渗透率 K 和瓦斯压力 P_0 是该模型中关键参数，这两个参数的代入值与实际值间的误差对预测结果有较大影响，而且这两个参数在抽采过程中是随时间变化的，由于预测模型存在一定的理想化假设，造成预测结果与实际值间必然有一定的误差，并且随时间延长和参数变化，这个误差会越来越大。因此，煤层渗透率 K 和瓦斯压力 P_0 能否根据实测数据进行动态修正是关乎后期预测结果是否精确的关键。鉴于此，建立的抽采效果实时评价方法将整个抽采期分为若干评价周期，利用前一个周期的实测数据反演修正煤层渗透率和瓦斯压力，从而实现评价的分期性和动态自适应性。

通过连续监测钻孔内的煤层瓦斯压力历史数据(p,t)反演确定煤体的渗透率 K 及其变化状况，抽采钻孔的抽采流量也是煤层渗透率的相关函数，也验证了通过(Q,t)反演渗透率 K 是可行的。瓦斯压力的修正可通过井下实测瓦斯含量并根据朗缪尔公式计算煤层实际瓦斯压力来实现。

4.1.4 井下实测验证抽采效果

无论是利用抽采瓦斯预测模型的预测结果还是根据计量数据计算都是间接对抽采效果进行评价，最为直接反映抽采效果的方式即在井下实测抽采区域内的煤层瓦斯含量或压力。当工作面的瓦斯预抽进入末期，根据理论预测和计量数据得到的抽采效果精度已经无法满足现场的需求，这就需要通过井下实测的方法来验证抽采是否达标，具体方法在煤矿瓦斯抽采达标相关规定中进行了详细说明。

4.2 预抽钻孔群定量分段优化设计方法

4.2.1 煤层瓦斯抽采产能预测模型

4.2.1.1 模型构建

(1) 连续性方程

① 孔隙系统中扩散运动连续性方程

根据质量守恒定律，单位时间 Δt 内各方向上扩散流入表征体单元的总质量与流出的总质量之差加上质量源的生成量应等于表征体单元质量变化量。假设 m_x、m_y、m_z 分别为质量扩散通量 m 在各坐标轴方向的分量，q_n 为孔隙系统流向裂隙系统的质量源，则孔隙系统的扩散运动连续性方程为：

$$\frac{\partial C_2}{\partial t}\mathrm{d}x\mathrm{d}y\mathrm{d}z=\left[m_x-\left(m_x+\frac{\partial m_x}{\partial x}\mathrm{d}x\right)\right]\mathrm{d}y\mathrm{d}z+\left[m_y-\left(m_y+\frac{\partial m_y}{\partial y}\mathrm{d}y\right)\right]\mathrm{d}x\mathrm{d}z+\left[m_z-\left(m_z+\frac{\partial m_z}{\partial y}\mathrm{d}y\right)\right]\mathrm{d}y\mathrm{d}x-q_n\mathrm{d}x\mathrm{d}y\mathrm{d}z \tag{4-7}$$

上式化简整理得：

$$\frac{\partial C_2}{\partial t}+\nabla m+q_{\mathrm{n}}=0 \tag{4-8}$$

式中　C_2——吸附瓦斯浓度，$\mathrm{kg/m^3}$；

m——扩散通量，$\mathrm{kg/(m^2 \cdot s)}$；

q_{n}——质量源，$\mathrm{kg/(m^3 \cdot s)}$。

② 裂隙系统中渗流运动连续性方程

根据质量守恒定律，单位时间 Δt 内各方向上渗流流入表征体单元的总质量与流出的总质量之差加上质量源的生成量应等于表征体单元质量变化量。假设 V_x、V_y、V_z 分别为体积渗流通量矢量 V 在各个坐标轴方向上的分量，q_{n} 为裂隙系统的质量源。单位时间 Δt 内，瓦斯密度 ρ_{c} 和煤体的孔隙率 n 将发生变化，使得游离瓦斯浓度 C_3 发生改变，则裂隙系统的渗流运动连续性方程为：

$$\begin{aligned}\frac{\partial C_3}{\partial t}\mathrm{d}x\mathrm{d}y\mathrm{d}z=&\left[\rho_{\mathrm{c}}V_x-\left(\rho_{\mathrm{c}}V_x+\frac{\partial(\rho_{\mathrm{c}}V_x)}{\partial x}\mathrm{d}x\right)\right]\mathrm{d}y\mathrm{d}z+\\&\left[\rho_{\mathrm{c}}V_y-\left(\rho_{\mathrm{c}}V_y+\frac{\partial(\rho_{\mathrm{c}}V_y)}{\partial y}\mathrm{d}y\right)\right]\mathrm{d}x\mathrm{d}z+\\&\left[\rho_{\mathrm{c}}V_z-\left(\rho_{\mathrm{c}}V_z+\frac{\partial(\rho_{\mathrm{c}}V_z)}{\partial z}\mathrm{d}z\right)\right]\mathrm{d}y\mathrm{d}x+q_{\mathrm{n}}\mathrm{d}x\mathrm{d}y\mathrm{d}z\end{aligned} \tag{4-9}$$

上式化简整理得：

$$\frac{\partial C_3}{\partial t}+\nabla(\rho_{\mathrm{c}}V_{\mathrm{t}})-q_{\mathrm{n}}=0 \tag{4-10}$$

式中　C_3——游离瓦斯浓度，$\mathrm{kg/m^3}$；

V_{t}——渗流通量，$\mathrm{kg/(m^2 \cdot s)}$。

③ 耦合连续性方程

以上研究是将瓦斯流动过程作为两个独立子系统进行的，然而两个系统是相互影响、相互制约的，二者之间通过质量交换源完成质量传递。由于瓦斯的吸附、解吸只是发生物质形态的变化，并未引起微元中质量的变化，因此瓦斯流动场的连续性方程可表示为：

$$\frac{\partial C_3}{\partial t}+\frac{\partial C_2}{\partial t}+\nabla\cdot(\rho_{\mathrm{c}}V_{\mathrm{t}}+m_{\mathrm{k}})=0 \tag{4-11}$$

(2) 运动控制方程

① 孔隙系统中扩散运动控制方程

煤体中发生扩散运动的瓦斯主要来源于吸附态瓦斯，当含瓦斯煤体的吸附、解吸平衡状态被打破时，部分吸附态瓦斯发生快速解吸，以达到新的平衡。解吸的瓦斯在浓度梯度作用下发生扩散运动。瓦斯从孔隙流入裂隙的扩散过程符合胡克定律：

$$m = -D_{\mathrm{k}} \nabla C_2 \tag{4-12}$$

式中　D_{k}——胡克扩散系数，$\mathrm{m^2/s}$。

② 裂隙系统中渗流运动控制方程

煤体中发生渗流运动的瓦斯主要来源于游离态瓦斯，在压力梯度作用下，岩煤体中裂隙发生渗流运动。已有试验研究表明[6]，瓦斯在低渗透率多孔介质中运移时，在固体壁上瓦斯渗流表现出速度不为零的现象，其渗流规律不再符合线性达西定律。渗流力学把这种效应称为“滑脱效应”，因此考虑“滑脱效应”时，煤层中瓦斯的运动方程可表示为：

$$V_{\mathrm{t}} = -\frac{K_{\infty}}{\mu}\left(1 + \frac{b_{\mathrm{c}}}{p}\right)\nabla p \tag{4-13}$$

式中　b_{c}——滑脱效应系数，MPa；

K_{∞}——煤体绝对渗透率，$\mathrm{m^2}$。

(3) 运动状态方程

根据模型构建的假设，将瓦斯气体简化为理想气体，则瓦斯气体服从理想气体状态方程：

$$\rho_{\mathrm{c}} = \frac{pM}{RT} = \beta_1 p \tag{4-14}$$

(4) 瓦斯含量方程

煤体被单相瓦斯气体所饱和，瓦斯以吸附态和游离态两种形式赋存于煤层中。吸附瓦斯主要吸附在煤体孔隙表面，而游离瓦斯主要存在于煤体的大孔以及裂隙中。

煤体吸附瓦斯含量遵守 Langmuir 吸附平衡方程，则吸附态瓦斯含量可表示为：

$$C_2 = \frac{abp}{1 + bp}\rho_{\mathrm{m}}\rho_{c0} = \frac{\beta_1 ab\rho_{\mathrm{m}} p_{c0} p}{1 + bp} \tag{4-15}$$

煤体中游离瓦斯与煤体的孔隙率、瓦斯压力以及温度等有关。在等温过程中，游离态瓦斯含量可表示为：

$$C_3 = \rho_c n = \beta_1 n p \tag{4-16}$$

(5) 煤层气产能预测模型

将上述气体状态方程、瓦斯含量方程、运动控制方程代入连续性方程得到含瓦斯煤体流动场方程：

$$\frac{\partial \dfrac{\beta_1 ab\rho_m p_{c0} p}{1+bp}}{\partial t} + \frac{\partial n\beta_1 p}{\partial t} - \nabla \cdot \left[\beta_1 p \frac{K_\infty}{\mu}\left(1+\frac{b_c}{p}\right)\nabla p + D_k \nabla \frac{\beta_1 ab\rho_m p_{c0} p}{1+bp}\right] = 0 \tag{4-17}$$

由于煤体变形是小变形，可视固体颗粒密度不变，假设物质导数近似等于其空间导数，则孔隙率与时间的变化关系可表示为：

$$\frac{\partial n}{\partial t} = \alpha_4 \frac{\partial \varepsilon_{sv}}{\partial t} + \frac{1-n}{k_s}\frac{\partial p}{\partial t} \tag{4-18}$$

将式(4-17)代入式(4-18)化简得：

$$\begin{aligned}&\left[\frac{ab\rho_m p_{c0}}{(1+bp)^2} + \frac{(1-n)p}{k_s} + n\right]\frac{\partial p}{\partial t} + \alpha_4 p \frac{\partial \varepsilon_{sv}}{\partial t} - \\ &\nabla \cdot \left\{\left[p \frac{K_\infty}{\mu}\left(1+\frac{b_c}{p}\right) + \frac{ab\rho_m p_{c0} D_k}{(1+bp)^2}\right]\nabla p\right\} = 0\end{aligned} \tag{4-19}$$

式(4-19)为煤矿井下煤层气产能预测数学模型，该模型含有体现孔隙率 n 和体积应变 ε_{sv} 等相关力学参数对瓦斯流动的影响。

通过相关现场调研以及数值计算结果分析，在满足计算结果准确精度要求上，对上述模型进行了相关修正。修正后可大幅度降低计算量，并考虑了抽采钻孔漏气对产能预测的影响，实用性更强，修正后模型可表示为：

$$\left[\frac{ab\rho_m p_{c0}}{(1+bp)^2} + \frac{(1-n)p}{k_s} + n\right]\frac{\partial p}{\partial t} + \alpha_4 p \frac{\partial \varepsilon_{sv}}{\partial t} - \nabla\left(p \frac{K}{\mu}\nabla p\right) = 0 \tag{4-20}$$

根据煤层气渗流控制方程组，通过求解该方程组即可实现煤层气抽采产能预测。

4.2.1.2 模型数值解算

针对煤层气抽采产能预测数学模型的数值求解，首先应选择一种解算效能高、稳定性好的算法。当前数值模拟的计算方法主要有有限差分法、有限元法、边界元法以及有限体积法四大类。为了满足求解高效性和单元网格划分随意性等要求，确定有限体积法对产能预测模型数值解法进行推导。

在进行网格划分时首先将求解区域划分成离散的控制体积，将求解区域划分为非结构的三角形网格。

将计算区域剖分成网格后，如果将网格单元本身作为控制体积，这样得到的有限体积格式叫作单元中心型；如果控制体积是由单元顶点周围的单元各取一部分组合而成，这样得到的有限体积格式叫作顶点中心型。为了求解的方便和精度的准确，此一维离散网格选用顶点中心型格式。如图 4-4 所示，径向问题的半径以 Δr 为距离分成 n 份，α、P、β 为节点，A 为 αP 的中点，B 为 $P\beta$ 的中点，AB 的距离为 Δr，则有：

$$\Delta r = \Delta_{\alpha P} = \Delta r_{P\beta} \tag{4-21}$$

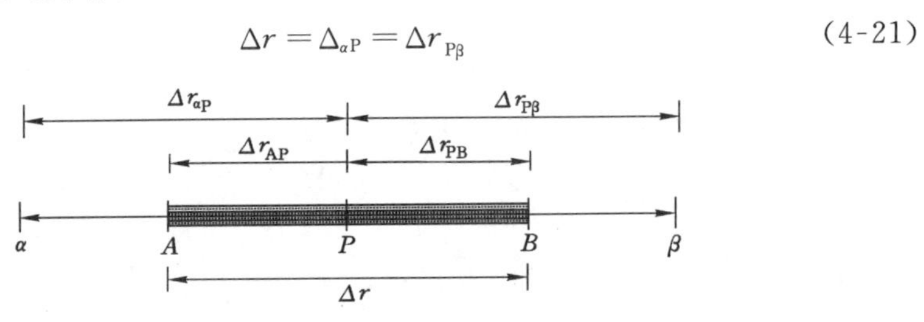

图 4-4　离散的网格

利用有限体积法原理对上述模型进行描述，式(4-20)可表示为：

$$\int_{\Delta V}\left[\int_{t}^{t+\Delta t} u_1 \frac{\partial T}{\partial t}\mathrm{d}t\right]\mathrm{d}V = \int_{t}^{t+\Delta t}\left[\left(u_e A\frac{T_E - T_P}{\Delta x}\right) - \left(u_w A\frac{T_P - T_W}{\Delta x}\right)\right]\mathrm{d}t + \int_{t}^{t+\Delta t}\left[\left(u_n A\frac{T_N - T_P}{\Delta x}\right) - \left(u_s A\frac{T_P - T_S}{\Delta x}\right)\right]\mathrm{d}t + \int_{t}^{t+\Delta t}\overline{S}\Delta V\mathrm{d}t \tag{4-22}$$

根据式(4-22)可知，该模型的计算可能存在以下 9 种情况。

① 情况 1：

$$u_1\frac{\Delta x\Delta y}{\Delta t}(T_P - T_P^0) = \Delta y\left[\frac{u_e(T_E - T_P)}{\Delta x} - \frac{u_a(T_P - T_A)}{\Delta x/2}\right] + \Delta x\left[\frac{u_n(T_N - T_P)}{\Delta y} - \frac{u_a(T_P - T_A)}{\Delta y/2}\right] \tag{4-23}$$

上式化简得：

$$\left(u_1\frac{\Delta x\Delta y}{\Delta t} + u_e + u_n + 4u_a\right)T_P = u_e T_E + u_n T_N + 4u_a T_A + u_1\frac{\Delta x\Delta y}{\Delta t}T_P^0 \tag{4-24}$$

② 情况 2：

$$u_1 \frac{\Delta x \Delta y}{\Delta t}(T_P - T_P^0) = \Delta y \left[\frac{u_e(T_E - T_P)}{\Delta x} - \frac{u_a(T_P - T_A)}{\Delta x/2}\right] + \Delta x \left[\frac{u_n(T_N - T_P)}{\Delta y} - \frac{u_s(T_P - T_S)}{\Delta y}\right] \quad (4\text{-}25)$$

上式化简得：

$$\left(u_1 \frac{\Delta x \Delta y}{\Delta t} + u_e + u_s + u_n + 2u_a\right) T_P = u_e T_E + u_s T_S + u_n T_N + 2u_a T_A + u_1 \frac{\Delta x \Delta y}{\Delta t} T_P^0 \quad (4\text{-}26)$$

③ 情况 3：

$$u_1 \frac{\Delta x \Delta y}{\Delta t}(T_P - T_P^0) = \Delta y \left[\frac{u_e(T_E - T_P)}{\Delta x} - \frac{u_a(T_P - T_A)}{\Delta x/2}\right] + \Delta x \left[\frac{u_a(T_A - T_P)}{\Delta y/2} - \frac{u_s(T_P - T_S)}{\Delta y}\right] \quad (4\text{-}27)$$

上式化简得：

$$\left(u_1 \frac{\Delta x \Delta y}{\Delta t} + u_e + u_s + 4u_a\right) T_P = u_e T_E + u_s T_S + 4u_a T_A + u_1 \frac{\Delta x \Delta y}{\Delta t} T_P^0 \quad (4\text{-}28)$$

④ 情况 4：

$$u_1 \frac{\Delta x \Delta y}{\Delta t}(T_P - T_P^0) = \Delta y \left[\frac{u_e(T_E - T_P)}{\Delta x} - \frac{u_w(T_P - T_W)}{\Delta x}\right] + \Delta x \left[\frac{u_n(T_N - T_P)}{\Delta y} - \frac{u_a(T_P - T_A)}{\Delta y/2}\right] \quad (4\text{-}29)$$

上式化简得：

$$\left(u_1 \frac{\Delta x \Delta y}{\Delta t} + u_w + u_e + 2u_a + u_n\right) T_P = u_w T_W + u_e T_E + u_n T_N + 2u_a T_A + u_1 \frac{\Delta x \Delta y}{\Delta t} T_P^0 \quad (4\text{-}30)$$

⑤ 情况 5：

$$u_1 \frac{\Delta x \Delta y}{\Delta t}(T_P - T_P^0) = \Delta y \left[\frac{u_e(T_E - T_P)}{\Delta x} - \frac{u_w(T_P - T_W)}{\Delta x}\right] + \Delta x \left[\frac{u_n(T_N - T_P)}{\Delta y} - \frac{u_s(T_P - T_S)}{\Delta y}\right] \quad (4\text{-}31)$$

上式化简得：

$$\left(u_1\frac{\Delta x\Delta y}{\Delta t}+u_w+u_e+u_s+u_n\right)T_P=$$
$$u_wT_W+u_eT_E+u_sT_S+u_nT_N+u_1\frac{\Delta x\Delta y}{\Delta t}T_P^0 \tag{4-32}$$

⑥ 情况 6：

$$u_1\frac{\Delta x\Delta y}{\Delta t}(T_P-T_P^0)=\Delta y\left[\frac{u_e(T_E-T_P)}{\Delta x}-\frac{u_w(T_P-T_W)}{\Delta x}\right]+$$
$$\Delta x\left[\frac{u_a(T_A-T_P)}{\Delta y/2}-\frac{u_s(T_P-T_S)}{\Delta y}\right] \tag{4-33}$$

上式化简得：

$$\left(u_1\frac{\Delta x\Delta y}{\Delta t}+u_w+u_e+u_s+2u_a\right)T_P=$$
$$u_wT_W+u_eT_E+u_sT_S+2u_aT_A+u_1\frac{\Delta x\Delta y}{\Delta t}T_P^0 \tag{4-34}$$

⑦ 情况 7：

$$u_1\frac{\Delta x\Delta y}{\Delta t}(T_P-T_P^0)=\Delta y\left[\frac{u_b(T_B-T_P)}{\Delta x/2}-\frac{u_w(T_P-T_W)}{\Delta x}\right]+$$
$$\Delta x\left[\frac{u_n(T_N-T_P)}{\Delta y}-\frac{u_a(T_P-T_A)}{\Delta y/2}\right] \tag{4-35}$$

上式化简得：

$$\left(u_1\frac{\Delta x\Delta y}{\Delta t}+u_w+2u_b+2u_a+u_n\right)T_P=$$
$$u_wT_W+u_nT_N+2u_bT_B+2u_aT_A+u_1\frac{\Delta x\Delta y}{\Delta t}T_P^0 \tag{4-36}$$

⑧ 情况 8：

$$u_1\frac{\Delta x\Delta y}{\Delta t}(T_P-T_P^0)=\Delta y\left[\frac{u_b(T_B-T_P)}{\Delta x/2}-\frac{u_w(T_P-T_W)}{\Delta x}\right]+$$
$$\Delta x\left[\frac{u_n(T_N-T_P)}{\Delta y}-\frac{u_s(T_P-T_S)}{\Delta y}\right] \tag{4-37}$$

上式化简得：

$$\left(u_1\frac{\Delta x\Delta y}{\Delta t}+u_w+2u_b+u_s+u_n\right)T_P=$$
$$u_wT_W+u_sT_S+u_nT_N+2u_bT_B+u_1\frac{\Delta x\Delta y}{\Delta t}T_P^0 \tag{4-38}$$

⑨ 情况 9：

$$u_1 \frac{\Delta x \Delta y}{\Delta t}(T_P - T_P^0) = \Delta y\left[\frac{u_b(T_B - T_P)}{\Delta x/2} - \frac{u_w(T_P - T_W)}{\Delta x}\right] + \Delta x\left[\frac{u_a(T_A - T_P)}{\Delta y/2} - \frac{u_s(T_P - T_S)}{\Delta y}\right] \quad (4\text{-}39)$$

上式化简得：

$$\left(u_1 \frac{\Delta x \Delta y}{\Delta t} + u_w + 2u_a + u_s + 2u_b\right) T_P = u_w T_W + u_e T_E + u_s T_S + 2u_b T_B + 2u_a T_A + u_1 \frac{\Delta x \Delta y}{\Delta t} T_P^0 \quad (4\text{-}40)$$

4.2.2 瓦斯预抽钻孔有效抽采半径确定

(1) 预抽时间和有效抽采半径数值模拟

以山西李雅庄煤矿 2-609 工作面为研究对象，通过建立工作面瓦斯抽采产能预测模型，模拟工作面预抽时间和有效抽采半径的关系。

① 基础参数

山西李雅庄煤矿 2-609 工作面位于矿井六采区上部，北部毗邻 2-601 工作面采空区，南部为 F10 断层，东北部为 2-606 工作面采空区，切巷毗邻已回采的四采区 2-409、2-411 工作面。工作面主要开采 $2^{\#}$ 煤层，$2^{\#}$ 煤层厚度为 2.85～3.70 m，平均厚度为 3.3 m，煤层倾角为 5°～13°，平均倾角为 6°，煤层硬度 f 值为 0.61～1，煤层层理中等发育，煤层节理较为发育。煤层原始瓦斯压力为 0.64 MPa，煤层密度为 1 510 kg/m^3，泊松比 0.35，弹性模量为 2.69 GPa，煤层初始渗透率为 3.5×10^{-18} m^2，煤层初始孔隙率为 6.45%，气体吸附常数 a_1 为 30.05 m^3/t，气体吸附常数 a_2 为 0.93 MPa^{-1}，上覆岩层压力为 15 MPa。

计算煤层模型尺寸为 1.5 m×1.5 m，模型瓦斯抽采钻孔直径为 113 mm，数值计算几何模型如图 4-5 所示。模型力学边界为底部固定、左右两端为竖直自由边界、顶端为自由边界，荷载为上覆岩压力；钻孔边界为强制边界(抽采负压为 13 kPa)，模型四周为自然边界。本次数值模拟以煤层瓦斯压力为变量指标，以抽采后瓦斯含量指标 4.5 m^3/t 对应的瓦斯压力指标 0.22 MPa 为标准。

② 模拟结果

图 4-6 为瓦斯钻孔抽采过程中不同时刻的压力分布云图。

从图 4-6 可以看出，在瓦斯抽采初期，钻孔周围瓦斯压力梯度变化较剧烈，随着瓦斯抽采时间的增加，抽采影响范围逐渐增大，但瓦斯压力最终逐渐趋于稳

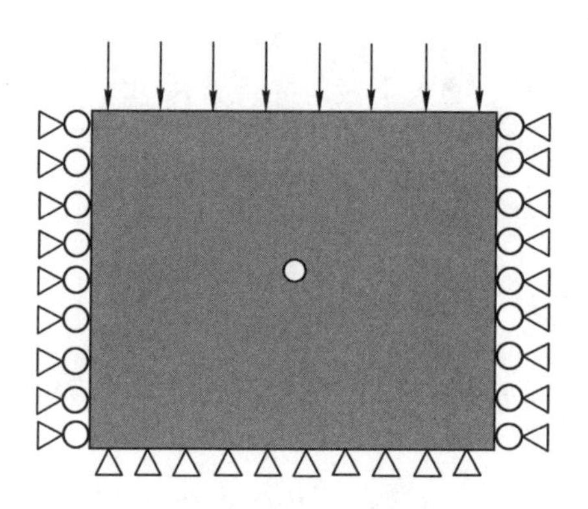

图 4-5　耦合模型计算几何模型

定。瓦斯抽采过程中钻孔周围瓦斯压力分布在宏观平面上近似一个“同心圆”，且其压力分布形态随抽采时间发生变化。当抽采负压一定时，煤层瓦斯压力随着抽采时间的增加呈非线性降低，且在瓦斯抽采初期，瓦斯压力下降相对较快，距钻孔距离越近，瓦斯压力下降也越快。随着距钻孔距离增加，瓦斯压力下降速率变缓，并最终趋于某一恒定值。

从图 4-6 还可以看出，随着预抽时间的增加，煤层瓦斯压力逐渐降低，与此同时，预抽钻孔的影响范围仍在进一步扩大，但扩散影响的速度在降低，即瓦斯压力小于达标指标的区域范围随预抽时间在增加。

图 4-7 为不同预抽时间下瓦斯压力低于 0.22 MPa 范围分布，图中浅灰色表示瓦斯压力小于 0.22 MPa 范围，深灰色表示瓦斯压力大于等于 0.22 MPa 范围。从图中可以看出，随着接抽时间的增加，钻孔有效抽采半径逐渐增大，当预抽时间逐渐增加到 3 个月时，有效抽采半径逐渐增加到约 1.2 m。

(2) 钻孔抽采半径现场考察

① 有效抽采半径试验方案及步骤

结合数值模拟结果，现场实测时设计观测钻孔最小间距为 1.0 m，最大间距为 3.0 m。本次抽采半径的测定采用顺层压力测试法进行，即：在 2-6091 巷道上帮距离巷道底板上方 1.5 m，垂直于巷道中线顺煤层方向施工 2 组直径为 113 mm、深度为 90 m 的 6°上向钻孔，每组 6 个，共 12 个钻孔，钻孔布置方式如图 4-8 所示。具体试验步骤如下：

(a) 根据测定方案设计，在考察地点附近划定测试钻孔抽采区域，施工相应的观测孔。

(b) 每一个观测孔采用带压封孔工艺进行密封，封孔深度不小于 20 m，观测孔采用长 25 m 的 4 分压力管，然后装上 1.0 MPa 标准压力表。

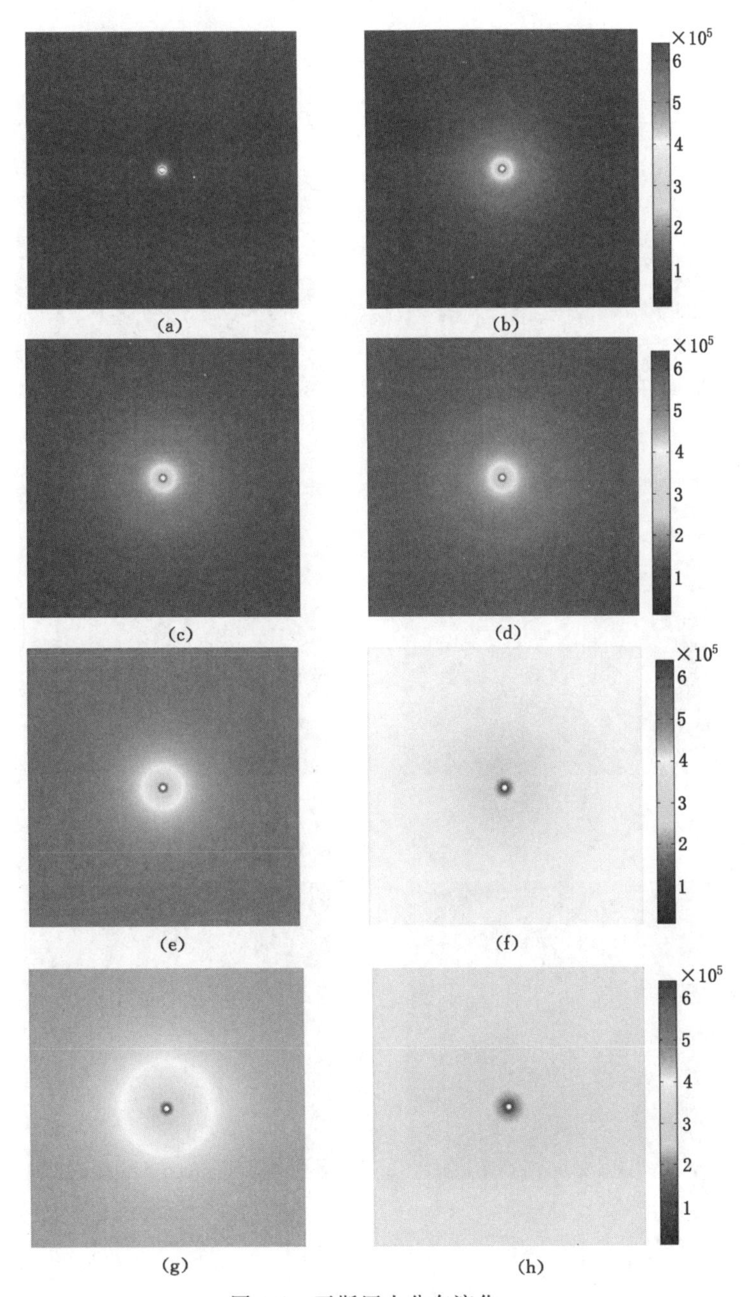

图 4-6 瓦斯压力分布演化

(a) 抽采初始(t=0 s);(b) 抽采 1 d(t=1e5 s);(c) 抽采 6 d(t=5e5 s);(e) 抽采 23 d(t=2e6 s);(f) 抽采 46 d(t=4e6 s);(d) 抽采 12 d(t=1e6 s);(g) 抽采 70 d(t=6e6 s);(h) 抽采 92 d(t=8e6 s)

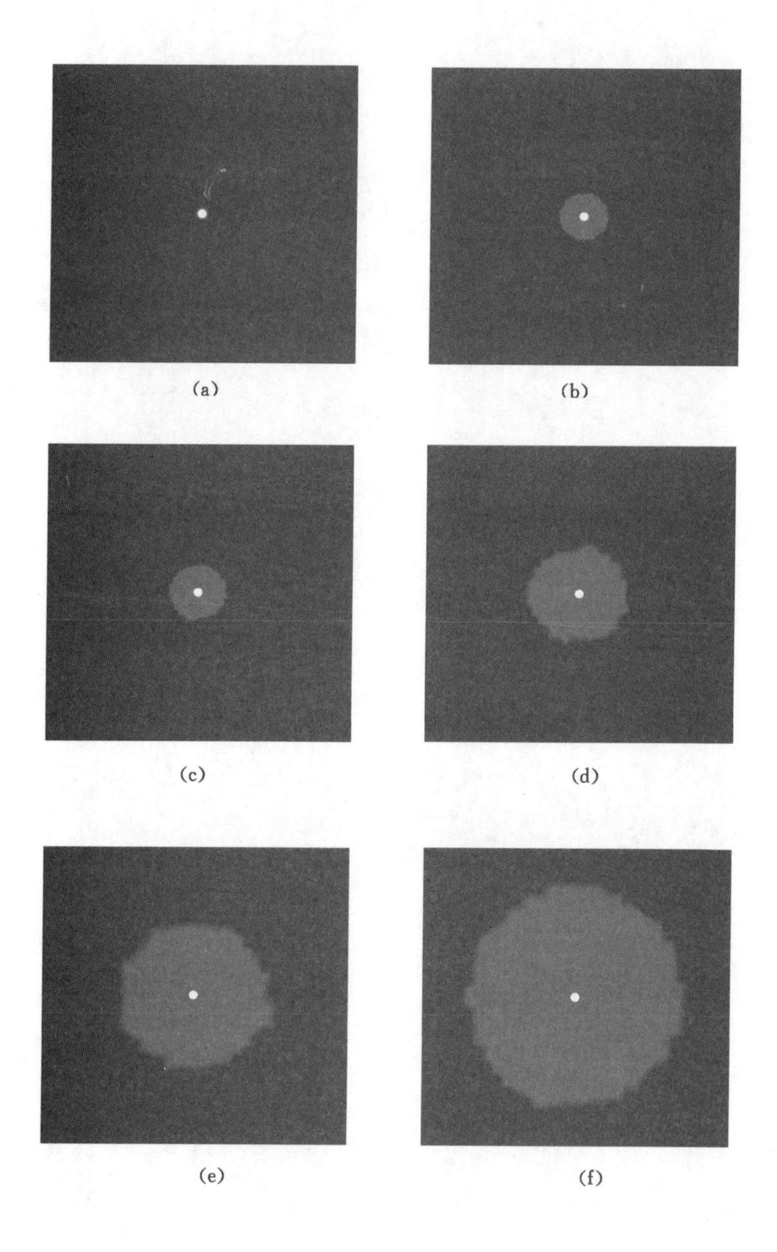

图 4-7　瓦斯压力低于 0.22 MPa 分布

(a) 抽采初始(t=0 s);(b) 抽采 1 d(t=1e5 s);
(c) 抽采 12 d(t=1e6 s);(d) 抽采 46 d(t=4e6 s);
(e) 抽采 70 d(t=6e6 s);(f) 抽采 92 d(t=8e6 s)

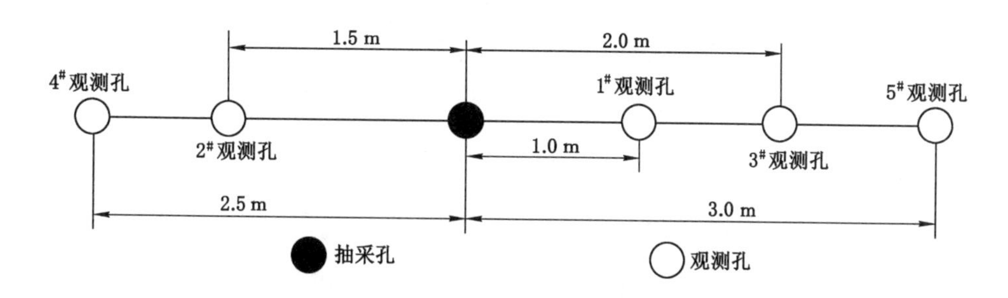

图 4-8　钻孔布置示意图

(c) 待各组测压孔瓦斯压力值稳定以后，再按设计施工抽采孔，抽采孔与测压孔的孔口及孔底间距必须保持在同一平面上。成孔后立即用新型封孔材料及袋装聚氨酯封孔，封孔段抽采管采用长 12 m、直径为 75 mm 的无缝钢管，封孔完成后即连接抽采系统，抽采负压为 14 kPa。

(d) 预抽孔开始抽采后，每 2 天观测一次钻孔瓦斯压力变化情况，做好记录并绘制各测量钻孔的瓦斯压力曲线，同时采用孔板流量计对抽采量进行测定。

② 试验结果分析

根据上述方法在 2-6091 巷道进行了试验，经过 3 个月的连续观测，得到了不同抽采时间内不同距离测压钻孔的瓦斯压力变化曲线，如图 4-9 所示。

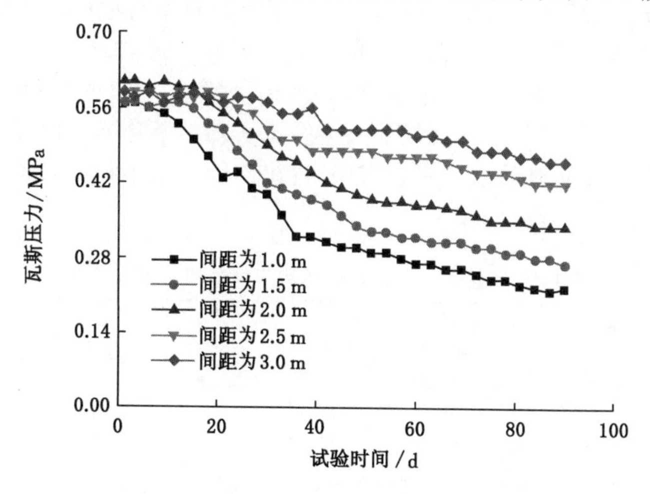

图 4-9　瓦斯压力随抽采时间变化关系

从图 4-9 可以看出，观测孔距抽采钻孔距离越近，瓦斯压力下降越快，具体压力衰减情况见表 4-1。

表 4-1　抽采半径现场实测压力衰减指标表

钻孔编号	对应抽采半径/m	瓦斯压力/MPa		前期压力衰减缓慢天数/d
		抽采初始	抽采 90 d	
1#	1.0	0.57	0.22	—
2#	1.5	0.60	0.29	6
3#	2.0	0.59	0.34	15
4#	2.5	0.58	0.42	24
5#	3.0	0.59	0.46	30

由表 4-1 可知，抽采半径从 1.0 m 增至 3.0 m 时，钻孔瓦斯压力衰减速度减慢，1# 孔抽采 90 d 压力下降了 0.35 MPa，而 5# 孔抽采 90 d 压力下降了 0.13 MPa。此外，抽采前期，1# 孔瓦斯压力呈线性缓慢衰减，而其余钻孔都有一个衰减缓慢时期，且抽采半径越大，该时期越长。

③ 预抽时间和抽采半径关系

不同抽采半径下将瓦斯压力降至 0.22 MPa 以下需要的时间不同。对比数值模拟和现场实测结果分析，抽采半径为 1 m 左右时将瓦斯压力降至 0.22 MPa 以下，数值模拟计算预抽时间为 92 d，而现场实测需 88 d，偏差 4 d，误差为 4.5%，两种方法的结果偏差较小，说明本次数值模拟建立的模型及选取的参数较为可靠，可采用该方法对更长时间内的抽采半径和预抽时间的关系进行分析。

考虑原有模型尺寸较小，因此重新建立一个 6.0 m×3.0 m 模型，对抽采半径分别为 1.5 m、2.0 m 和 2.5 m 条件下瓦斯压力降至 0.22 MPa 所需的预抽时间进行了模拟，并得到了不同有效抽采半径下实现抽采达标时所需的最短预抽时间。经过抽采半径现场试验实测结果，得出不同抽采半径抽采达标所需的最短预抽时间关系，见表 4-2。

表 4-2　抽采达标时钻孔间距和所需预抽时间对照表

抽采半径/m	1.0	1.5	2.0	2.5	3.0
预抽时间/d	88	162	261	395	513

计算结果均表明，为实现预抽 3 个月内瓦斯抽采达标，2-609 工作面预抽钻孔群的最小布置间距为 2 m。即靠近开切眼区域预抽钻孔布置间距为 2 m，而距开切眼越远的钻孔其预抽期越长，所需的钻孔布置间距可大于 2 m。

4.2.3　定量分段设计预抽钻孔间距

高产高效矿井产量大，巷道长度可达上千米，钻孔预抽时间长、差异性较大，靠近停采线区段的钻孔预抽时间远比靠近开切眼区段钻孔的预抽时间长(长达半年到一年),然而矿井进行钻孔间距设计时通常采用统一的钻孔间距,存在优化空间。2-609 工作面巷道长度为 1 400 m,在掘进过程中滞后 100 m 施工抽采钻孔,巷道掘进时间近 5 个月,根据采掘接替关系,工作面预抽钻孔最短预抽时间为 3 个月,最长预抽时间 12 个月以上,为优化钻孔布置,考虑对该工作面预抽钻孔进行分段设计。

(1) 预抽钻孔定量分段间距的确定

工作面抽采定量分段设计的核心是根据不同的预抽时间进行分区分段设计。首先,工作面产能预测模型将工作面按不同钻孔间距分为抽采达标区域和抽采不达标区域,并计算抽采达标区域的范围;然后,根据确定的范围进行分段,并确定相应的钻孔间距;最后,通过瓦斯含量赋存规律进行验证。

① 根据抽采掘速度确定设计区域钻孔最长预抽时间

设计区域钻孔的最长预抽时间因其经历巷道掘进期、预抽预留时期以及工作面推进期,因此计算设计区域钻孔的最长预抽时间应考虑这三方面的因素。

(a) 设计区域巷道掘进时间 t_1

巷道掘进时间 t_1 等于掘进长度除以掘进速度,即:

$$t_1 = \frac{L_c}{V_1} \tag{4-41}$$

式中 t_1——巷道掘进时间,d;

L_c——抽采区域巷道长度,m;

V_1——掘进速度,m/d。

(b) 靠近开切眼最短预抽时间 t_2

由于生产衔接紧张,靠近开切眼钻孔的预抽时间为抽采接替安排已固定的预留预抽时间,即:

$$t_2 = t_f \tag{4-42}$$

式中 t_f——巷道钻孔施工完成后预留的预抽时间,d,取 $t_f = 90$ d。

(c) 设计区域回采推进时间 t_3

设计区域回采推进时间 t_3 等于设计区域长度除以回采推进速度,即:

$$t_3 = \frac{L_s}{V_3} \tag{4-43}$$

式中 t_3——设计区域回采推进时间,d;

L_s——设计区域巷道长度,m;

V_3——回采推进速度,m/d。

钻孔施工需滞后巷道掘进一段距离,同时,巷道掘进完成后钻孔仍需施工一段时间，默认这两部分时间近似相等，即认为靠近开切眼最后一个钻孔施工完成时，设计区域最早施工钻孔的预抽时间等于设计区域的掘进时间，则设计区域的钻孔最长预抽时间为：

$$T_{max}=t_1+t_2+t_3=\frac{L_c}{V_1}+t_f+\frac{L_s}{V_3} \tag{4-44}$$

② 按一定钻孔间距计算确定不同的抽采达标区域

假定钻孔间距 $D=D_i$（D_i＝设计的钻孔间距取值，$i=1,2,3,\cdots,n$），在设计区域采用统一的钻孔间距 D_i 条件下，抽采一定时间 t 后，设计区域总会出现抽采达标区域和抽采不达标区域，不同情况下抽采达标区域区段长 X_i 不同，如图 4-10 所示。

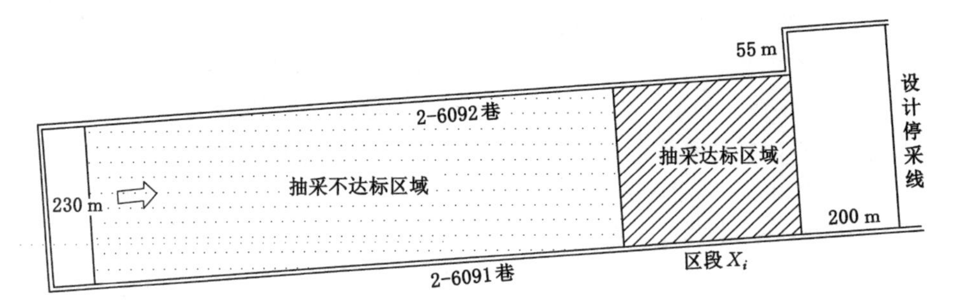

图 4-10　采用设计钻孔间距 D_i 抽采时间 t 时设计区域抽采达标区域

每个钻孔在间距 D_i 条件下都有实现抽采达标所需的最短预抽时间 $T_{i\min}$，即只有当抽采时间 $t\geqslant T_{i\min}$时，该区段 X_i 对应范围内钻孔抽采达标，抽采定量分段正是基于这样的思想，求得不同钻孔间距 D_i 对应的 X_i：

$$X_i=\frac{T_{max}-T_{i\min}}{\lambda_2}\times K_0 \tag{4-45}$$

式中　$T_{i\min}$——钻孔间距 D_i 条件下对应的实现抽采达标所需最短预抽时间，d；

K_0——设计区域内考虑预抽时间的差异系数，m/d，$K_0=L_s/(T_{max}-t_2)$；

λ_2——抽采分段安全系数，取值 1～1.05。

③ 工作面分段设计

每一个 D_i 都可以求得一个抽采达标区域区段 X_i，因此根据不同的 X_i 将工作面设计区域沿推进方向划分为第Ⅰ区域（长度 $L_1=X_1-X_2$）、第Ⅱ区域（长度 $L_2=X_2-X_3$）、第Ⅲ区域（长度 $L_3=X_3-X_4$）、第 i 区域（长度 $L_i=X_i-$

X_{i-1})、最后第 n 区域(长度 $L_n=X_n$),其中,计算的 X_1 应大于或等于设计区域长度,如小于设计区域长度则表明抽采产能计算结果有误。

④ 对分段设计进行验算和修正

(a) 验算分段长度

计算得到所有 X_i 后应按下式进行验算,判断区段分段计算是否正确:

$$\sum_{i=1}^{n} X_i = L_s \tag{4-46}$$

如计算结果不符合上式,则说明计算过程有问题,应进行检查和重新计算。

(b) 通过工作面瓦斯含量分布特征验证分段区域钻孔间距

工作面往往有地质构造,在确定相应的分区及钻孔间距后,应根据瓦斯含量等值线情况,现场实测揭露异常点对分区间距进行修正,原则上瓦斯含量大的区域,区域钻孔间距级别增加一级。

(2) 工作面定量分段设计试验

2-609 工作面靠近开切眼的 20 m 以及靠近大巷侧的 200 m 范围因不施工钻孔或已施工钻孔,本次工作面巷道分区仅针对从开切眼沿工作面推进方向 20～1 220 m 范围的煤层。

① 2-609 工作面分段计算

2-609 工作面需设计钻孔区域为沿推进方向 20～1 220 m 的范围,预留抽采时间 3 个月,巷道掘进速度为 8 m/d,回采推进速度为 7.2 m/d,计算得到设计钻孔最长预抽时间 $T_{max}=407$ d,安全系数按 $\lambda=1.005$ 考虑,计算得到不同设计钻孔间距对应的区段长度,计算结果见表 4-3,不同钻孔间距抽采 $T_{i\min}$ 时设计区域对应的抽采达标区域长度范围如图 4-11～4-15 所示。

表 4-3 2-609 工作面钻孔分段参数表

序号	钻孔间距 D_i/m	实现抽采达标时间 $T_{i\min}$/d	抽采 $T_{i\min}$ 时设计区域对应的抽采达标区域长度 X_i/m	设计间距对应区段长度 L_i/m
1	2.0	88	1 200	278
2	3.0	162	922	373
3	4.0	258	549	505
4	5.0	395	44	44
5	6.0	513	0($T_{5\min}>T_{max}$)	—

从图 4-11～4-15 可以看出,钻孔间距为 5.0 m 时抽采最长时间 395 d 内抽采达标区段仅 44 m,钻孔间距为 6.0 m 时抽采最长时间 513 d 内无抽采达标区

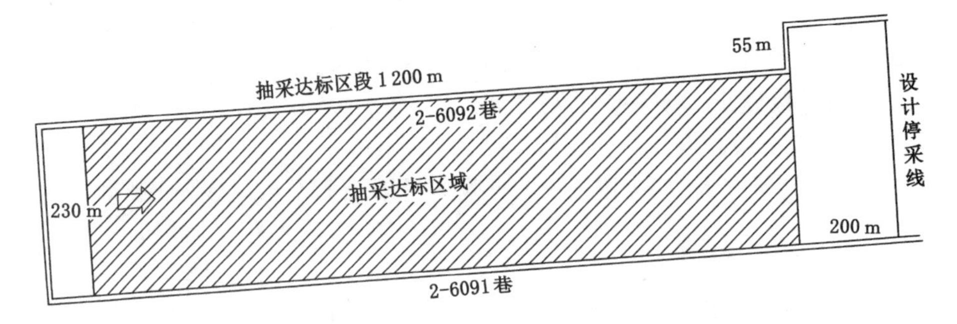

图 4-11　钻孔间距 2.0 m 抽采 88 d 时的抽采达标区域范围

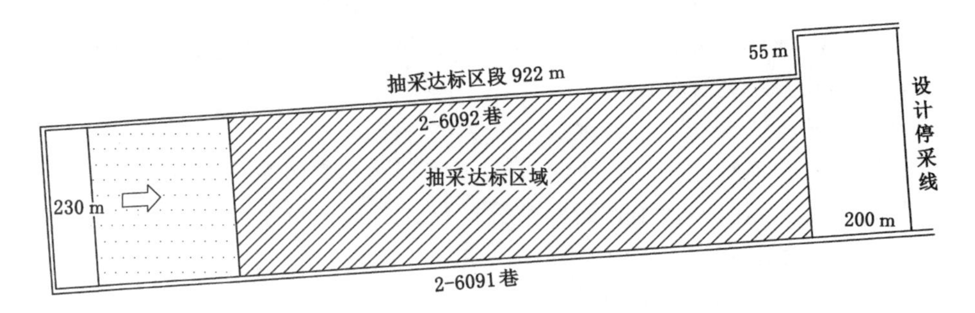

图 4-12　钻孔间距 3.0 m 抽采 162 d 时的抽采达标区域范围

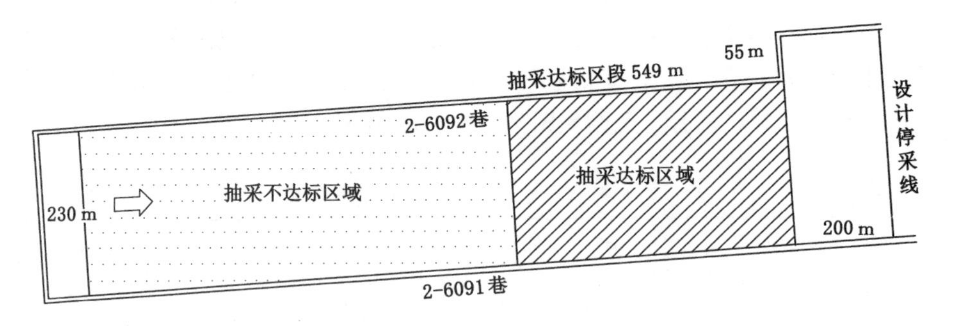

图 4-13　钻孔间距 4.0 m 抽采 258 d 时的抽采达标区域范围

域，实际工程中作为单独的分区进行施工意义不大。因此，本次 2-609 工作面抽采定量分段设计将设计区域按钻孔间距为 2.0 m、3.0 m 和 4.0 m 将设计区域分为三个区，第 Ⅰ 区域、第 Ⅱ 区域、第 Ⅲ 区域分段长度分别为 290 m、390 m 和 520 m。

② 2-609 工作面瓦斯含量分布特征验算

(a) 试验工作面瓦斯含量分布规律

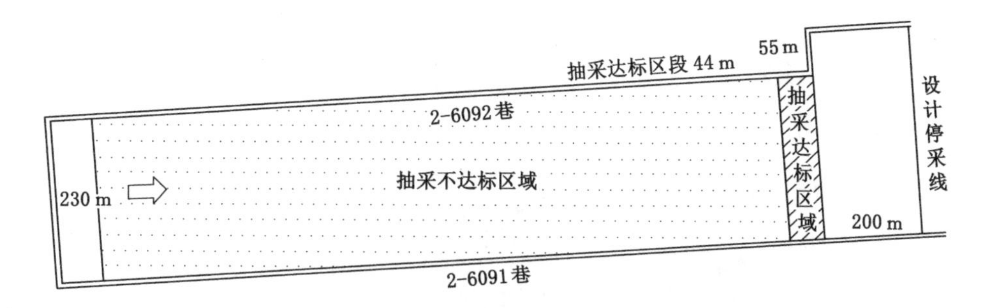

图 4-14 钻孔间距 5.0 m 抽采 395 d 时的抽采达标区域范围

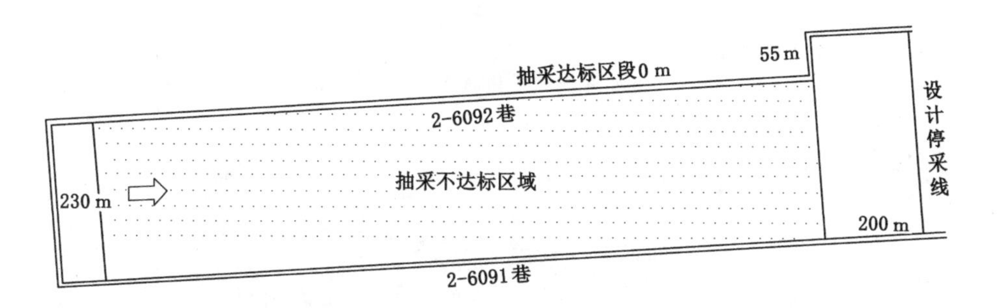

图 4-15 钻孔间距 6.0 m 抽采 513 d 时的抽采达标区域范围

山西李雅庄煤矿六采区瓦斯含量预测为 5.83～7.58 m^3/t，埋深落差约为 25～30 m，由于工作面在掘进期间实测含量数据不多，参考地勘钻孔的瓦斯含量和部分实测瓦斯含量数据进行工作面瓦斯含量分布规律分析。其中，地勘瓦斯含量选用中煤科工集团重庆研究院有限公司编制的《李雅庄矿 2# 煤层瓦斯涌出量预测报告》(2014 年)中的地勘含量数据，实测含量数据为上节参数测定中列举数据。根据地勘数据瓦斯含量与埋深关系，得到瓦斯压力梯度为每百米增加 0.81 m^3/t，结合井下实测瓦斯含量点，采用 0.2 m^3/t 作为含量等级线差值，得到2-609工作面的瓦斯含量分布如图 4-16 所示。

从图 4-16 可以看出，工作面沿推进方向埋深逐渐减小，瓦斯含量逐步减小，在 6.6～5.4 m^3/t 范围内变化。2-609 工作面设计区域内无大的断层，根据矿井地质揭露两条大的断层在工作面设计时已留在两条巷道的煤柱范围内，设计区内仅有两个陷落柱，仅影响部分钻孔的设计深度调整。

(b) 2-609 工作面分区与瓦斯含量对照分析

按上述计算得到的量化分区从开切眼沿工作面推进方向分成三个区域：20～390 m、390～780 m 和 780～1 220 m，如图 4-17 所示。在工作面瓦斯含量

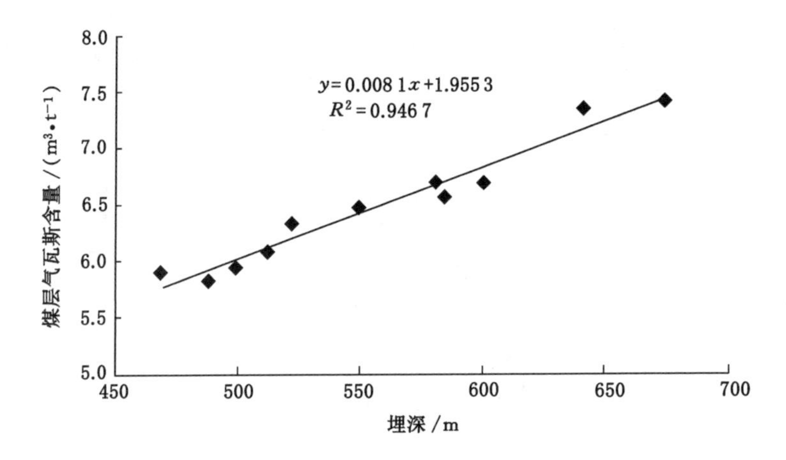

图 4-16 矿井六采区瓦斯含量与埋深关系图

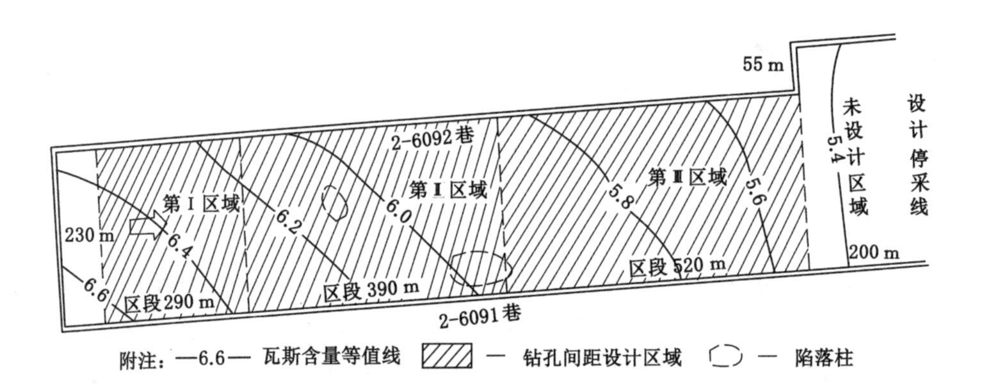

图 4-17 巷道钻孔布置分段示意图

分布图上绘制得到对应分区的第Ⅰ区域瓦斯含量为 6.2～6.6 m³/t；第Ⅱ区域瓦斯含量为 5.8～6.2 m³/t；第Ⅲ区域瓦斯含量为 5.4～5.8 m³/t。

前述瓦斯抽采钻孔有效抽采半径按工作面最大瓦斯压力 0.64 MPa(对应瓦斯含量为 6.95 m³/t)进行计算分析，因此其余区域瓦斯含量在逐渐减小的趋势下较容易实现抽采达标。工作面区域范围内无较大的地质构造，实测揭露瓦斯规律符合与埋深变化关系，因此本次分段设计经验证合理，不需修正。第Ⅰ区域钻孔间距设计为 2.0 m，第Ⅱ区域钻孔间距设计为 3.0 m，第Ⅲ区域钻孔间距设计为 4.0 m，均能满足相应预抽时间实现瓦斯抽采达标的目标。

③ 钻孔布置设计

2-609 工作面第Ⅰ区域部分钻孔由于抽采期短(仅 3 个月),对煤层抽采整体覆盖效果较差,另外两个分区由于预抽时间长,煤层整体基本都能覆盖抽采,因此需进行钻孔布置设计优化。第Ⅰ区域钻孔间距 2.0 m,采用三花眼布置上下错位 0.3 m,中间孔距巷道底板 1.5 m,2-6091 巷本煤层、顶板、底板钻孔角度分别为+7°、+5°、+4°,具体布孔位置如图 4-18 所示。第Ⅱ区域钻孔间距设计为 3.0 m,第Ⅲ区域间距为 4.0 m,2-6091 巷这两个区域的钻孔均采用煤层角度布置一排,角度+5°,距底板 1.5 m。2-6092 巷钻孔均为下行孔,角度参照煤层赋存情况进行相应调整。

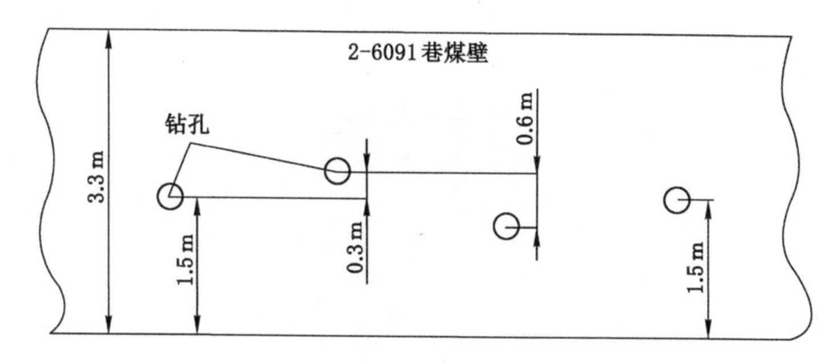

图 4-18 2-609 工作面第Ⅰ分区区域钻孔布置图

④ 钻孔工程量计算

工作面采用两侧对打钻孔的方式,下行钻孔长度为 100 m,上行钻孔长度为 150 m,每组对打钻孔的总长度为 250 m。该工作面剩余 1 200 m 按钻孔间距统一为 2.0 m 布置时,需施工钻孔 600 组,采用分区段设计后,预抽钻孔减少至 405 组,节省工程量 48 750 m,工程量降低了 32.5%;与矿井原计划采用的统一 1.2 m 间距相比,钻孔工程量降低了 50%以上,大大降低了矿井瓦斯治理成本。钻孔工程量对比情况见表 4-4。

表 4-4 钻孔工程量对比情况表

方案		设计区域长度/m	钻孔间距/m	施工钻孔组数/个	钻孔工程量/m(=组数×250 m)		节约钻孔工程量/m
统一钻孔间距		1 200	2.0	600	150 000		0
分段布置钻孔间距	第Ⅰ区域	290	2.0	145	36 250	101 250	48 750
	第Ⅱ区域	390	3.0	130	32 500		
	第Ⅲ区域	520	4.0	130	32 500		

4.3 钻孔抽采参数分源采集与智能预测在线监控装备

钻孔抽采参数分源采集与智能预测在线监控装备分布在矿井的各瓦斯抽采区域采集瓦斯抽采数据，其具体研发型号为GD3-Ⅱ型瓦斯抽放多参数传感器(图4-19)。该装备用于矿井瓦斯抽采管网内瓦斯浓度、抽放负压、气体温度和流量的实时在线监测，采用大屏液晶显示各类监测参数，同时转化成标准信号输出，输出信号与多种监控系统配套使用，可实现远程自动化监测和计量，并且可以根据监测的历史数据计算监测区域内的瓦斯预抽率和预计抽采达标时间，实现了瓦斯抽采效果的实时评价和预测功能。

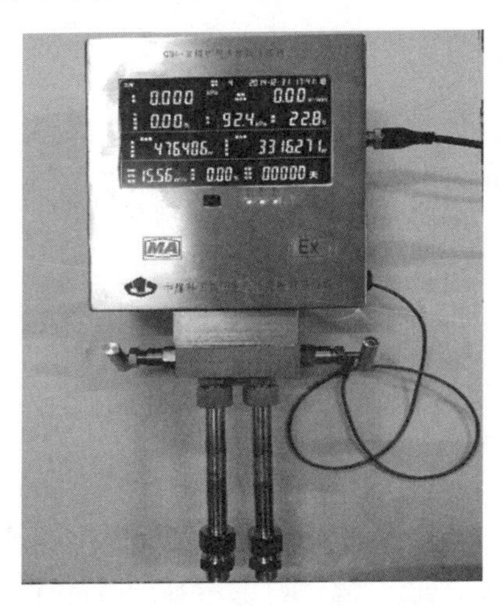

图4-19　GD4-Ⅱ瓦斯抽采参数测定仪

4.3.1 适用于传感器的瓦斯抽采效果智能分析方法

目前，瓦斯抽采参数传感器一般只具有实时监测、数据显示及传输等常规监测功能，不能对监测数据进行分析和挖掘，无法直观地向用户呈现当前的抽采效果。因此，开发兼具抽采参数监测和抽采效果分析功能的抽采参数分析测定终端具有显著的创新性和竞争力。考虑到终端受硬件、芯片等的限制，其计算和存储能力有限，不能完全移植目前计算机上使用的抽采效果分析模型，因此，必须建立适合其计算能力的分析模型及解算方法。

根据瓦斯抽采达标暂行规定及其他政策法规，高瓦斯和突出矿井必须在瓦斯抽采效果达到标准要求后方可安排采掘作业，当前瓦斯抽采效果如何及何时抽采达标是最为关注的问题，因此需开展适用于传感器的瓦斯抽采效果评价及预测模型研究。

(1) 瓦斯储量及抽采总量计算方法

瓦斯储量是进行瓦斯抽采效果评价及预测的基础，其与瓦斯抽采监测控制区域范围大小、原始瓦斯赋存、煤层赋存等有关，可由下式计算得到：

$$Q_z = L_z \times l_m \times m_m \times \rho_m \times W_0 \tag{4-47}$$

式中　Q_z——控制区域内的瓦斯储量，m^3；

L_z——控制区域煤层走向长度，m；

l_m——控制区域内内煤层平均倾向长度，m；

m_m——控制区域平均煤层厚度，m；

ρ_m——煤的密度，t/m^3；

W_0——控制区域煤的原始瓦斯含量，m^3/t。

将所需参数预先输入终端内，计算出控制区域内的瓦斯储量 Q_z 作为基础数据，再进行后续预抽率、抽采达标日期预测等计算。

终端每间隔一定的时间 Δt 测量一次控制区域的瓦斯抽采参数，包括瓦斯抽采混合量 q_i 和瓦斯浓度 c_i($i=0,1,2,\cdots,n$)，并将测量时间及对应的测量数据记录保存。将保存的数据整理为(q_i,c_i,t_i)格式的监测历史数据组。间隔一定时间 Δt 计算一次瓦斯抽采纯量 Q_i，计算式为：

$$Q_i = \frac{1}{2}(q_i c_i + q_{i+1} c_{i+1})\Delta t, i=0,1,2,\cdots,n \tag{4-48}$$

经过一个阶段后，阶段时间为 n 个 Δt，瓦斯抽采总量 Q_n 为：

$$Q_n = \sum_{i=0}^{i=n+1} Q_i, n=1,2,3,\cdots \tag{4-49}$$

Q_n 即为经过 n 个 Δt 时间后的瓦斯抽采总量，利用式(4-49)可以进行下一步的瓦斯抽采效果预评价。

(2) 瓦斯抽采效果评价方法

瓦斯抽采效果评价是利用瓦斯抽采参数监测数据，反映当前控制区域瓦斯抽采的程度，用其判断是否进行抽采效果评判指标的现场测定，相当于进行瓦斯抽采效果预评价。根据现场实际需求，确定瓦斯预抽率 γ 和残余瓦斯含量 W_{cy} 为瓦斯抽采效果评价指标。

瓦斯预抽率 γ_1 是指当前瓦斯抽采总量与瓦斯总储量的比例，可由下式计算得到：

$$\gamma_1 = \frac{Q_n}{Q_z} \tag{4-50}$$

控制区域煤的残余瓦斯含量 W_{cy} 通过下式计算得到：

$$W_{cy}=\frac{Q_z-W_n}{L_z\times l_m\times m_m\times\rho_m} \tag{4-51}$$

瓦斯预抽率 γ_1 和的残余瓦斯含量 W_{cy} 直观地反映了当前控制区域内的瓦斯抽采状况，矿井技术人员可以根据计算结果确定下一步的工作，即：继续抽采或者进行抽采效果评判指标的现场测定，避免现场测定工程量的浪费。

(3) 瓦斯抽采效果预测方法

根据煤层瓦斯流动理论及多年实践经验，钻孔瓦斯抽采流量随抽采时间的延长呈负指数函数形式衰减，其衰减规律可用下式表达：

$$q_t=q_0\cdot e^{-\beta_2 t} \tag{4-52}$$

式中 q_t——钻孔经过 t 时间的瓦斯抽采量，m^3/min；

q_0——钻孔初始瓦斯抽采量，m^3/min；

β_2——钻孔抽采瓦斯流量衰减系数，d^{-1}，与煤、瓦斯的赋存相关。

令 $y=\ln(q_t)$，$t=x$，$a_k=\ln(q_0)$，$b_k=-\beta_2$，则式(4-52)可表达为：

$$y=a_k+b_k x \tag{4-53}$$

终端每 60 min 记录一次数据(q_i，t_i)，其中 q_i 为每小时的平均流量，单位为 m^3/min；t 为从初始时间至该时刻的累计时间，单位为 min。假设测得的流量数据为($q_1,q_2,q_3,\cdots,q_n$)，所对应的抽采时间(单位为 min)为($t_1,t_2,t_3,\cdots,t_n$)，则方程(4-53)中 y 对应的数组为($\ln q_1,\ln q_2,\ln q_3,\cdots,\ln q_n$)，$x$ 对应的数据为($t_1,t_2,t_3,\cdots,t_n$)。

令 $y_i=\ln q_i$，$x_i=t_i$，采用数值拟合的方法计算 a_n、b_n 值，建立方程组：

$$\begin{cases} na_n+(\sum_{i=1}^{n}x_i)\cdot b_n=\sum_{i=1}^{n}y_i \\ (\sum_{i=1}^{n}x_i)\cdot a_n+(\sum_{i=1}^{n}x_i^2)\cdot b_n=\sum_{i=1}^{n}x_i+y_i \end{cases} \tag{4-54}$$

求解方程组(4-54)，得到 a_n、b_n 值后即可得到钻孔抽采量衰减曲线 $q_t=q_0\cdot e^{-\beta t}$。该公式是控制区域内抽采瓦斯变化规律的体现，由监测的历史数据计算出公式内的具体参数。利用该式，可计算未来某一时刻的瓦斯抽采流量，或者达到预定抽采总量的时间，实现瓦斯抽采效果的预测。

对公式(4-52)进行积分，可得到未来 T 时刻的抽采总量 Q_T：

$$Q_T=\int_0^T q_0\cdot e^{-\beta_2 t}dt=\frac{q_0}{\beta_2}(1-e^{-\beta_2 T}) \tag{4-55}$$

假设控制区域内瓦斯含量抽采达标值为 W_d，则抽采达标时所需抽采瓦斯总量 Q_L 为：

$$Q_L = Q_z - L_z \times l_m \times h_m \times \rho_m \times W_d \tag{4-56}$$

令 $Q_T = Q_L$，将 Q_L 带入式(4-56)，即可计算出预计抽采达标的时刻 T_0。由于 T_0 的单位为 min，则达标所需要的天数为(“[ ]”取整数)：

$$T_d = [T/(60 \times 24)] + 1 \tag{4-57}$$

4.3.2 电路设计

(1) 总体设计

GD3-Ⅱ型瓦斯抽放多参数传感器的主要功能是配合孔板流量计进行工作，能够测量瓦斯抽放管道中各测点的差压、抽放负压、甲烷浓度、管道温度、抽放瓦斯的混合流量和纯甲烷流量，可以实现流量计算、监测参数现场显示、输出传输等功能，并能根据测试数据与原始瓦斯和抽采地质数据进行抽采达标预测。

如图 4-20 所示，差压传感器、绝压传感器经过信号调理单元，将小信号放大成大信号，单片机控制多路开关，选择相应的传感器输入通道，信号进入 AD 转换器，AD 转换器将模拟量信号转换成数字信号，通过量化，转换成相应的参数值。甲烷浓度传感器输出数字信号，直接与单片机交换数据，温度传感器也采用数字输出传感器，直接与单片机交换数据，单片机采集完 4 个参数后，自动计算出标态混合流量和纯瓦斯流量，并通过电流输出方式输出测量信号，同时也可以通过 RS-485 的方式输出监测数据。

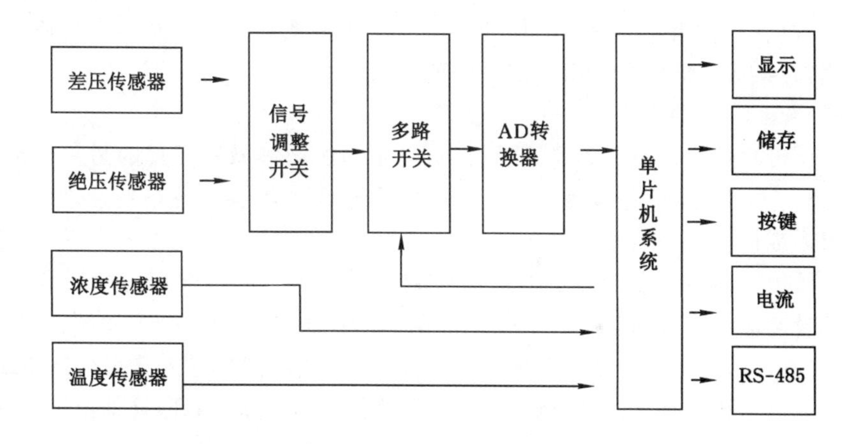

图 4-20 GD4-Ⅱ型终端电气原理图

(2) 传感器设计

GD4-Ⅱ型瓦斯抽放多参数传感器用于配合孔板流量计等差压式流量计工作，主要检测参数包括：差压、绝压、温度、甲烷浓度等，因此需要设计监测这四个参数的传感器。

① 差压传感器

由于产生的压力相对较小，因此在设计时采用微差压传感器，提高测量精度，差压传感器采用扩散硅差压传感器，其原理如图 4-21 所示。

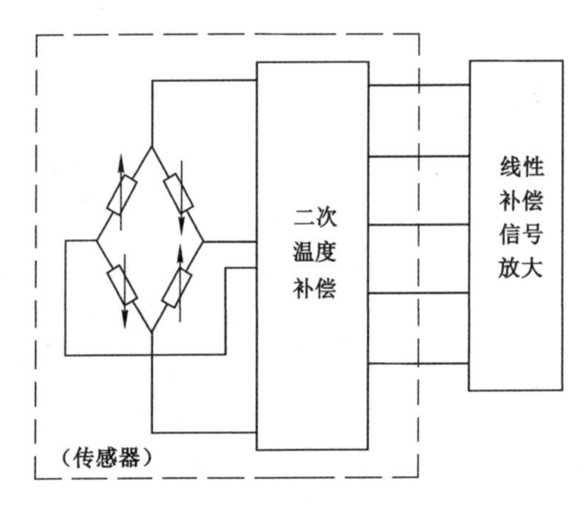

图 4-21　差压传感器原理图

当传感器两端置于空气中，则差压传感器输出信号为 0，当两端差压产生变化，扩散硅惠斯通电桥上阻抗发生变化，其变化的阻值与差压值成正比，因此只要给电桥供电，输出电压就与测量的差压成正比关系。差压传感器通过信号放大电路，转换成标准信号输出给信号处理单元。

② 绝压传感器

绝压传感器与差压传感器原理相同，只是在扩散硅敏感元件的另一端预填充压力为 1 个标准大气压，因此监测的压力是绝对压力，惠斯通电桥经过放大处理输出标准信号给信号处理单元。

差压传感器与绝压传感器通过以 PGA309 为基础的可编程传感器调节器进行信号调理，把微弱信号转化为线性化的电压信号。如图 4-22 和图 4-23 所示，PGA309 是专为桥式传感器的应用而设计的全信号调节器，具有桥接激励、初始测量范围和偏移校正、对测量范围和偏移的温度调整、内部/外部温度、故障检测以及数字校正等功能。

通过 PGA309，实现了温度补偿、绝压传感器和差压传感器的线性化补偿，输出电压信号 0.5～2.5 V，为下一步的信号采集提供了标准信号。

③ 瓦斯浓度传感器

瓦斯浓度的测量以往多采用贵金属作为导热材料的热导式甲烷浓度传感

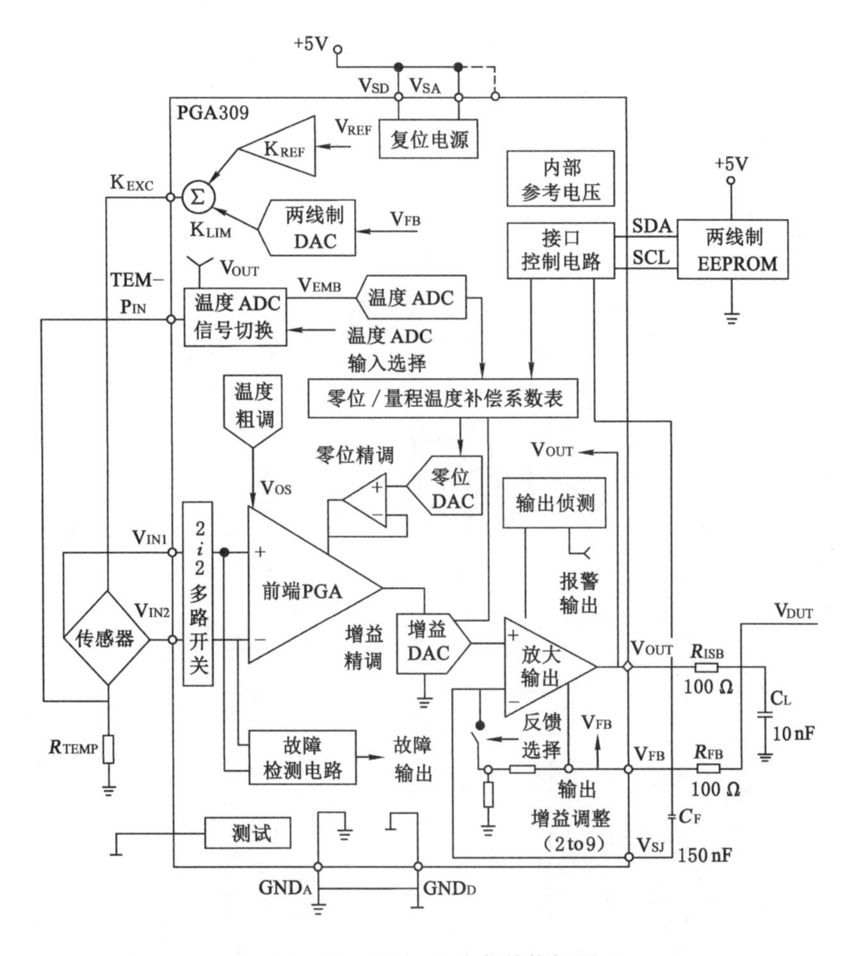

图 4-22 PGA309 内部结构框图

器，其原理是依据不同瓦斯气体的导热系数与空气的差异来测定瓦斯的浓度，通常利用电路将导热系数的差异转化为电阻的变化来测量瓦斯浓度。具体而言，先是将待测气体送入气室，气室中有热敏元件，如热敏电阻、铂丝或钨丝，将热敏元件加热到一定温度，当待测气体的导热系数较高时，将使热量更容易从热敏元件上散发，使其电阻减小，通过惠斯通电桥测量这一阻值变化即可得到被测气体的浓度值。这种传感器在待测气体浓度高时稳定性较高，所以，一般用于高浓度甲烷气体（10%～100%）测量时可以保证测量精度，但也存在下述问题：

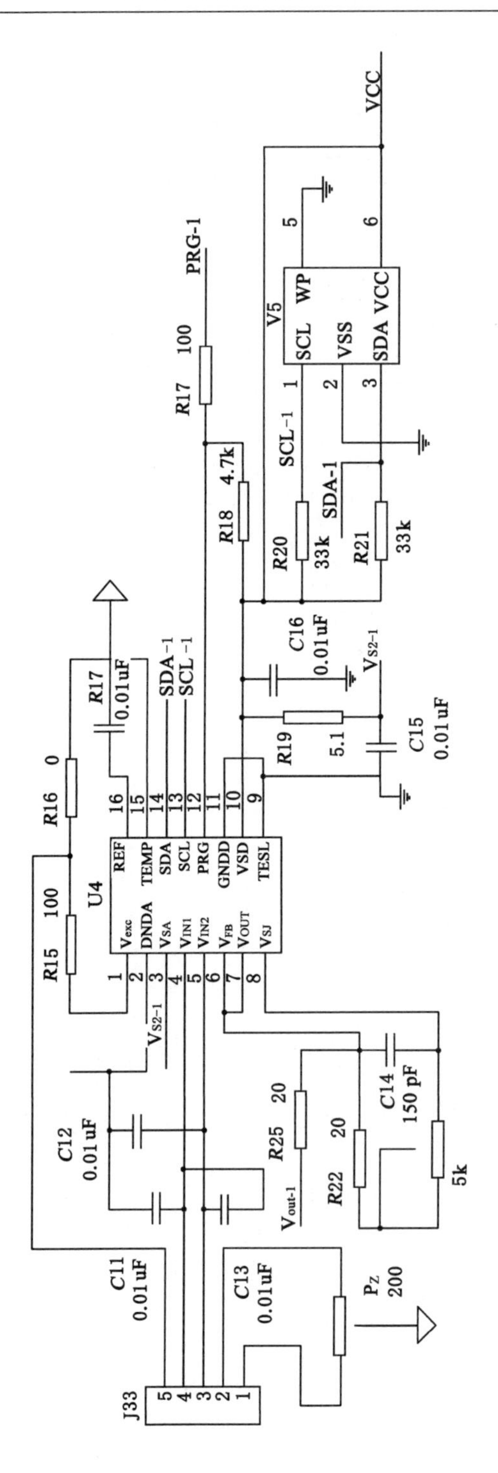

图 4-23 利用 PGA309 设计的放大电路

(a) 用热导原理检测瓦斯，测量范围仅为10%～100%，误差达真值的±10%，低范围段测量误差大；

(b) 易受温度、湿度影响；

(c) 稳定性差、调校周期短；

(d) 寿命短。

由于煤层钻孔抽采的瓦斯都含有大量的水汽，甚至液态水，一直以来，热导式瓦斯传感器在管道上使用效果往往较差，因此，本次设计摒弃了原来的热导式瓦斯传感器，采用非色散红外甲烷传感器。

红外甲烷传感器是利用比耳-朗格红外吸收定律，即不同气体对特定波长的光有吸收功能，吸收强度和气体浓度成正比。因此，红外甲烷传感器主要包括红外发射和红外接收以及外围电路。

该传感器特点是：

(a) 测量范围宽：0～100%全量程测量。

(b) 测量精度高：量程0%～1%时，误差≤±0.07%；量程1%～100%，误差为真值的±7%。

(c) 调校周期长：在空气条件下，调校周期可以达到1 a。

(d) 采用分子膜隔离的方式，使得传感器不受水汽的影响。

(e) 解决了传感器在负压条件下的浓度测量误差问题。

因此本设计采用红外甲烷浓度传感器作为管道甲烷测量传感器，解决了以往使用热导式传感器存在的各种问题。

④ 温度传感器

温度传感器采用集成温度传感器，其测量和AD转换集成在一起，直接输出数字信号，减少了信号的放大处理和AD转换，简化了电路设计，提高了可靠性和测试精度，节约成本，同时测量范围由原来的0～50 ℃扩展到0～100 ℃。

(3) 电路设计

① 信号处理单元设计

传统的信号处理单元设计一般是将微弱信号经过放大器放大处理，然后传送给AD转换器，进入单片机。随着电子技术的发展，SoC(system on chip)设计理念将原来的处理器单一功能，融入了模拟、数字等外设及其他功能部件，进一步简化了单片机系统外围电路的设计，提高了可靠性，因此在本设计中，采用了高度集成的SoC信号处理器ADuC845，其内部结构如图4-24所示。

采用AduC845处理器进行设计，使GD4-Ⅱ电气部分的设计得到简化，只需要围绕处理器的输入输出功能设计相应的接口，就可以设计出完整的仪器信号处理单元。

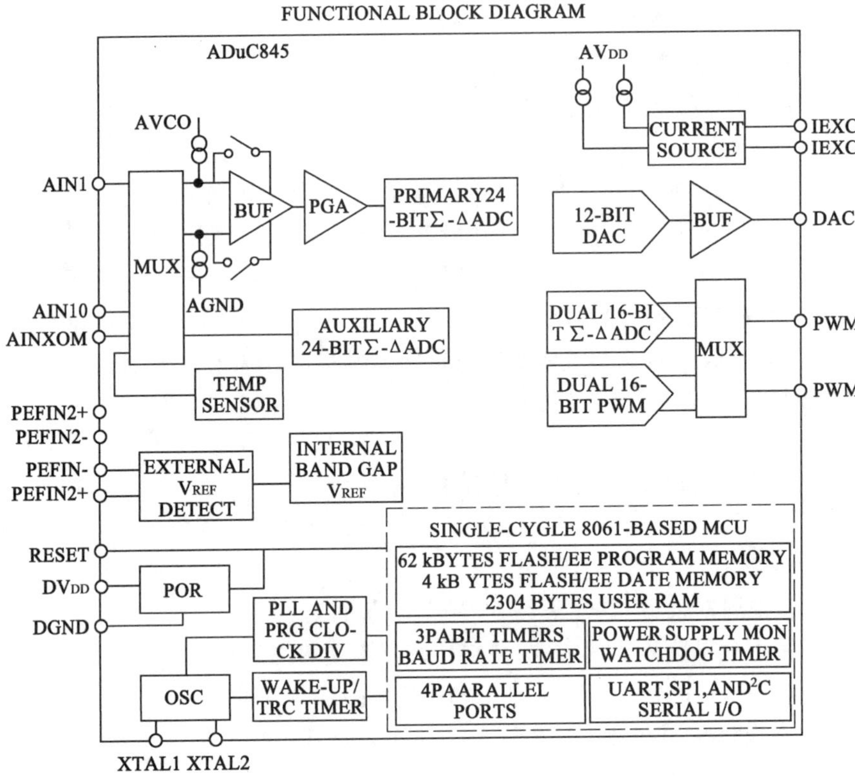

图 4-24　ADuC845 内部结构图

② 液晶显示器设计

以往使用的设备显示器，大多采用段码式数码管显示，这种方式显示可靠、亮度高，但显示数据是通过循环显示，需要用户记忆段码助记符，才知道显示的各种参数，用户体验不好。

大屏段码式液晶显示器，不仅可以显示监测的所有参数值，还通过汉字提示显示各参数含义，直观明了，如图 4-25 所示。此外，显示器工作电流小于 50 mA，采用 PCF8576 对液晶段码进行驱动，利用 I2C 串口方式与单片机数据交换，减少了口线的消耗。

③ 信号输出设计

将测量的瓦斯流量、绝对压力、甲烷浓度、温度输出给监控系统，可以采用电流输出和通信输出两种方式。

(a) 电流输出方式

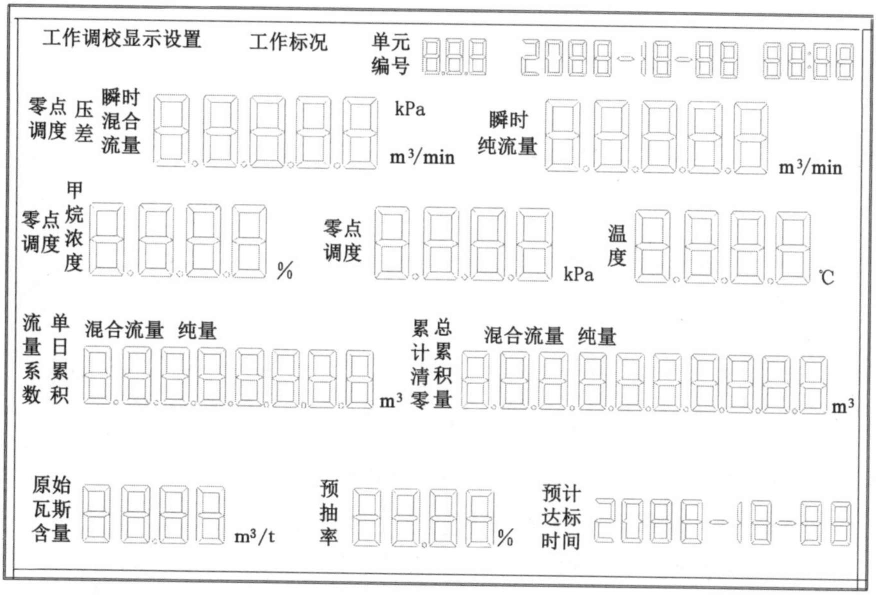

图 4-25 液晶显示器面板

由于煤矿各种监控系统都能够接收电流和频率信号，因此设计流量计的输出时，可以采用电流方式输出给监控系统，分为 1～5 mA 或者 4～20 mA。若采用传统方式设计，在不调整硬件电路的基础上，不可能输出可选，设计采用数字方式输出电流，则可以通过控制软件实现 1～5 mA 和 4～20 mA 输出的切换。

传统设计采用 D/A 数模转换器，将数字信号转换成电压信号，再将电压信号通过电压/电流转换电路，转换成电流信号输出。采用数字式集成转换器，通过转换器直接输出电流信号，芯片采用 AD5420。AD5420 是一款完整的环路供电型 4～20 mA 数模转换器芯片，AD5420 内部由温度传感器、16 位数模转换器、电流放大器、电压调节器、输入寄存器、控制逻辑和增益/失调寄存器等部分组成，如图 4-26 所示。

采用 ADI(Analog Devices)公司生产的 AD5420AREZ 芯片实现转速值到电流值的转化。AD5420 是可编程电流源输出的低成本、高精密、完全集成的单通道 16 位串行输入的 DAC 转换器，可满足工业过程控制应用的要求。输出电流范围可编程为 4～20 mA、0～20 mA 或者 0～24 mA 的超量程。输出具有开路保护功能，可以驱动 1 H 的电感负载。这款器件采用 10.8～40 V 电源供电。灵活的串口为 SPI、MICROWIRE、QSPI 和 DSP 兼容接口，可在三线制模式下工作，以将隔离应用所需的数字隔离电路降至最少。这款器件还包含确保器件

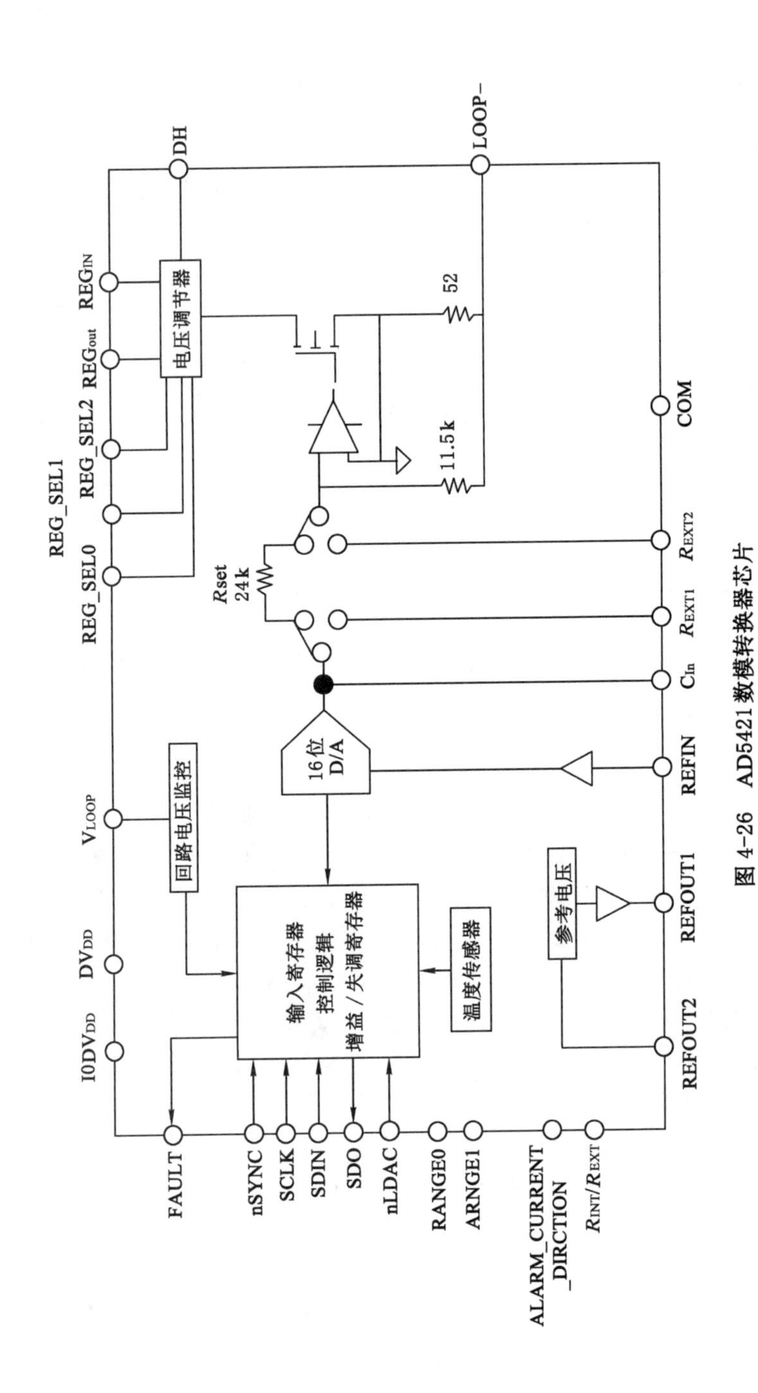

图 4-26　AD5421数模转换器芯片

在已知状态下上电的上电复位功能，以及将输出设定为所选电流范围低端的异步清零功能(CLEAR)。

(b) RS-485 输出方式

通过数字方式输出信号，可以节约采集分站 4 个采集端口。TD301D485/TD501D485 是集成电源隔离、电气隔离、RS-485 接口、总线保护器件于一体的 RS-485 接口隔离模块；方便嵌入用户设备，使产品具有连接 RS-485 网络的功能。在需要采用一个电源隔离模块、三路光耦及一片 RS-485 收发芯片等器件才能实现带隔离的 RS-485 电路中，现在只需要采用一个 RS-485 隔离模块就可以实现，简化客户对隔离要求的设计。

(4) 软件设计

采用 Keil C51 软件进行开发，程序采用模块化设计，图形化界面编程，实现程序的合理调用。软件实现功能包括：

① 开机自检，自动校零

主要实现仪器的上电自检，以及仪器的软件调零功能。

② 电量自动显示

实现电池电量显示，自动报警功能。

③ 传感器调校

传感器漂移实现软件调校，减少电位器调校，提高可靠性。

④ 时间调校

仪器集成了实时时钟，测量时自动记录测量时间，在初始化时实现与北京时间同步调校。

⑤ 流量测量、存储

测量与流量相关的压差、负压、浓度和温度 4 个参数，转换成标态混合流量和纯流量，并存储到仪器内部。

⑥ 单参数测量、存储

可以选择测量压差、负压、浓度和温度中的某一个参数，并存储到仪器内部。

⑦ 流量查询

对测量的流量参数进行查询、显示。

⑧ 单参数查询

对测量的某一个参数进行查询、显示。

(5) 主要性能指标

主要测量的性能指标包括测量范围、分辨率和准确度，具体参数见表 4-5。

表 4-5　仪器测量范围、分辨率值及误差

参数	测量范围	分辨率	准确度
压差	0 Pa～5 kPa	0.001 kPa	±1.5%FS
负压	0 Pa～100 kPa	0.1 kPa	±1.5%FS
甲烷浓度	0～100%	0.1%	0～1%，±0.06%CH_4；1%～100%，±7%FS
温度	0～100 ℃	0.1 ℃	±1.5%FS

4.3.3　结构设计

GD4-Ⅱ瓦斯抽采效果智能测定分析终端主要包括主机、三阀组、取压管、温度传感器部件、浓度传感器部件、气水分离器，整体结构如图 4-27 所示。

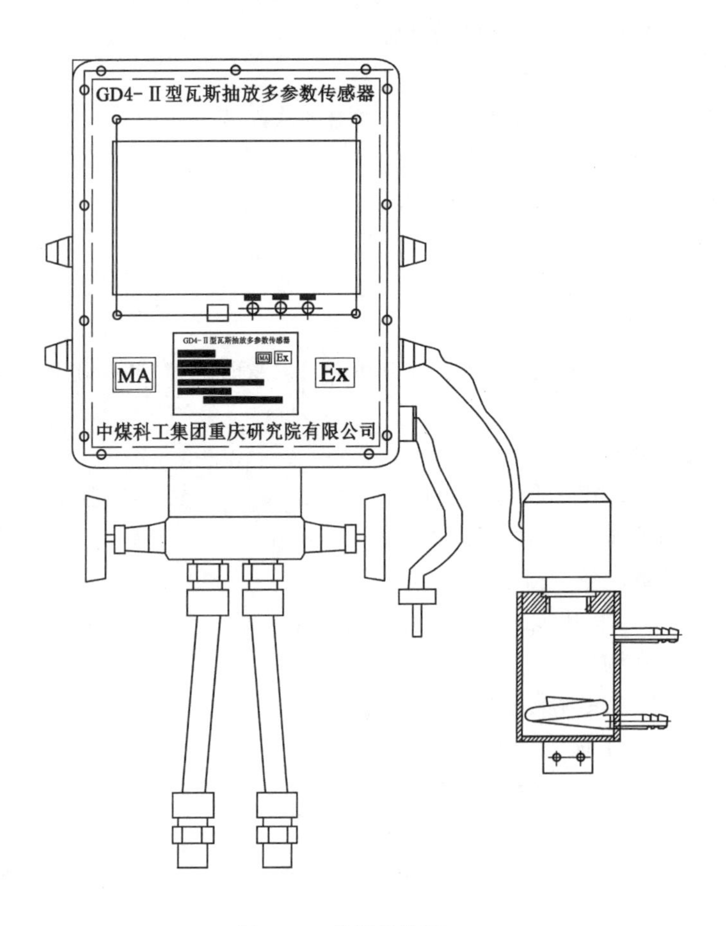

图 4-27　整机结构图

(1) 主机

主机中主要有显示屏、传感器部件(传感器壳体、差压传感器、绝压传感器、传感器电路板)、电路板、主机箱体等。设计时,考虑各参数的测量顺序以及传感器的安装,气体流经取压管、三阀组,进入传感器壳体,先测绝压,再与另一路气体测量管道中孔板前后压差。为了减轻传感器壳体的重量,在不影响传感器壳体性能的基础上切削部分材料。

主机箱体采用不锈钢薄板焊接而成,将显示屏、电路板、传感器壳体等零部件固定在箱体内,并采用硅胶密封垫进行密封处理。

(2) 三阀组

三阀组由阀体、二个截止阀及一个平衡阀组成,具体型号为 1151 一体化三阀组,实物如 4-28 所示。

图 4-28 1151 一体化三阀组

三阀组具体作用是:

① 在管道由初始状态(空)加入介质时,传感器两侧压力会突然变化,压差增大,为避免传感器被损坏,应先关闭传感器两侧的 A、B 阀,打开旁通阀 C;

② 在介质充满管道,并趋近平稳、平衡后,逐渐打开 A、B 阀,使传感器两侧均匀施加压力;

③ 最后关闭 C 阀,传感器开始正常工作;

④ 关闭顺序与上述情况相反。

此外,三阀组还有其他作用,如运行一段时间后清洗管道,确保传感器部分不受影响(管路被旁通)。

(3) 温度传感器部件

由于在工作中浓度传感器长期通电导致发热，致使温度升高，故将温度传感器单独安装，与传感器部件分开，置于输气管道上直接与气体接触，具体结构如图 4-29 所示。

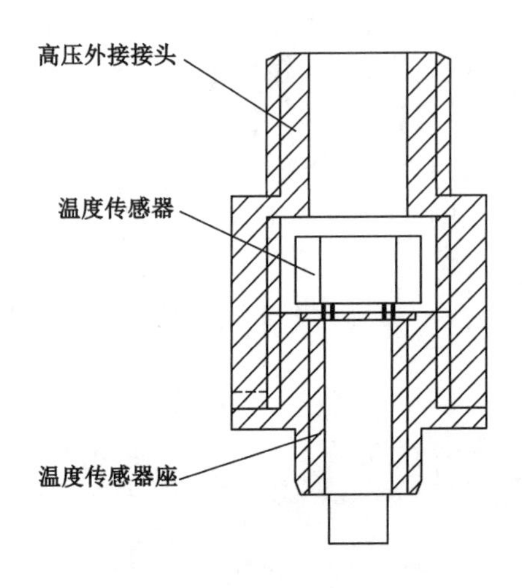

图 4-29　温度传感器部件图

(4) 浓度传感器部件

本仪器未设置抽气装置，孔板下的气体在压差下流动、扩散接触浓度传感头。为了保证测量精度，保护传感头，在传感头前增加一层防水透气膜以及一个黄铜粉末烧结滤芯，如图 4-30 所示。

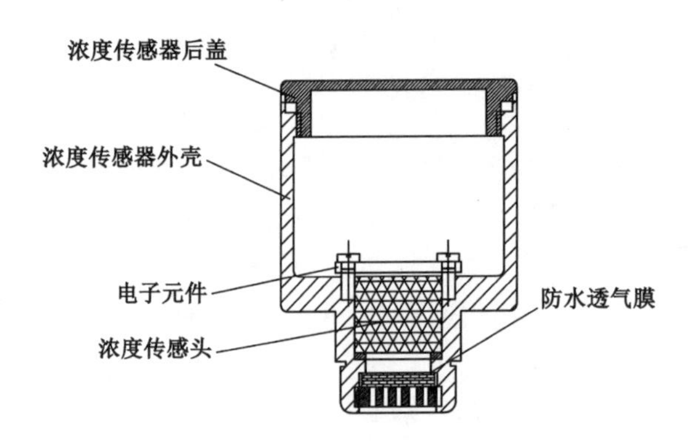

图 4-30　浓度传感器部件

(5) 气水分离器

由于在抽放管道内存在大量的液态及饱和状态水，为了保证浓度传感头不受水的影响，在浓度传感器部件前安设了气水分离器，其结构如图 4-31 所示。

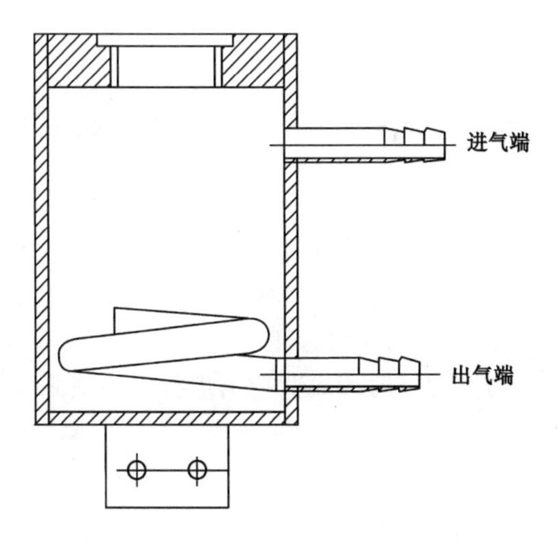

图 4-31 气水分离器结构

第5章 工程实践案例分析

煤层瓦斯预抽钻孔群全生命周期精细管控关键技术在山西某矿3316工作面开展了工业性试验，对形成的“测-封一体化”瓦斯抽采钻孔高效封孔技术、“检-修一体化”瓦斯抽采钻孔状态评价及修复技术以及“评-控一体化”钻孔群抽采效果动态评价与监控技术等成套技术进行应用效果考察，分别从单孔抽采效果、区域抽采效果以及回采前的抽采达标评判三方面进行验证。

5.1 工作面基本概况

(1) 地面及井下位置

3316工作面位于三采区四条集中巷南侧，该面垂直于集中主运巷向南布置，停采线为南集中回风巷往南100 m，停采线以里走向长度为2 060 m，开切眼长度为180 m。工作面位置及井上下关系见表5-1。

表5-1 工作面位置及井上下关系情况表

水平名称	+690 m水平
地面标高/m	+960～+1 200
采区名称	三采区
工作面标高/m	+420～+450
地面相对位置	位于马头山村保安煤柱以北60 m，地表为山区地貌，以林地、荒地为主
回采对地面设施的影响	工作面上方无村庄、铁路、桥梁等建筑物，无任何水体存在，回采对地面设施无影响
井下位置及与四邻关系、采掘情况	井下位于塔里进风井以西240 m，四条集中大巷以南。四邻采掘情况：南部为3316采空区，西侧为实煤区，东侧为未采的3314工作面，北部为四条集中大巷
可采走向长度/m	1 058
倾向长度/m	175.5
面积/m^2	185 679

（2）煤层赋存情况

3316工作面主要开采3号煤层，厚度为3.17～5.98 m，平均厚度为4.6 m，煤层倾角为2°～10°，平均倾角为5.5°，地质储量为245.62万t。3号煤层坚固性系数f值为0.76，煤的破坏类型为Ⅱ类，煤层顶底板情况见表5-2。

表5-2　煤层顶底板情况表

顶底板名称	岩石名称	厚度/m	岩性特征
老顶	中砂岩	9.0	灰、深灰色中细粒岩屑石英砂岩，有时相变为粉砂岩或泥质粉砂岩，交错层理发育
直接顶	砂质泥岩	2.0	灰黑色，夹薄层泥岩，局部有粗粉砂岩，可见植物化石碎片
伪顶	碳质泥岩	0.3	黑色，质软，含植物化石，随采掘脱落
直接底	泥岩或细粉砂岩	8.5	灰黑、深灰色泥岩夹薄层状粉砂质泥岩，上部含植物化石
老底	中砂岩	1.8	灰、灰白色中细粒岩石英砂岩，硅质胶结

（3）地质构造

3316工作面整体倾向为东高西低，开采范围属于地质构造简单的向斜构造。根据掘进期间的揭露情况及工作面形成后钻探和物探情况，共计探测出1个陷落柱和9个挤压带，从开切眼向北依次编号为1#～9#，其中对工作面回采影响较大的为2#构造、3#构造和5#构造。

（4）巷道布置及工作面基本参数

3316工作面运输巷、3316回风巷均沿煤层底板布置（图5-1）。工作面设计为一进一回"U"形通风系统，巷道断面均采用矩形断面。工作面采用综采放顶煤开采工艺，全部垮落法管理顶板。工作面开切眼长度为180 m，工作面日产量为4 388 t。

（5）瓦斯赋存情况

根据矿井实测，3316工作面煤体原始瓦斯含量为7.91～11.9 m^3/t；根据《山西天地王坡煤业有限公司3号煤层煤与瓦斯突出危险性鉴定报告》，鉴定区域内3号煤层最大瓦斯压力为0.58 MPa，且具有随埋深的增加而变大的趋势，瓦斯压力梯度为0.41 MPa/100 m，通过线性回归得出其分布规律如图5-2所示。

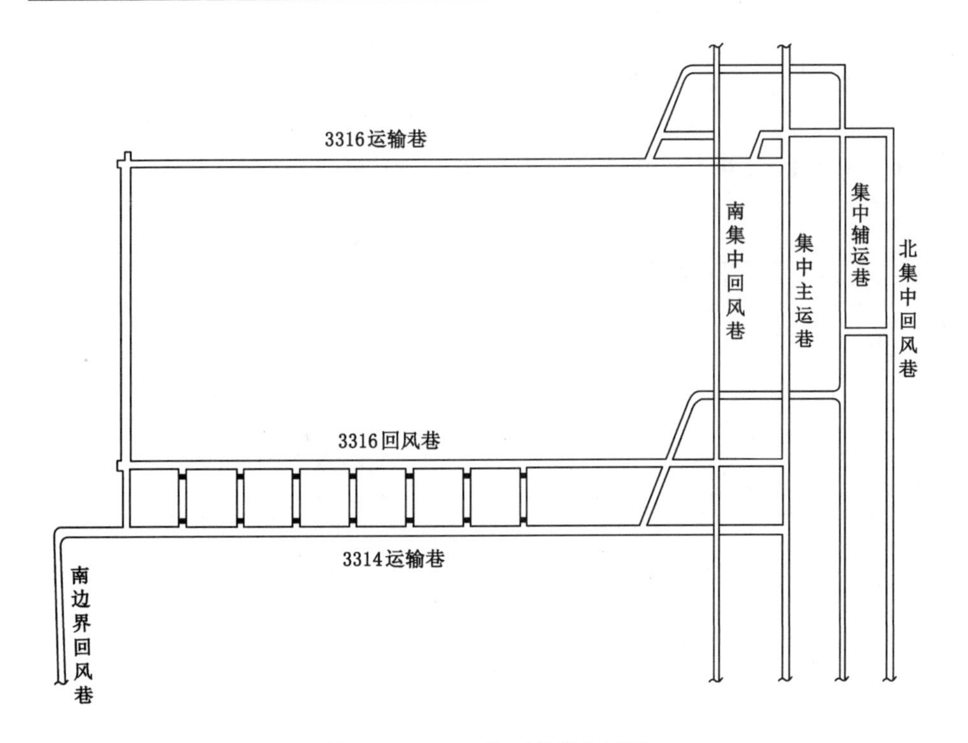

图 5-1　3316 工作面巷道布置图

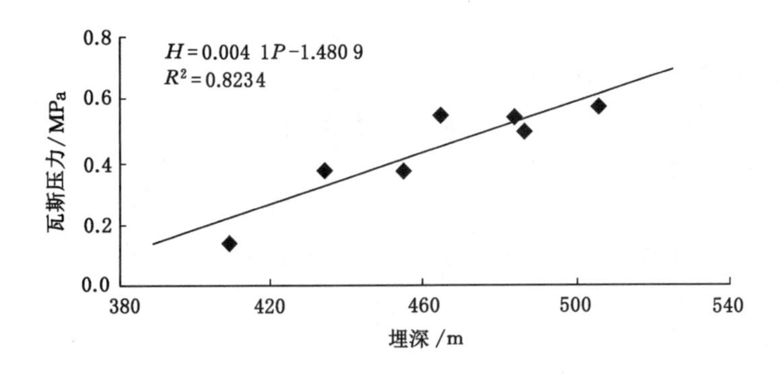

图 5-2　3 号煤层瓦斯压力与埋深关系图

5.2　试验方案

现场工业性试验以 3316 工作面内的本煤层预抽钻孔为试验对象，从钻孔布置设计优化、钻孔高效封孔以及钻孔状态评价与故障修复方面对成套技术进行了效果考察。试验路线如图 5-3 所示。

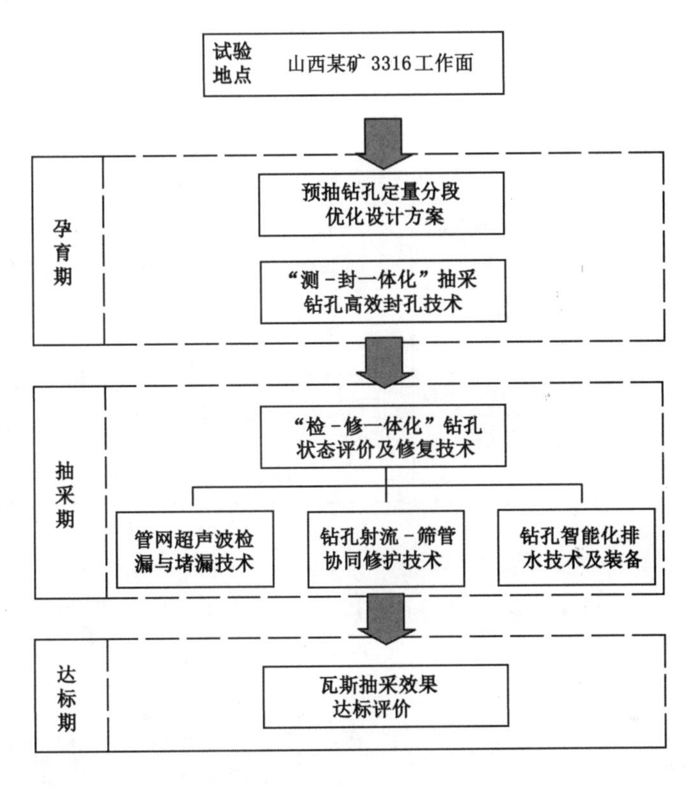

图 5-3　瓦斯抽采钻孔全生命周期管控工业性试验方案

3316 工作面工业性试验主要内容包括：工作面本煤层预抽钻孔布置间距定量分段设计优化；本煤层钻孔封孔质量量化评测，优化封孔参数，应用径向压注式封孔工艺及亲煤基型无机封孔材料进行高效封孔；选取抽采效果较差的钻孔进行钻孔运行状态评价，对评价为故障的钻孔进行故障类型检测，采用针对性的故障修复技术进行修复，并对比分析修复前后的抽采效果；分析 3316 工作面抽采达标以及回采期间瓦斯涌出情况，验证瓦斯抽采钻孔全生命周期管控技术的应用效果。

(1) 预抽钻孔布置间距定量分段设计优化

① 预抽钻孔间距设计

根据第 4 章研究成果，对 3316 工作面抽采钻孔的有效抽采半径进行了数值分析，在此基础上优化了 3316 工作面运输巷和回风巷的预抽钻孔布置间距。

3316工作面需设计钻孔区域为停采线开始向工作面方向2 060 m，工作面预留抽采时间7个月，巷道掘进速度按8 m/d计，回采推进速度按7.2 m/d计，计算得到设计钻孔最长预抽时间 $T_{max}=755$ d，按安全系数 $\lambda=1.005$ 计算得到不同设计钻孔间距对应的区段长度，见表5-3。

表5-3　3316工作面钻孔分区域参数表

序号	钻孔间距 D_i/m	实现抽采达标时间 $T_{i\min}$/d	抽采 $T_{i\min}$ 时设计区域对应的抽采达标区域长度 X_i/m	设计间距对应区段长度 L_i/m
1	2.0	178	2 060	421
2	2.5	302	1 639	667
3	3.0	467	972	857
4	3.5	736	115	115
5	4.0	884	0（$T_{5\min}>T_{max}$）	—

将计算得到的各区段长度取整处理，从设计停采线向工作面开切眼向将3316工作面分成四个区域：0～110 m、110～970 m、970～1 640 m、1 640～2 060 m，如图5-4所示。

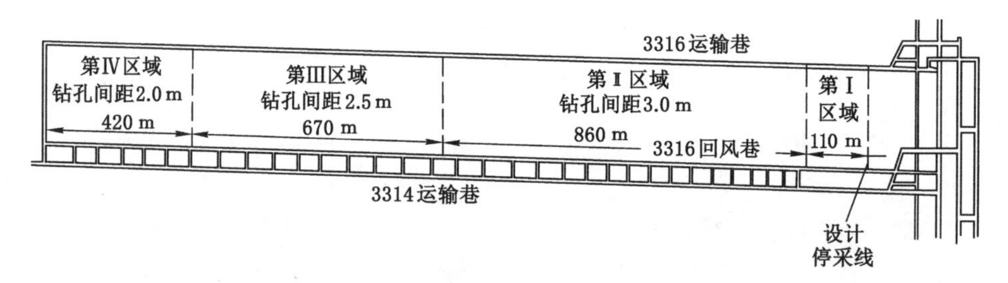

图5-4　3316工作面预抽钻孔定量分段区域布置

预抽钻孔间距定量分段设计过程中按工作面最大瓦斯含量11.9 m^3/t 计算，且工作面开采范围内无较大的瓦斯地质构造，因此本设计无须根据瓦斯含量变化进行修正。第Ⅰ区域设计钻孔间距3.5 m，第Ⅱ区域钻孔间距设计为3.0 m，第Ⅲ区域钻孔间距设计为2.5 m，第Ⅳ区域钻孔间距设计为2.0 m，均能满足在相应预抽时间内实现瓦斯抽采达标的要求。

② 预抽钻孔工程量计算

3316工作面采用两侧巷道对打的方式施工预抽钻孔，两侧钻孔长度均为100 m，每组对打钻孔的总长度为200 m。采用定量分段设计钻孔间距后，预抽钻孔共需施工742组，钻孔工程量共计148 400 m。与矿井原预抽钻孔间距

2.0 m设计相比，钻孔工程量减少 57 600 m，降幅达 27.96％。钻孔工程量对比情况具体见表 5-4。

表 5-4　钻孔工程量对比情况表

方案		设计区域长度/m	钻孔间距/m	施工钻孔组数/组	钻孔工程量/m（＝组数×200 m）	节约钻孔工程量/m
原设计		2 060	2.0	1 030	206 000	0
分段布置钻孔间距	第Ⅰ区域	110	3.5	120	24 000	57 600
	第Ⅱ区域	860	3.0	224	44 800	
	第Ⅲ区域	670	2.5	343	68 600	
	第Ⅳ区域	420	2.0	55	11 000	
	合计	2 060	—	742	148 400	

(2)“测-封一体化”瓦斯抽采钻孔高效封孔技术

在第 2 章的研究基础上，对 3316 工作面预抽钻孔的封孔方案进行优化，封孔深度由矿井原有的 10 m 优化为 12 m，有效封孔长度为 10 m；封孔工艺采用径向压注注浆封孔工艺，封孔材料采用自主研发的亲煤基型无机封孔材料以及配套的带压注浆封孔器和气动注浆泵。封孔工艺方案如图 5-5 所示。

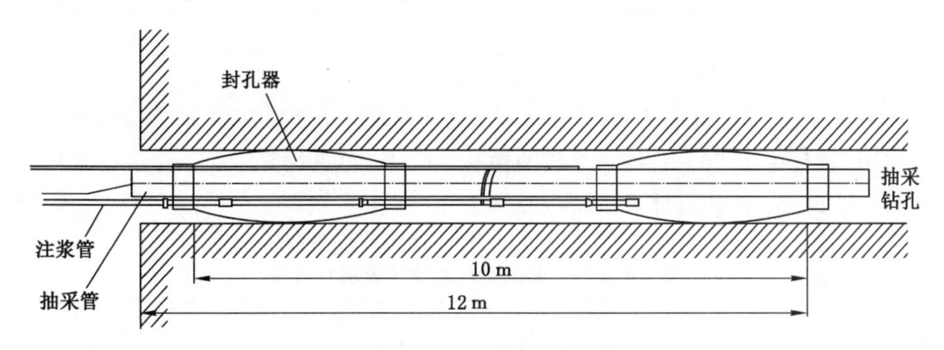

图 5-5　预抽钻孔封孔工艺方案图

(3)“检-修一体化”瓦斯抽采钻孔状态评价及修复技术

以第 3 章的研究成果为基础，针对 3316 工作面在抽的预抽钻孔，对瓦斯抽采流量和浓度出现明显衰减的钻孔进行抽采运行状态评价，对评价结果为故障状态的钻孔根据具体故障类型实施相应的修复处理。

① 利用负压超声波检漏仪对 3316 工作面运输巷和回风巷的抽采管路进行巡检，发现泄漏点后实施在线带压堵漏；

② 针对孔内出现的由孔壁变形或坍塌导致的抽采钻孔失效问题，实施“射流疏通-筛管护孔”协同修护技术进行修复，延长钻孔抽采寿命；

③ 对于预抽钻孔尤其是负角度下向钻孔，安装钻孔智能化排水系统对孔内积水进行排放，有效解决钻孔积水影响抽采效率的问题。

5.3 试验开展情况

(1) 预抽钻孔施工情况

3316 运输巷钻孔自 2015 年 2 月 10 日开始施工，截至 2015 年 11 月 9 日施工完毕，累计施工 272 d，共施工预抽钻孔 607 个，总进尺 68 340 m，平均单孔深度为 112.59 m，钻孔具体施工情况见表 5-5。

表 5-5　3316 运输巷钻孔施工情况统计表

区间	钻孔数量/个	进尺/m	占钻孔总数比例/%
＜40 m	4	111	0.66
40～＜90 m	9	676	1.48
90～＜100 m	16	1 511	2.64
≥100 m	578	66 042	95.22
合计	607	68 340	100.00

3316 回风巷钻孔自 2015 年 2 月 20 日开始施工，截至 2015 年 11 月 12 日施工完毕，累计施工 265 d，共施工预抽钻孔 598 个，总进尺 70 497 m，平均单孔深度为 117.89 m，钻孔具体施工情况见表 5-6。

表 5-6　3316 回风巷钻孔施工情况统计表

区间	钻孔数/个	进尺/m	占钻孔总数比例/%
＜40 m	14	508	2.34
40 m～＜90 m	8	435	1.34
90 m～＜100 m	15	1 424	2.51
≥100 m	561	68 130	93.81
合计	598	70 497	100.00

(2) 预抽钻孔封孔情况

除长度小于 40 m 的钻孔采用临时封孔手段进行封孔外，3316 工作面运输巷和回风巷的其余1 187个预抽钻孔均采用了“测-封一体化”瓦斯抽采钻孔高效封孔技术方案进行封孔。

(3) 瓦斯抽采管路检漏堵漏情况

使用YJL40C负压管道超声波检漏仪对3316工作面运输巷和回风巷内瓦斯抽采管道及抽采钻孔与抽采管道之间的连接管路进行了巡检，共计巡检管道长4 314 m，钻孔连接管路长1 810 m。共检测出泄漏点52处，其中主管泄漏点7处，抽采钻孔连接处泄漏点45处，图5-6为根据巡检结果统计得出的泄漏点占比分布情况。

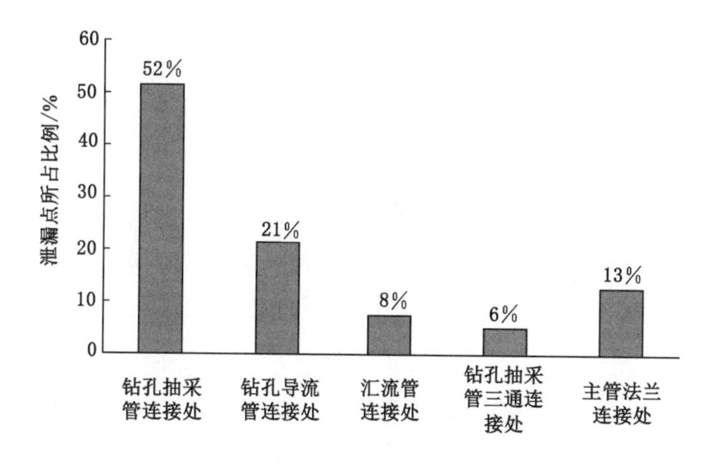

图5-6　井下管路泄漏点统计结果

从图5-6可以看出，泄漏点多数出现在钻孔至汇流管之间的接头处，其中，钻孔抽采管连接处检测出的泄漏点占总泄漏点数量的一半以上，其次是导流管、汇流管以及三通连接处。钻孔至汇流管处的易泄漏点如图5-7所示。主管和支管的泄漏点占总泄漏点数量的13%，都出现在法兰连接处，未检测到由于管道的管壁破损造成的泄漏。通过对不同漏气点的泄漏程度进行分析发现，漏气较严重的是主管及支管的法兰连接处，而钻孔与汇流管之间各处的接头泄漏一般为轻微泄漏。

(4) 瓦斯抽采钻孔故障修复情况

利用便携式瓦斯抽采参数测定仪定期测定3316工作面运输巷和回风巷内预抽钻孔的抽采流量与瓦斯浓度，针对抽采效果出现明显衰减的钻孔进行运行状态评价，对于判断为故障状态的钻孔检测其故障类型，并针对不同故障类型实施相应的修复措施。

具体钻孔运行状态评价情况统计见表5-7。由表5-7可知，3316工作面预抽钻孔出现故障概率整体较大，“故障”钻孔占比为38.82%，“无故障”和“可能故

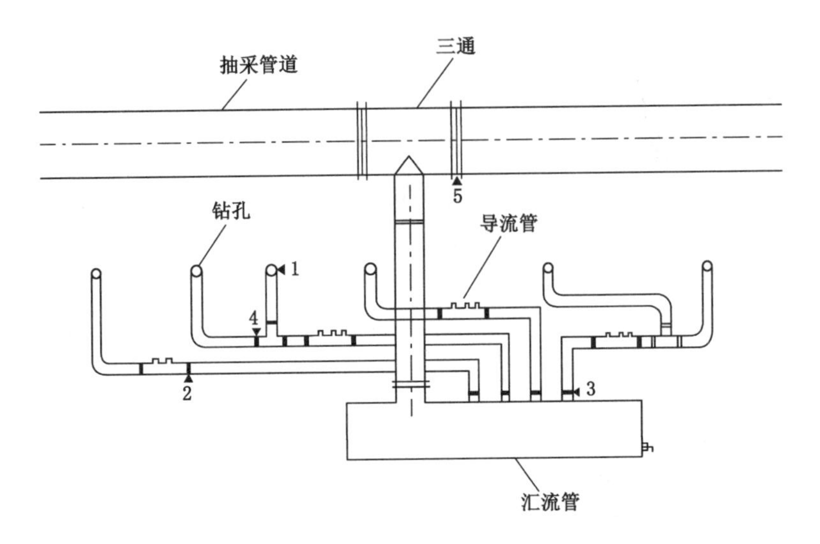

▲—易泄露点；1—钻孔与抽采管连接处；2—抽采管与导流管连接处；
3—抽采管与汇流管连接处；4—抽采管三通处；5—抽采管道法兰处。

图 5-7　井下瓦斯抽采管路易泄漏点示意图

障”钻孔合计 61.18%，而“无故障”钻孔不到 45%。从预抽钻孔运行状态评价统计情况来看，在钻孔抽采前期出现抽采效果衰减的钻孔处于故障状态的概率较大；而在抽采中期评价为“有可能故障”的钻孔占比较高，需要通过实际检测手段进行故障判断；处于抽采后期的钻孔由于钻孔周围赋存瓦斯的减少导致瓦斯向钻孔内涌出不稳定，使抽采效果出现衰减，即使评价为“有可能故障”也并不代表钻孔处于故障运行状态。

表 5-7　3316 工作面预抽钻孔运行状态评价统计

序号	判断类型	可能性评价指数 I	钻孔数量/个	占比/%
1	无故障	$0.0 \leqslant I < 0.5$	174	44.73
2	可能故障	$0.5 \leqslant I < 0.8$	64	16.45
3	故障	$0.8 \leqslant I \leqslant 1.0$	151	38.82
4	总计	—	389	100.00

针对故障状态钻孔实施修复措施的钻孔统计见表 5-8。从故障类型与故障钻孔的分布来看，由于针对钻孔连接先行实施了负压超声波技术检漏，有效减少了连接点漏气情况，该种故障状态的钻孔数量较少；发生孔内塌孔或变形的钻孔分布较为集中，主要原因为钻孔变形主要受煤体应力集中异常影响，这种异常区

域为局部性的，多为工作面的构造带附近等位置；发生孔内积水的钻孔多分布在3316 回风巷，由于该巷道标高较待回采煤体高，巷道内的预抽钻孔多为下向钻孔，孔内积水无法靠重力自然排出。针对三种故障类型的钻孔实施修复措施后，钻孔的瓦斯抽采效果较修复前均有明显提升。

表 5-8　3316 工作面预抽钻孔故障修复情况统计

序号	故障类型	钻孔数量/个	占比/%	修复措施
1	钻孔连接管漏气	27	17.88	快速堵漏
2	钻孔孔内塌孔或变形	83	54.97	水力修护
3	孔内积水	41	27.15	孔内自动排水
4	总计	151	100.00	—

5.4　工作面瓦斯预抽效果分析

5.4.1　预抽钻孔瓦斯抽采效果

(1) 3316 运输巷单孔抽采效果统计分析

对 3316 运输巷 216 个钻孔单孔抽采浓度进行了 150 d 的定期测定，测定钻孔抽采初始浓度与单孔平均抽采浓度统计结果见表 5-9。

表 5-9　3316 巷 216 个试验钻孔单孔抽采浓度统计表

抽采时间	不同浓度区间的钻孔数量/个				
	<30%	30%～50%	>50%～70%	>70%	平均抽采浓度/%
抽采初始时	20	35	65	96	78.4
150 d	32	30	70	84	60.4

从表 5-9 可以看出，抽采初始时平均抽采浓度为 78.4%，浓度低于 30%的钻孔 20 个，浓度大于 50%的钻孔 161 个，浓度大于 70%的钻孔 96 个。抽采 150 d 时平均抽采浓度为 60.4%，浓度低于 30%的钻孔 32 个，浓度大于 50%的钻孔 154 个，浓度大于 70%的钻孔 84 个，表明单孔抽采浓度衰减速度比较缓慢。

(2) 3316 回风巷单孔抽采效果统计分析

对 3316 回风巷 187 个钻孔的单孔抽采浓度进行了 5 个月的定期测定，测定钻孔抽采初始浓度与单孔平均抽采浓度统计结果见表 5-10。

表 5-10　2-6092 巷 144 个试验钻孔单孔抽采浓度统计表

抽采时间	不同浓度区间的钻孔数量/个				
	<30%	30%～50%	>50%～70%	>70%	平均抽采浓度/%
抽采初始时	34	37	44	72	71.5
150 d 平均抽采浓度	45	43	54	45	54.7

从表 5-10 可以看出，抽采初始时平均抽采浓度为 71.5%，浓度低于 30%的钻孔 34 个，浓度大于 50%的钻孔 116 个，浓度大于 70%的钻孔 72 个；抽采 150 d 时平均抽采浓度为 54.7%，浓度低于 30%的钻孔 45 个，浓度大于 50%的钻孔 99 个，浓度大于 70%的钻孔 45 个。

5.4.2　区域瓦斯抽采效果分析

3316 工作面运输巷和回风巷敷设了 ϕ377 mm 钢管作为抽采支管，用于接抽工作面预抽钻孔。通过监测分析抽采支管的瓦斯抽采流量与浓度变化，可直观地分析煤层瓦斯预抽钻孔群全生命周期精细管控关键技术对区域瓦斯抽采效果的保障作用。抽采效果监测在 3316 工作面预抽钻孔完工后，于 2015 年 11 月开始，持续监测至 2016 年 6 月止，每隔 4～8 d 测定一次，测定结果如图 5-8、图 5-9所示。

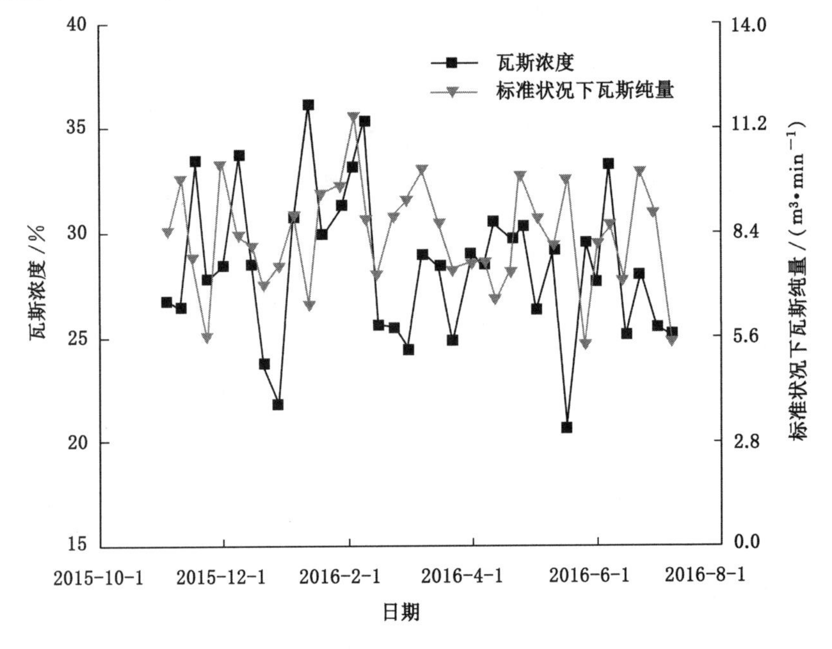

图 5-8　3316 运输巷瓦斯预抽效果

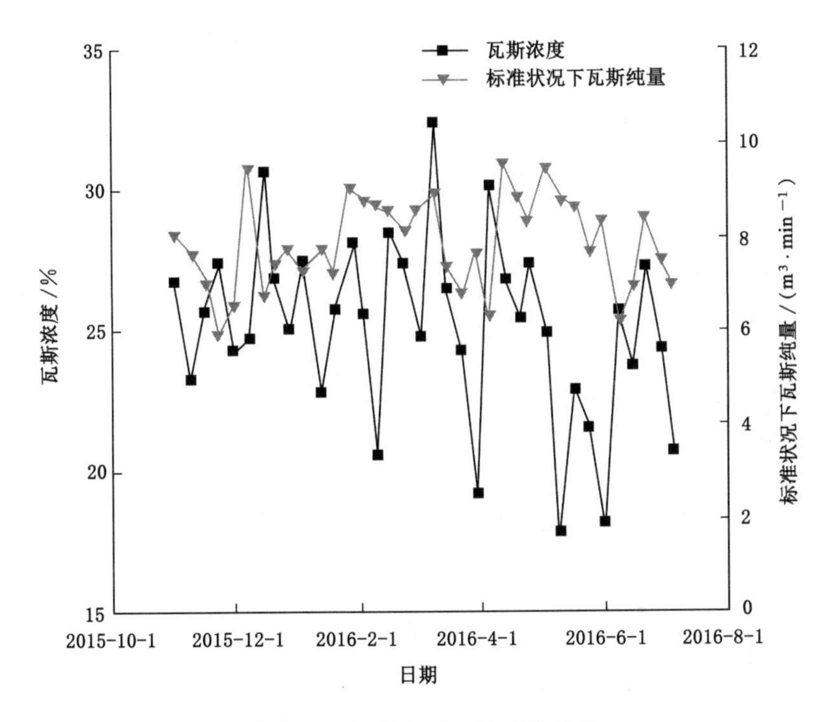

图 5-9　3316 回风巷瓦斯预抽效果

从图 5-8、图 5-9 可以看出，3316 工作面运输巷和回风巷瓦斯抽采纯流量和瓦斯抽采浓度随抽采时间呈现缓慢的衰减趋势，均未出现明显的断崖式下降现象。其中，3316 运输巷瓦斯抽采流纯流量为 5.35～11.49 m^3/min，平均为 8.22 m^3/min，瓦斯抽采浓度为 20.19%～35.88%，平均为 28.41%；3316 回风巷瓦斯抽采流纯流量为 4.7～8.51 m^3/min，平均为 7.85 m^3/min，瓦斯抽采浓度为 17.84%～32.18%，平均为 25.06%。

3316 工作面与其他工作面瓦斯预抽效果对比如表 5-11、图 5-10 所示。

表 5-11　矿井其他工作面瓦斯预抽效果统计

抽采地点	平均瓦斯抽采浓度/%	平均瓦斯抽采纯流量/($m^3 \cdot min^{-1}$)	在抽钻孔进尺/m	百米钻孔抽采纯流量/($m^3 \cdot min^{-1} \cdot hm^{-1}$)
3316 运输巷	28.41	8.22	68 340	0.012 028 095
3316 回风巷	25.06	7.85	70 497	0.011 135 226

表 5-11(续)

抽采地点	平均瓦斯抽采浓度/%	平均瓦斯抽采纯流量/($m^3 \cdot min^{-1}$)	在抽钻孔进尺/m	百米钻孔抽采纯流量/($m^3 \cdot min^{-1} \cdot hm^{-1}$)
3209 运输巷	21.58	5.18	53 254	0.009 726 969
3209 回风巷	21.20	3.69	58 529	0.006 304 567
3210 运输巷	15.63	2.28	27 964	0.008 161 949
3210 回风巷	18.54	1.98	20 385	0.009 697 581
3309 运输巷	21.70	3.68	38 970	0.009 443 161
3309 回风巷	23.20	5.69	59 884	0.009 501 703
塔里回风井抽采主管	20.61	28.07	—	—

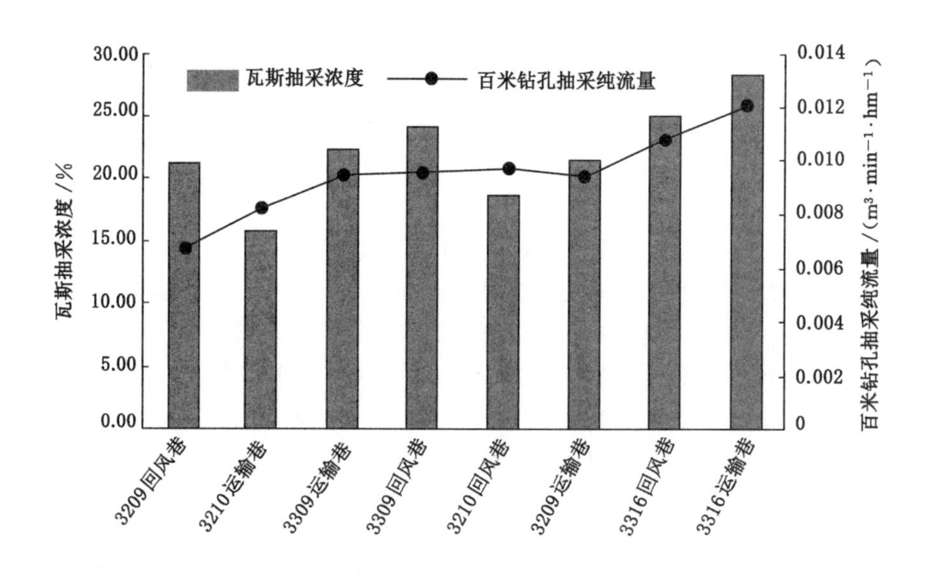

图 5-10　工作面预抽效果对比

从表 5-11、图 5-10 可以看出，在应用煤层瓦斯预抽钻孔群全生命周期精细管控关键技术后，3316 工作面同其他非试验区域相比，瓦斯抽采浓度和百米钻孔抽采纯流量均有了大幅度提升。其中，3316 运输巷百米钻孔抽采纯流量为 0.012 0 $m^3/(min \cdot hm)$，3316 回风巷为 0.011 $m^3/(min \cdot hm)$。以非试验工作面中抽采效果较好的 3309 工作面为对比对象，3309 运输巷平均瓦斯抽采浓度为 21.7%，百米钻孔抽采纯流量为 0.009 4 $m^3/(min \cdot hm)$；3309 回风巷平均瓦斯抽采浓度为 23.20%，百米钻孔抽采纯流量为 0.009 5 $m^3/(min \cdot hm)$。3316 工作面较 3309 工作面平均瓦斯抽采浓度提升 19.11%，百米钻孔抽采纯流量提升 21.69%。对比结果表明，煤层瓦斯预抽钻孔群全生命周期精细管控关键技术在 3316 工作面的应用，成功保障了该工作面区域的瓦斯抽采效果。

5.4.3　抽采达标考察

为准确评估煤层瓦斯预抽钻孔群全生命周期精细管控关键技术在 3316 工作面的应用效果，对 3316 工作面开展了预抽瓦斯效果指标与矿井瓦斯抽采率指标的现场考察，判断 3316 工作面是否抽采达标，并与该矿井其他工作面的抽采达标时间进行对比，验证预抽钻孔群全生命周期精细管控关键技术对抽采效率的提升作用。

(1) 预抽瓦斯效果指标现场测定

按照《煤矿瓦斯抽采达标暂行规定》要求，在 3316 工作面运输巷和回风巷每不超过 50 m 施工两个瓦斯含量测定钻孔，两巷道共计施工瓦斯含量测定钻孔 142 个。

3316 工作面涌出的瓦斯主要来自开采层，工作面计划最大产能为 8 000 t/d，根据《煤矿瓦斯抽采基本指标》和《煤矿瓦斯抽采达标暂行规定》中相关要求(表 5-12)，工作面抽采达标时煤体的可解吸瓦斯含量应不大于 5 m^3/t。3 号煤层的残存瓦斯含量为 3.29 m^3/t，按上述标准要求，通过预抽后煤层的残余瓦斯含量应不大于 8.29 m^3/t。3316 工作面 142 个瓦斯含量测定钻孔中，最大残余瓦斯含量值为 7.987 4 m^3/t，最大可解吸瓦斯含量为 4.697 4 m^3/t，表明 3316 工作面区域煤体残余瓦斯含量值满足达标要求。

表 5-12　采煤工作面回采前煤的可解吸瓦斯量应达到的指标

工作面日产量/t	可解吸瓦斯量 $W_j/(m^3 \cdot t^{-1})$
≤1 000	≤8
1 001～2 500	≤7
2 501～4 000	≤6
4 001～6 000	≤5.5
6 001～8 000	≤5
8 001～10 000	≤4.5
>10 000	≤4

(2) 矿井瓦斯抽采率指标考察

根据《煤矿瓦斯抽采达标暂行规定》第三十条规定，矿井瓦斯抽采率满足表5-13规定时，方可判定矿井瓦斯抽采率达标。

表5-13　矿井瓦斯抽采率应达到的指标

矿井绝对瓦斯涌出量 $Q/(m^3 \cdot min^{-1})$	矿井瓦斯抽采率/%
$Q<20$	≥25
$20 \leqslant Q<40$	≥35
$40 \leqslant Q<80$	≥40
$80 \leqslant Q<160$	≥45
$160 \leqslant Q<300$	≥50
$300 \leqslant Q<500$	≥55
$500 \leqslant Q$	≥60

2016年6月对矿井瓦斯涌出量进行了实际测定，上寺头回风立井风排瓦斯量为14.63 m^3/min，塔里回风井风排瓦斯量为25.11 m^3/min，全矿井风排瓦斯量为39.74 m^3/min，全矿井抽采瓦斯量为32.9 m^3/min，两者相加得到全矿井瓦斯涌出量为72.64 m^3/min。

则矿井瓦斯抽采率为：

$$\eta_k = \frac{Q_{kc}}{Q_{kc}+Q_{kf}} = \frac{32.9}{32.9+39.74} = 45.29\% \tag{5-1}$$

式中　η_k——矿井瓦斯抽采率，%；

Q_{kc}——当月矿井平均瓦斯抽采量，m^3/min。

Q_{kf}——当月矿井风排瓦斯量，m^3/min。

由式(5-1)计算可知，2016年6月实际测定的矿井瓦斯抽采率≥40%，满足《煤矿瓦斯抽采达标暂行规定》的要求。

(3) 抽采达标效率比较

回采工作面瓦斯抽采达标是矿井安全生产的必要条件，同时在预定时间内抽采达标是保障矿井抽采掘接替顺利的前提，预抽所用时间是表征瓦斯抽采效率的一个重要指标。3316试验工作面预抽钻孔最后完工时间为2015年11月，在2016年6月经过瓦斯指标现场实测验证工作面抽采达标，其预抽时间为7个月。同已回采的其他工作面相比，预抽钻孔施工完成后预留的预抽时间明显缩短，具体对比见表5-14。

表 5-14　矿井工作面预抽时间对比表

工作面	巷道长度/m	原煤瓦斯含量/($m^3 \cdot t^{-1}$)	钻孔最短预抽期/d	钻孔最长预抽期/d
3310	1 988	7.2～11.9	275	476
3210	2 100	5.87～11.2	305	500
3309	1 500	7.82～12.05	336	736
3316	2 060	11.9	210	506

受巷道长度与钻孔施工时间影响，按照钻孔最长预抽期对比不具可比性。从钻孔最短预抽期即预抽钻孔施工完成后预留的预抽时间比对来看，由表 5-14 可知，虽然 3316 工作面的原煤瓦斯含量较其他工作面高，但预抽期缩短了 23% 以上，表明煤层瓦斯预抽钻孔群全生命周期精细管控关键技术显著提高了 3316 工作面的瓦斯抽采效率。

5.4.4　回采期间回风流和上隅角瓦斯浓度

在 3316 工作面回采过程中，对 3316 回风巷风排瓦斯浓度进行了观测，其瓦斯浓度变化曲线图见图 5-11。观测期间风排瓦斯浓度一直保持在 0.6% 以下，且回采过程中未出现上隅角超限断电现象，瓦斯治理效果明显。

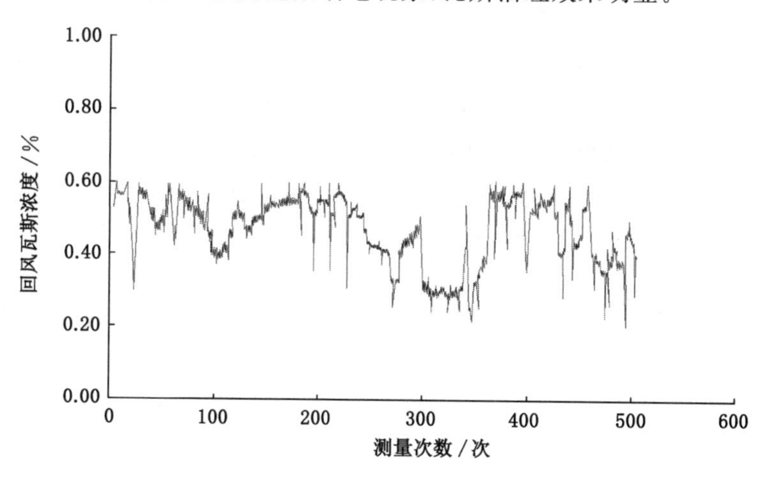

图 5-11　3316 回风巷风排瓦斯浓度变化曲线

5.4.5　技术经济效益

3316 工作面应用煤层瓦斯预抽钻孔群全生命周期精细管控关键技术，显著提高了瓦斯抽采效果与效率，缩短了工作面抽采达标时间，在钻孔工程投入、年出煤效益、瓦斯利用成本及人员作业效率等方面为矿井创造了可观的技术经济效益。

(1) 采用定量分段优化设计钻孔间距，减少本煤层预抽钻孔工程量

3316 工作面应用定量分段优化设计技术对预抽钻孔间距进行重新设计，由原统一的钻孔间距 2.0 m 变为分段设计不同钻孔间距，施工钻孔数量从 2 060个减少至 1 484 个，在保证工作面按期抽采达标的前提下节约钻孔工程量 5.76 万 m。

(2) 提高瓦斯抽采效率，缩短工作面抽采达标时间，间接增加出煤效益

煤层瓦斯预抽钻孔群全生命周期精细管控关键技术在 3316 工作面的成功应用，实现 3316 工作面在 2015 年 11 月至 2011 年 6 月的预抽接替时间内抽采达标，与其他工作面相比至少缩短了 2 个月的预抽期，间接为矿井增加了 2 个月的出煤效益。

(3) 瓦斯抽采浓度的提高间接降低低浓度瓦斯发电成本

矿井建有低浓度瓦斯发电工程对抽采瓦斯进行利用。据统计，假设燃气发电机组发电效率为 35%，每立方米纯瓦斯可发电 3.0～4.2 kW·h，每立方米 20%浓度的瓦斯可发电 0.6～0.84 kW·h，每立方米 30%浓度的瓦斯可发电 1.0～1.4 kW·h，因此发电机组的单位发电成本与原料气的浓度息息相关，且抽采瓦斯浓度的稳定又能保证低浓度瓦斯发电机组保持较高的开机率。煤层瓦斯预抽钻孔群全生命周期精细管控关键技术的应用，显著提高了井下的瓦斯抽采浓度，间接降低了低浓度瓦斯发电的综合利用成本。

(4) 采用钻孔修复技术延长钻孔抽采寿命，减少补打预抽钻孔工程量

瓦斯抽采钻孔在出现变形塌孔或孔内大量积水后瓦斯抽采效果明显衰减，矿井一般停抽钻孔，并在邻近位置补打新钻孔避免产生瓦斯抽采空白带。采用钻孔修复技术可有效延长这些抽采失效钻孔的抽采寿命，减少补打预抽钻孔工程量与投入。

参考文献

[1] 胡千庭.煤与瓦斯突出的力学作用机理及应用研究[D].北京:中国矿业大学(北京),2007.

[2] LANGMUIR I. The constitution of fundamental properties of solids and liquids[J].Journal of American Chemical Society,1916,38(2):221-295.

[3] LANGMUIR I.The adsorption of gases on plane surfaces of glass,mica and platinum [J]. Journal of American Chemical Society, 1918, 40 (9): 1361-1403.

[4] 周世宁,林柏泉.煤层瓦斯赋存与流动理论[M].北京:煤炭工业出版社,1999.

[5] 林瑞泰.多孔介质传热传质引论[M].北京:科学出版社,1995.

[6] 何学秋.含瓦斯煤岩流变动力学[M].徐州:中国矿业大学出版社,1995.

[7] 赵洪宝.含瓦斯煤失稳破坏及声发射特性的理论与实验研究[D].重庆:重庆大学,2009.

[8] 刘延保.基于细观力学试验的含瓦斯煤体变形破坏规律研究[D].重庆:重庆大学,2009.

[9] ZHU W C,LIU J,SHENG J C,et al.Analysis of coupled gas flow and deformation process with desorption and Klinkenberg effects in coal seams [J].International journal of rock mechanics & mining sciences,2007,44(2):971-980.

[10] KLINKENBERGL J. The permeability of porous media to liquids and gases[C]//Drill production practices.New York:American Petroleum Institute,1941:200-213.

[11] 周世宁,林柏泉.煤矿瓦斯动力灾害防治理论及控制技术[M].北京:科学出版社,2007.

[12] 赵阳升.矿山岩石流体力学[M].北京:煤炭工业出版社,1994.

[13] 孙海涛,文光才,孙东玲.煤矿采动区瓦斯地面井抽采技术[M].北京:煤炭工业出版社,2018.

[14] 王凯.顺层瓦斯抽采钻孔孔内负压分布规律及应用研究[D].北京:煤炭科

学研究总院，2014.
[15] 李辉，郭绍帅，肖云涛，等.几种常用封孔方式的工艺特点[J].煤矿机械，2015，36(11)：152-154.
[16] 梁为，蒋蓉，陈学习.水力膨胀式自动封孔器的研制[J].煤炭技术，2009，28(9)：3-6.
[17] 黄鑫业，蒋承林.带压封孔技术提高瓦斯抽放效果的试验研究 [J].煤矿安全，2011，42(9)：1-4，8.
[18] 王圣程，庞叶青，张云峰.抽采钻孔带压注浆封孔技术的研究与应用[J].煤矿安全，2011，42(6)：4-6.
[19] 王圣程，周福宝，刘应科.定点定长度新型封孔工艺及工业性试验研究[J].中国煤炭，2012，38(3)：84-86.
[20] 黄鑫业，蒋承林.本煤层瓦斯抽采钻孔带压封孔技术研究[J].煤炭科学技术，2011，39(10)：45-48.
[21] 陈建忠，代志旭.瓦斯抽采钻孔合理封孔长度确定方法[J].煤矿安全，2012，43(8)：8-10.
[22] 丁守垠，李德参.煤层抽放钻孔合理封孔深度的确定[J].淮南职业技术学院学报，2009，9(1)：4-6.
[23] 贾良伦.瓦斯抽放钻孔封孔长度的确定与实践[J].煤炭工程师，1998(2)：28-29，48.
[24] 齐文国.高瓦斯低透气性煤层“两堵一注”封孔技术[J].中州煤炭，2012(11)：67-68，73.
[25] 王念红，郭献林.高压囊带式注浆封孔技术在义安矿的应用[J].煤矿安全，2012(增刊)：106-108.
[26] 吴龙山.井下负压抽放瓦斯封孔技术研究[J].贵州煤炭，2011，31(11)：53-56.
[27] 徐龙仓.提高煤层气抽采钻孔封孔效果研究与应用[J].中国煤层气，2008，5(1)：23-24.
[28] 赵锦刚.一种新的煤矿井下瓦斯抽采钻孔封孔方法[J].煤，2013，22(8)：56-57.
[29] 潘峰.囊袋式注浆和聚氨酯 2 种封孔方式的抽放效果对比分析[J].煤矿安全，2012，43(9)：177-179.
[30] 方前程，黄渊跃，刘学服.坦家冲矿瓦斯抽放钻孔封孔工艺技术研究[J].中国煤炭，2012，38(2)：106-108.
[31] 马永庆.提高底板岩巷穿层钻孔瓦斯抽放效果的技术措施[J].煤矿安全，2011，42(5)：34-36.
[32] 刘春.松软煤层瓦斯抽采钻孔塌孔失效特性及控制技术基础[D].徐州：中

国矿业大学,2014.
[33] 张超.钻孔封孔段失稳机理分析及加固式动态密封技术研究[D].徐州:中国矿业大学,2014.
[34] 周松元,赵军,刘学服,等.严重喷孔松软煤层成孔工艺与装备研究[J].湖南科技大学学报(自然科学版),2011,26(4):11-16.
[35] 姚向荣,程功林,石必明.深部围岩遇弱结构瓦斯抽采钻孔失稳分析与成孔方法[J].煤炭学报,2010,35(12):2073-2081.
[36] 殷新胜,凡东,姚克,等.松软突出煤层中风压空气钻进工艺及配套装备[J].煤炭科学技术,2009,37(9):72-74.
[37] 肖丽辉,李彦明,郭昆明,等.松软突出煤层全孔段下放筛管瓦斯抽采技术研究[J].煤炭科学技术,2014,42(7):61-64.
[38] 徐庆武,王国君,董力,等.瓦斯抽放钻孔护孔技术探讨[J].煤矿安全,2007,38(1):39-40.
[39] 苏现波,刘晓,马保安,等.瓦斯抽采钻孔修复增透技术与装备[J].煤炭科学技术,2014,42(6):58-60.
[40] 苏现波,刘晓,王建国,等.煤矿井下钻孔的钻进、增透、修复与气驱置换综合方法:201210489910.1[P].2013-04-03.
[41] 刘勇,梁博臣,何岸,等.自进式旋转钻头钻孔修复理论及关键参数研究[J].中国安全生产科学技术,2016,12(2):39-44.
[42] 葛兆龙,卢义玉,吕有厂,等.煤矿井下瓦斯抽采钻孔的洗孔装置:201510579831.3[P].2015-11-25.
[43] 葛兆龙,卢义玉,汤积仁,等.煤矿井下瓦斯抽采钻孔的洗孔方法:201510579809.9[P].2015-12-09.
[44] 王凯,俞启香,蒋承林.钻孔瓦斯动态涌出的数值模拟研究[J].煤炭学报,2001,26(3):279-284.
[45] 林海燕,袁修干,彭根明.抽放钻孔瓦斯流动模型及解算软件设计[J].煤炭技术,1999,18(2):26-28.
[46] 刘泽功,张春华,刘健,等.低透气煤层预裂瓦斯运移数值模拟及抽采试验[J].安徽理工大学学报(自然科学版),2009,29(4):17-21.
[47] 郭勇义,周世宁.煤层瓦斯一维流场流动规律的完全解[J].中国矿业大学学报,1984(2):19-28.
[48] 屠锡根,马丕梁.阳泉七尺煤层瓦斯抽放参数计算[J].煤炭学报,1989,15(4):11-20.
[49] 尹光志,李铭辉,李生舟,等.基于含瓦斯煤岩固气耦合模型的钻孔抽采瓦

斯三维数值模拟[J].煤炭学报,2013,38(4):535-541.
[50] 柏发松.煤层钻孔瓦斯流量的数值模拟[J].安徽理工大学学报(自然科学版),2004,24(2):9-12.
[51] 王路珍,杜春志,卜万奎,等.煤层钻孔孔壁瓦斯涌出的数值模拟[J].矿业安全与环保,2008,35(6):4-6.
[52] 吴爱军,王巧珍.薛湖矿二$_2$煤顺层钻孔瓦斯抽放的数值模拟与分析[J].中国安全生产科学技术,2014,10(6):90-95.
[53] 孙四清.煤矿区煤层气抽采效果检测指标及评价[J].煤矿安全,2017,48(5):173-176.
[54] 李云.层次分析法在顺层钻孔抽采效果评价中的应用[J].矿业安全与环保,2015,42(6):57-61.
[55] 黄德,刘剑,李雪冰,等.3标度层次分析法-模糊可拓模型在瓦斯抽采达标评价中的应用[J].世界科技研究与发展,2016,38(3):544-549.
[56] 申健.基于AHP-关系矩阵的煤矿瓦斯抽采达标可拓综合评价[D].阜新:辽宁工程技术大学,2015.
[57] 黄磊.基于GIS的煤矿瓦斯抽采达标系统设计与实现[D].重庆:西南大学,2013.
[58] OUYANG L B,KHALID A.A mechanistic model for gas-liquid flow in horizontal wells with radial influx or out flux[J].Petroleum science and technology,2002,20(1/2):191-222.
[59] 郑永刚,王明皓,毛洪光,等.输气管道摩阻系数研究进展[J].油气储运,1998,17(10):1-6.
[60] 吴玉国,陈保东,郝敏.输气管道摩阻公式评价[J].油气储运,2003,22(1):17-22.
[61] JAIN A K.Accurate explicit equation for friction factor[J].American society of civil engineers,hydraulic division,1976,102(5):674-677.
[62] 谢润成.川西坳陷须家河组探井地应力解释与井壁稳定性评价[D].成都:成都理工大学,2009.
[63] 孟晓红.松软煤层瓦斯抽放钻孔塌孔机理及改进措施研究[D].太原:太原理工大学,2016.
[64] 丁宏达.矿浆管道输送沉积临界流速公式探讨[J].油气储运,1989,8(1):1-5.
[65] 李波.义安矿水力冲孔卸压增透消突技术研究[D].焦作:河南理工大学,2010.
[66] 毕刚,李根生,屈展,等.自进式旋转射流喷头破岩效果[J].石油学报,2016,

37(5):680-687.

[67] 姜福兴,尹永明,朱权洁,等.基于掘进面应力和瓦斯浓度动态变化的煤与瓦斯突出预警试验研究[J].岩石力学与工程学报,2014,33(增刊2):3581-3588.

[68] 张国华,刘先新,毕业武,等. 高压注水中水对瓦斯解吸影响试验研究[J].中国安全科学学报,2011,21(3):101-105.

[69] 周厚权.预抽煤层瓦斯抽采效果动态评价方法[J].煤矿安全,2015,46(11):164-167.